FUNDAMENTALS for ELECTRICAL
and ELECTRONIC ENGINEERING

기초전기
전자공학

장지근, 구창설, 장호정 지음

BM (주)도서출판 성안당

머리말 PREFACE

현대 산업사회에서 전기·전자기술은 공학 전반에 걸쳐 활용되기 때문에 전기·전자 공학도는 물론 건설, 기계, 자동차, 조선, 에너지, 환경 등과 같이 전기와 융합되는 기술을 배우는 학생이나 기술자에게 전기·전자기술에 관한 이해와 습득이 필수적으로 요구되고 있다.

실제로 광범위한 전기·전자공학을 심층학습하는 것은 대단히 어렵지만, 이 책에서는 필수적이고 기초적인 이론에 중점을 두어 최소한의 수학적 지식을 가지고 전기·전자공학 및 이와 관련된 분야의 기초를 습득하고자 하는 사람들이 쉽게 공부할 수 있도록 편찬하였다.

따라서 이 책은 전문대학 또는 4년제 대학의 초급과정 전기·전자공학 수업 교재로도 활용될 수 있을 뿐만 아니라 각종 전기관련 국가기술 자격증 취득, 기술직 공무원 및 기업의 입사·승진 시험에도 훌륭한 길라잡이가 될 수 있다.

- 1장에서는 먼저 전자기 기초를 확립하기 위해 전기의 본질과 전류, 전압, 전력, 전지의 기본개념을 이해시키고 정전 현상과 자기 현상, 전자유도를 다루고 있다.
- 2장에서는 저항의 접속과 직류회로 해석, 교류에서 커패시터와 인덕터의 해석, $R-L-C$ 회로 분석, 교류전력과 공진, 3상 회로를 다루고 있다.
- 3장에서는 직류전동기, 변압기, 유도전동기 등의 전기 기기를,
- 4장에서는 발전, 배선, 송전 등의 전기 설비를 다루어 전력 계통을 이해시키고 있다.
- 5장에서는 전기 계측의 일반적 기술을 다루고,
- 6장에서는 조명에 관한 정의와 방식 등을 소개하고 있다.
- 7장과 8장에서는 다이오드, 트랜지스터 등의 전자소자와 정류회로, 증폭기, 발진기, 스위칭 회로와 같은 중요 전자회로를 다룸으로써 전자공학 분야의 핵심 기초 지식을 이해시키고 있다.

이 책에서는 각 단원마다 예제를 두어 각 단원의 중요 이론과 핵심내용을 쉽게 파악할 수 있도록 구성하였으며, 각 장이 끝나면 연습문제를 두어 문제의 해결 능력과 응용력을 종합적으로 배양할 수 있도록 하였다.

이 책이 전기·전자기술의 기초지식을 보다 쉽게 습득하려는 학생들이나 기술자들에게 조금이라도 도움을 줄 수 있게 되기를 바라며, 표현의 어색함이나 미비점은 앞으로 계속 보완할 예정이다. 끝으로 이 책은 「단국대학교 에너지인력양성사업」의 지원으로 발행되었음을 알리며, 이 책이 나오기까지 출판을 위해 많은 도움을 주신 「성안당」 관계자 여러분께 감사의 뜻을 전한다.

저자 일동

차례

CONTENTS

CHAPTER 03 전기기기

CHAPTER 04 전기설비

Chapter 01

전자기 기초

01 전자기 기초

01 전기의 역사와 본질

1 전기의 역사

고대 그리스인은 호박(amber)을 일렉트론이라고 하여 호박을 마찰하면 깃털이 흡인되는 것을 알고 있었고, 기원전 600년경에 그리스 철학자 탈레스(Thales)는 "만물은 신들로 차 있다. 일렉트론(호박)은 새털을 끌어당기고, 마그니스(자철광)는 철을 끌어당기므로 그것들은 신령을 가지고 있을 것이다."라고 설파하였다.

엘리자베스 여왕의 주치의인 길버트(Gilbert)는 호박 이외에도 유리, 수정, 유황 등을 마찰시키면 역시 가벼운 물체를 끌어당긴다는 사실을 발견했다. 그는 이러한 현상을 물질이 호박화(electrified)되기 때문이라고 생각했다. 여기서 호박화의 원인이 되는 것을 전기(electricity)라고 부르게 되었다. 또한 길버트는 자기(magnetism)에 대한 연구도 진행하여 1600년에 「자기에 대해서」라는 책을 출간하면서 지구를 큰 자석(magnet)이라고 하고 복각(magnetic dip)에 대해서도 설명하였다. 또한 그는 정전기를 연구하기 위해 검전기를 고안하였으며, 참된 연구는 실험을 기초로 해야 한다고 주장하고 이를 실천하였다.

마찰전기에는 두 종류가 있는데, 이것에 양전기, 음전기라고 이름을 붙인 사람은 프랭클린(Franklin)이다. 1752년 프랭클린은 연을 뇌운 속에 띄워 정전기를 라이덴(Leyden)병에 담았다. 그는 이 실험을 통해 뇌운이 때로는 플러스(+)로, 때로는 마이너스(−)로 대전하는 것을 발견하였다.

이탈리아의 볼타(Volta)는 1800년에 「이종 도전 물질의 접촉에 의해 발생하는 전기에 대해서」라는 논문을 발표하고, 그 후 「볼타전지」를 발명하였다. 이 전지에 의해 연속적으로 전류를 흘릴 수 있게 되어 전기에 대한 연구는 한 단계 더 진보하게 된다.

2 전기의 발생

일상생활 속에서 우리는 마찰전기라고 하는 것을 이따금 경험하게 된다. 예로, 셀룰로이드 책받침을 문질러 머리 위에 대면 머리카락이 책받침에 흡인되거나 셔츠 등을 벗을 때 찌직하는 소리가 나는 것을 들 수 있다. 마찰에 의한 전기 현상은 특별히 인체에 위험하지는 않지만, 화재나 폭발과 같은 재해를 일으킬 수 있어 산업계에서는 방호 대책을 세워야 한다.

모든 물질은 플러스와 마이너스 전기를 갖고 있으며, 정상 상태에서 전기적 중성을 유지한다. 그러나 마찰과 같은 어떤 원인으로 전자가 물질 밖으로 나가면 음전기가 적어져서 물질은 양전기를 띠게 되고, 밖에서 전자가 들어오면 음전기가 많아져서 물질은 음전기를 띠게 된다. 그림 1.1 (a)는 유리를 명주로 문질렀을 때 (+)전기와 (−)전기가 어떻게 되는가를 보여주고 있다. 문지르지 않는 부분은 (+)와 (−)가 균형을 이루어 전기적 중성을 나타내지만 문지른 곳은 유리의 (−)가 명주로 이동한다. 결과적으로 유리는 양전기를, 명주는 음전기를 띠게 된다. 그림 1.1 (b)는 유리를 토끼털로 문질렀을 때 토끼털의 (−)가 유리로 이동하여 토끼털이 양전기를, 유리가 음전기를 띠게 된다.

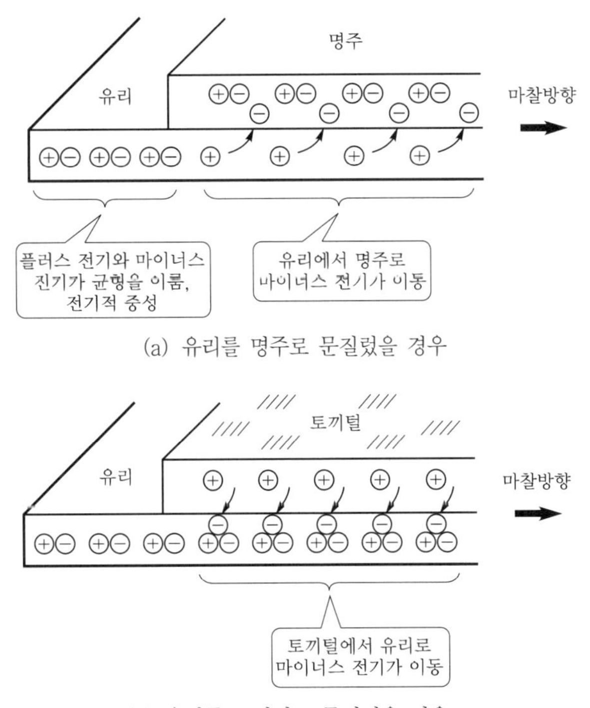

(a) 유리를 명주로 문질렀을 경우

(b) 유리를 토끼털로 문질렀을 경우

┃ **그림 1.1 마찰 전기의 발생** ┃

어떤 물질이 양전기나 음전기를 띠는 현상을 대전(electrification)되었다고 하고, 전기를 띠고 있는 물체를 대전체라 한다. 대전된 물체의 전기량을 전하(electric charge)라고 하고, 전하의 단위는 쿨롬(Coulomb, C)을 사용한다. 물질을 마찰할 때 일련의 전기적 이동은 마찰 서열(또는 정전 서열)에 따라 다음과 같이 나타난다.

┃ 마찰 서열 ┃

(+) 석면−토끼털−유리−납−명주−모직물−알루미늄−목면−파라핀−호박−에보나이트−니켈−유황−금−셀룰로이드 (−)

예를 들면, 호박과 에보나이트를 마찰하면 좌측의 호박이 (+), 우측의 에보나이트가 (−)가 된다.

3 전기의 본질

모든 물질은 매우 작은 원자들의 집합으로 되어 있으며, 이들 원자는 원자핵(atomic nucleus)과 그 주위를 돌고 있는 전자(electron)들로 구성되어 있다. 원자핵은 다시 양성자(proton)와 중성자(neutron)로 나눌 수 있고 양성자의 수는 전자의 수와 동일하게 균형을 이루고 있다. 전자와 양성자의 기본전기량(e)은 1.602×10^{-19}[C]으로, 전자 하나는 $-e$, 양성자 하나는 $+e$의 전기량을 갖고 있다. 따라서 모든 원자는 그 자체로는 중성이지만, 만일 외부에서 어떤 힘이 가해지면 전자가 뛰어나가거나 흘러들어와서 그림 1.2와 같이 양전기나 음전기를 띠게 된다.

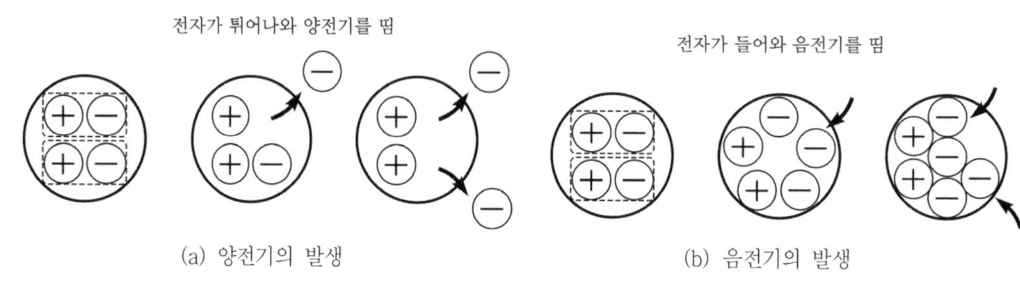

┃ 그림 1.2 양전기와 음전기의 발생 ┃

모든 자연계의 현상이 안정상태를 이루려고 하는 경향이 있듯이, 전기도 마찬가지로 안정된 상태, 즉 전기적으로 중성이 되려고 한다. 그림 1.3 (a)는 양전기를 가진 원자와 음전기를 가진 원자가 서로 끌어당기고 있는 것을 보여준다. 그 결과 그림 1.3 (b)와 같이 (+)와 (−)가 쌍으로 나타나 외부적으로 어떠한 전기적 성질도 나타내지 않는 상태가 된다. 그림 1.3 (b)는 양전기와 음전기가 중화되어 중성원자의 안정된 상태를 나타내고 있다.

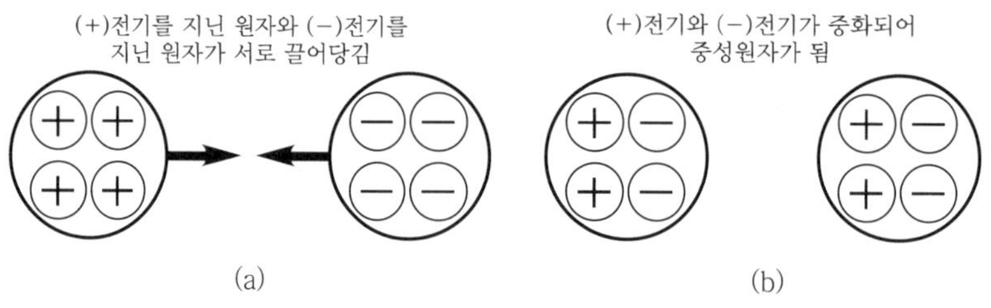

┃ 그림 1.3 이종 전기의 끌어당김 ┃

다음에는 그림 1.4와 같이 동종 전기를 갖는 원자들을 맞대어 보자. 원자가 안정된 상태를 유지하려고 하는 관점에서 보면 그림 1.4 (a)와 같이 한쪽 원자로 (+)가 이동할 경우, 처음 상태 이상으로 불안정한 상태가 되므로 두 원자는 (+)를 주고받지 않는다. 이러한 현상은 그림 1.4 (b)의 음전기를 띤 원자끼리의 경우도 마찬가지다. 즉, 동종 전기끼리는 서로 반발하여 멀어지려고 하는 힘이 작용하게 된다.

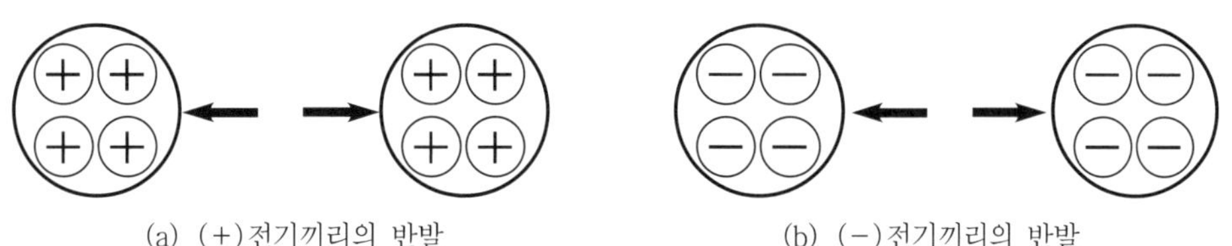

(a) (+)전기끼리의 반발　　　　　(b) (−)전기끼리의 반발

┃ 그림 1.4　동종 전기의 반발 ┃

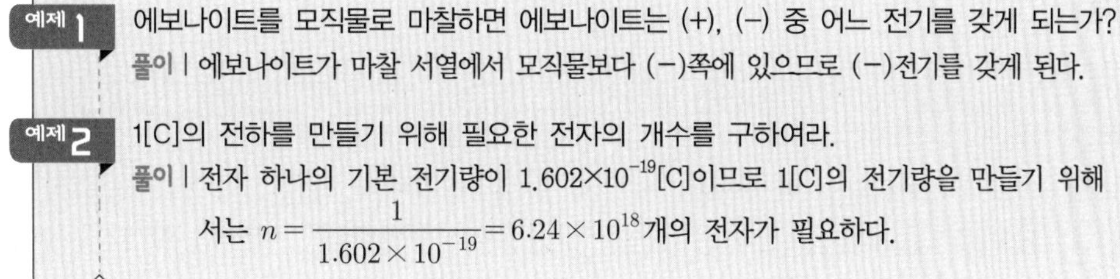

예제 1　에보나이트를 모직물로 마찰하면 에보나이트는 (+), (−) 중 어느 전기를 갖게 되는가?
풀이 | 에보나이트가 마찰 서열에서 모직물보다 (−)쪽에 있으므로 (−)전기를 갖게 된다.

예제 2　1[C]의 전하를 만들기 위해 필요한 전자의 개수를 구하여라.
풀이 | 전자 하나의 기본 전기량이 1.602×10^{-19}[C]이므로 1[C]의 전기량을 만들기 위해서는 $n = \dfrac{1}{1.602 \times 10^{-19}} = 6.24 \times 10^{18}$개의 전자가 필요하다.

02 전류와 전압

1 전류

도체에서 전기적 현상은 자유전자의 이동에 의해 발생된다. 도체 양단에 전기에너지를 가하면 전자는 일정한 방향으로 움직이는데, 이러한 전자의 이동 즉, 전하의 흐름을 전류(current)라고 한다. 그림 1.5와 같이 전지의 양극과 음극에 전선을 사용하여 전구를 접속하고 스위치를 닫으면 전구가 점등된다. 이것은 전선을 통해 전구에 전류가 흘렀기 때문이다. 이때 전류의 방향은 양극에서 음극 방향으로 흐른다고 약속되어 있는데, 사실은 자유전자가 전지의 음극에서 양극 쪽으로 이동하는 것이다. 즉, 전류의 방향은 전자의 흐름 방향과 반대가 된다.

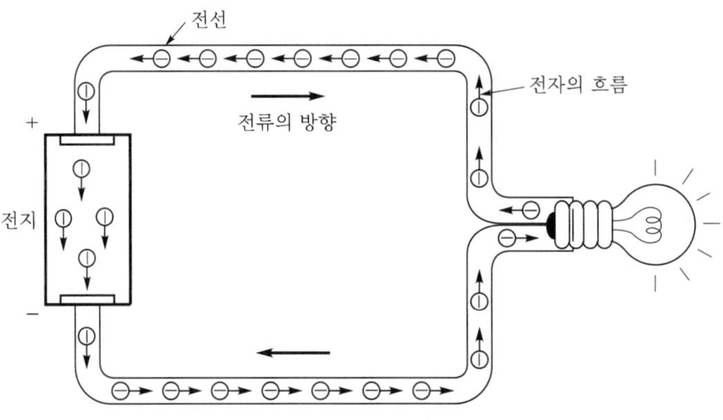

▌ 그림 1.5 전자의 흐름과 전류 방향 ▌

전류의 크기는 전류방향에 수직인 도체의 단면을 1초 동안에 통과하는 전하량으로 정의한다. 어떤 도체의 임의 수직 단면을 Q[C]의 전하가 시간 t[sec] 사이에 일정하게 흐르는 경우, 전류 I는 다음과 같다.

$$I = \frac{Q}{t} \ [\text{A}](또는 \quad Q = It \ [\text{C}]) \quad \cdots\cdots\cdots\cdots\cdots\cdots\cdots\cdots\cdots\cdots (1.1)$$

또 도체 단면을 통과하는 전하량이 시간에 따라 변화하는 경우, 전류는 미소시간 dt 사이에 그 단면을 통과하는 전하량 dq의 비율로써 정의한다. 전류의 단위는 암페어(ampere)라 하고 [A]로 표기한다.

$$i = \frac{dq}{dt} \ [\text{A}](또는 \quad q = \int i \, dt \, [\text{C}]) \quad \cdots\cdots\cdots\cdots\cdots\cdots\cdots\cdots (1.2)$$

전류는 시간에 따라 크기와 방향이 변하지 않는 직류(direct current, DC) 또는 정상전류(stationary current)와 시간에 따라 크기와 방향이 변하는 교류(alternating current, AC)로 구분한다. 전기적 양의 영문표기는 일반적으로 시간에 대해 일정한 양은 V, I, Q와 같이 대문자로, 시간에 대해 변하는 양은 v, i, q와 같이 소문자로 구분하여 나타낸다.

▌2 전압

전하를 도체 내에서 이동시키려면 외부에서 일(에너지)을 가해야 하고, 전하가 이동하면 에너지의 발생과 소비를 수반하게 된다. 그림 1.6에서 전류가 흐르는 것은 두 지점 A, B 사이에 전기적 높이의 차가 있기 때문이다. 대지(접지)를 기준한 전기적 높이를 전위(electric potential)라 하고, 두 지점 간 전위의 차이를 전위차(potential difference)라고 한다. 전위의 단위를 전압(voltage)이라 하고 [V]로 표기한다. 1[V]란 1[C]의 전하가 도선상의 두 점 사이를 이동할 때, 얻거나 잃는 에너지가 1[J]일 때 전위차이다. 따라서, $Q[C]$의 전하가 도체를 이동하여 $W[J]$만큼의 일을 하였다면, 그 두 점 사이의 전위차 V는 다음과 같다.

$$V = \frac{W}{Q} [V] \quad \text{..} (1.3)$$

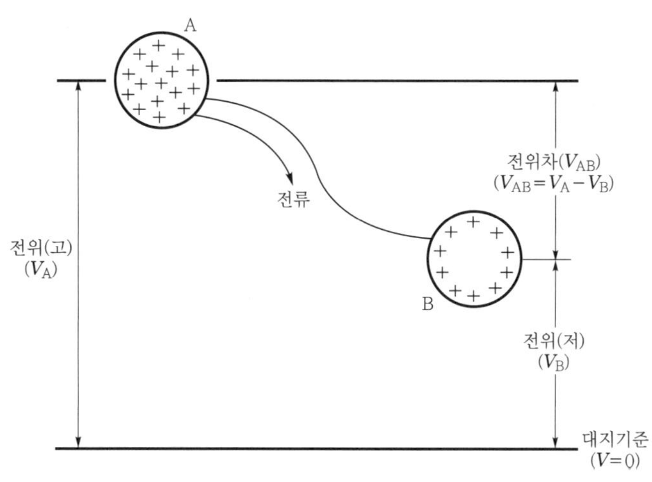

‖ 그림 1.6 전기계에서 전위와 전위차 ‖

전지 내부에서는 화학작용에 의해서 양극으로 흘러 온 전자를 음극으로 되돌려 보내서 두 극 사이에 전위차를 유지한다. 이와 같이 전위차를 유지하여 전류를 연속적으로 흐르게 하는 힘을 기전력(electromotive force)이라고 하며, 기전력을 발생하여 전류를 공급하는 장치를 전원(power source)이라 한다.

예제 1 전선의 단면을 1[sec] 사이에 0.1[C]의 전하가 통과할 때 전류의 세기는 몇 [A]인가?
풀이 | $\frac{0.1}{1} = 0.1[A]$

예제 2 10[C]의 전하가 이동하여 1[V]의 전압을 얻기 위해서는 몇 [J]의 일을 해야 하는가?
풀이 | $10 \times 1 = 10[J]$

여기서 잠시 전기의 흐름을 물의 흐름에 비유하여 보기로 한다. 그림 1.7 (a)에서와 같이 고수위와 저수위 간에 수류가 흐르는 길이 있을 때, 물은 안정된 상태로 되기 위해 고수위에서 저수위로 흐른다. 이것과 마찬가지로 그림 1.7 (b)에서 고전위와 저전위 간에 전류가 흐르는 길이 있으면 안정한 상태가 되기 위해 고전위에서 저전위로 전류가 흐른다. 그림 1.7 (a)의 펌프는 그림 1.7 (b)의 전지에 대응하고 있다. 즉, 전기회로에 전지를 설치한다는 것은 높은 전위와 낮은 전위를 만들어주는 것이 된다.

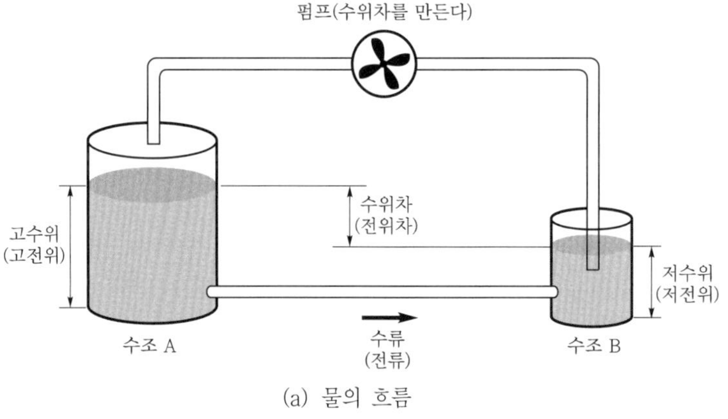

(a) 물의 흐름

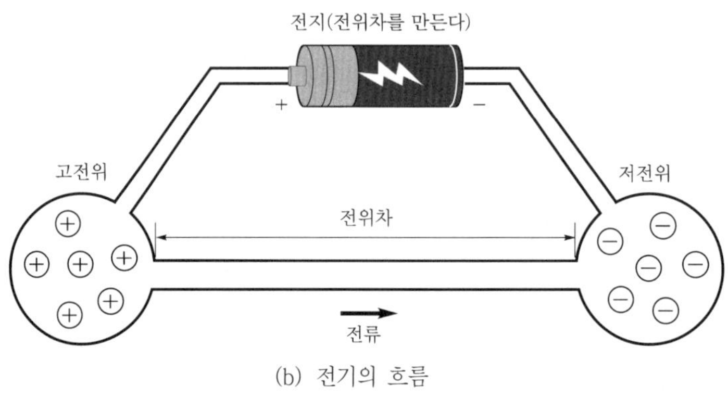

(b) 전기의 흐름

| 그림 1.7 물의 흐름에 비유된 전기의 흐름 |

3 전지의 접속과 단자 간의 전압

그림 1.8은 3개의 건전지를 접속하여 점 c를 접지했을 때 여러 단자 간의 전압을 나타내고 있다. 이 경우, 기준이 되는 점 c를 대지로 정하는데, 이것을 어스(earth) 또는 접지(ground)라고 한다.

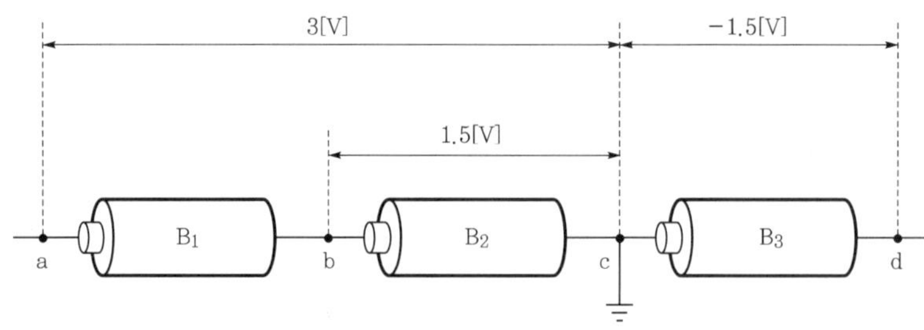

| 그림 1.8 전지의 접속과 전압 |

단자 a, b 및 d의 전위는 접지단자 c를 기준으로 화살표를 그려 표시한다. 단자 a, b 및 d의 전위는 각각 3[V], 1.5[V] 및 −1.5[V]이며, 단자 a−b 간의 전압은 (a−c 간의 전압)−(b−c 간의 전압)=1.5[V]가 된다. 단자 b−d 간의 전압은 (b−c 간의 전압)−(c−d 간의 전압)=3[V]로 나타난다.

03 전력과 전력량

1 전력

저항 R에 전류가 흐르면 전압강하(voltage drop)가 발생하고, 전압강하 V는 저항 양단에서 단위 전하가 한 일($V = W/Q$)로 나타난다. 따라서 저항 R(ohm, Ω)에 시간 t[sec] 동안 전하 Q[C]를 이동시켜 전류 I[A]를 흘릴 때, 전하가 단위시간에 하는 전기적 일 P는 다음과 같다.

$$P = \frac{W}{t} = \frac{VQ}{t} = VI \text{ [J/s]} \quad\quad\quad\quad (1.4)$$

이와 같이 단위시간 동안 전하가 한 일 P를 전력(electric power)이라 한다. 즉, 전력은 단위시간에 저항에서 변환 또는 소비되는 전기에너지로 정확하게 정의할 수 있다. 전력의 단위는 와트(watt, W)를 사용하고 1[W]=1[J/s]이다. 또한 전력의 실용 단위로는 킬로와트[kW]와 마력[HP]을 많이 사용하며, 다음의 관계를 갖는다.

$$1[\text{kW}]=1000[\text{W}], \quad 1[\text{HP}]=746[\text{W}]$$

2 전력량

시간 t[sec] 동안 전하가 하는 일의 총량 즉, t[sec] 동안 변환 또는 소비되는 전기에너지를 전력량이라 한다. 시간 t[sec] 동안 전력 P[W]가 공급되었을 때, 전력량 W는

$$W = Pt = VIt([\text{Ws}] \text{ 또는 } [\text{J}]) \quad\quad\quad\quad (1.5)$$

이 된다. 이와 같이 전력량은 전력과 시간의 곱으로 역학계에서 일 또는 에너지에 해당되고, 단위는 [J] 또는 [Ws]이다. 전력량의 실용 단위는 와트시[Wh] 또는 킬로와트시 [kWh]를 주로 사용하고, 다음의 관계를 갖는다.

$$1[\text{Wh}]=3600[\text{J}], \quad 1[\text{kWh}]=1000[\text{Wh}]$$

▣3 줄(Joule)의 법칙

도체에 전류가 흐르면 전하가 이동하면서 도체의 원자와 충돌을 일으켜 열이 발생하는데, 이 열을 줄열이라 한다. 따라서 저항에 전류가 흐르면 필연적으로 열을 수반하게 되며, 저항에서 소비되는 전기에너지 W는 열에너지 H로 변환된다. 열 역학에 의해 1[J]의 일은 0.24[cal]의 열량으로 환산되므로, 전력량 W를 열량 H로 환산하면 다음과 같이 표현할 수 있다.

$$H = 0.24\,W = 0.24\,Pt = 0.24\,VIt\,[\mathrm{cal}] \quad\text{……………………………………}\quad (1.6)$$

이와 같이 전기에너지를 열에너지로 변환하여 나타낸 관계식을 줄의 법칙(Joule's law)이라 한다.

예제 1 어떤 저항기에 1[A]의 전류가 흐를 때 소비전력이 100[W]이었다. 이 저항기의 양단 전압은 몇 [V]인가?

풀이 | $V = \dfrac{P}{I}$ 에서 $\dfrac{100}{1} = 100[V]$

예제 2 1[kW]의 전기밥솥을 매일 1시간, 100[W] 전등 4개를 매일 6시간 사용했을 때, 1달(30일) 동안 사용한 전력량은 몇 [kWh]인가?

풀이 | 전기밥솥이 소비한 전력량은 30[kWh]이고, 4개 전등이 소비한 전력량은 0.1[kW/개]×4개×6[시간/일]×30일=72[kWh]이므로 총 사용 전력량은 102[kWh]

예제 3 1[kWh]의 전기에너지를 열에너지로 나타내시오.

풀이 | $1[\mathrm{kWh}] = 1000[\mathrm{W}] \times 3600[\mathrm{sec}] = 3.6 \times 10^6[\mathrm{J}] = 0.24 \times 3.6 \times 10^6[\mathrm{cal}] = 864[\mathrm{kcal}]$

04 전 지

▣1 전지의 종류

화학변화에 의해서 생기는 에너지와 열, 빛 등의 물리적 에너지를 전기에너지로 변환하는 장치를 전지(cell)라 하고, 두 개 이상의 전지가 직렬로 연결된 것을 배터리(battery)라 한다. 건전지는 초기 볼타전지(Voltaic cell)의 전해질이 액체이기 때문에 생기는 불편한 점을 없애고자 유동성이 없는 수용성 전해질을 넣어 만든 것을 말한다. 최초의 근대식 전지는 1868년 프랑스의 르클랑쉬(Leclanche)가 만든 망간전지다. 망간산화물과 아연을 (+)극과 (−)극으로 사용했다. 처음에는 전해질을 용액 그대로 사용했기 때문에 습전지(wet cell)라고 했으나 나중에는 전해질을 굳혀 마른전지(dry cell)라고 불렀다. "건전지"는 여기에서 유래되었다. 전지는 크게 1차전지와 2차전지로 구분된다. 우리가 흔히 건전지라고 부르는 것은 1차전지를 말한다. 1차전지는 방전이 되고 나면 다시 사용

할 수 없는 것이며 망간전지, 알칼리전지, 수은전지 등이 있다. 2차전지는 축전지라고도 하며 납축전지, 알칼리 축전지가 있다. 1차전지에서는 음극인 아연이 일단 아연 이온으로 산화되고 나면 그것이 다시 금속 아연으로 환원되는 반응은 일어나지 않는다. 반면에, 2차전지에서는 다 쓴 전지에 역방향의 전류를 걸어주면 전류를 만들어낼 때 일어났던 산화–환원 반응의 역반응이 일어나 전지의 내용물을 원래대로 돌려놓는다. 예를 들어 자동차에 사용하고 있는 납축전지는 과산화납을 (+)극으로, 금속납을 (−)극으로, 황산을 전해질로 사용하는데 납축전지의 회로를 통해 과산화납과 금속납이 모두 황산납으로 바뀌는 산화–환원 반응이 일어나면서 전류가 발생한다. 반면 자동차가 달릴 때는 엔진이 발전기를 돌려 생긴 전류를 납축전지에 보내 전자와 반대의 산화–환원 반응을 일으키므로써 황산납을 원래의 과산화납과 금속납으로 바꾸어 놓는다. 이와 같이 축전지가 재충전되는 것은 방전과정의 반대과정을 거쳐서 이루어진다. 납축전지는 주로 자동차의 전기장치, 잠수함의 전력으로 사용되고, 특히 리튬 2차전지는 핸드폰, 노트북, 전기차 등에 쓰이며 현재도 개발 · 노력이 집중되고 있다.

1차전지는 주로 손전등, 트랜지스터 라디오 같은 곳에 많이 쓰이고 그 외 여러 소비제품에도 사용된다. 시장에서 볼 수 있는 대부분의 건전지는 1.5[V] 용이지만, 6[V] 또는 9[V]용 배터리도 볼 수 있다.그리고 AAA(매우 작은 크기), AA(작은 크기), C(중간 크기), D(큰 크기), 카메라 및 시계용 배터리 등 다양한 크기와 형태가 있다. 2차전지는 일반 건전지에 비해 몇 배 비싸다. 그리고 충전기도 별도로 구비해야 한다. 그러나 2차전지는 재충전이 가능하므로 수백 번 이상 사용이 가능할 것이고, 이것을 일상생활에서 잘 활용한다면 결과적으로는 일반 전지보다 훨씬 싼 가격이 될 것이다.

전지는 계의 변화되는 에너지의 종류에 따라 화학전지와 물리전지로도 구분되는데 1차전지, 2차전지, 연료전지 등은 화학전지이고 태양전지, 열전지, 원자력전지 등은 물리전지이다.

2 1차전지

(1) 망간전지

우리가 일반적으로 말하는 건전지는 망간전지이다. 망간전지의 겉모양은 원통 모양 또는 사각기둥 모양이며, 바깥쪽은 아연으로 된 (−)극 원통으로 용기를 겸하고 있다. 중앙에 탄소막대 (+)극이 있으며, (+)극 위를 싸고 있는 금속은 아연이 아닌 부식이 잘 되지 않는 특수금속으로 만들어진다. 또한 탄소막대 주위에는 이산화망간과 흑연을 섞어 반죽한 것을 고압에서 압착시킨 것으로 채워져 있으며 그 바깥쪽은 전해질(염화암모늄, NH_4Cl)을 충분히 흡수시킨 종이로 싸여있고 위쪽에는 공기실과 피치 등으로 구성되어 있다. 정리하면, 건전지는 아연통 (−)극과 탄소막대 (+)극 사이에 전해질로 염화암모늄 용액이 채우고 있는 구조물이다. 그림 1.9는 망간전지에 대한 구조이다. 이 전지는 가격이 싸고, 전류사용량이 그다지 크지 않은 응용분야에서 유용하게 쓰인다.

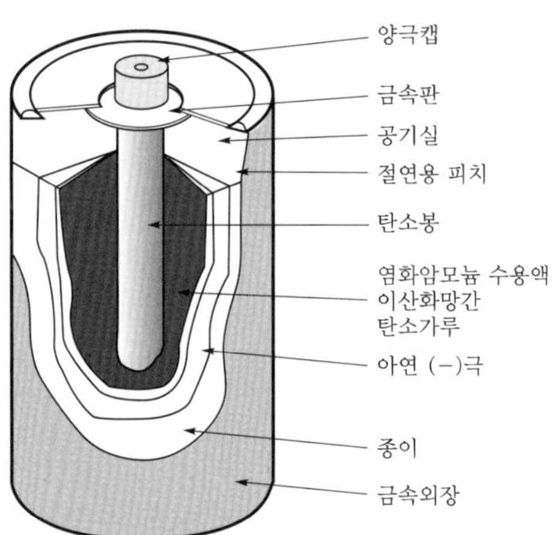

$(-)Zn\,|\,NH_4Cl\,|\,MnO_2,\ C(+)$

$(-)$극 Zn판 : $Zn \rightarrow Zn^{2+}+2e^-$ 산화

$(+)$극 C막대 : $2NH_4^{+}+2e^- \rightarrow 2NH_3+H_2\uparrow$ 환원

┃ 그림 1.9 망간전지의 구조 ┃

(2) 알칼리전지

이는 망간전지를 개량한 것으로, 과립 상태의 아연을 (−)극으로 하고 수산화칼륨(KOH)을 전해질로 하며 탄소 (+)극은 분극자(polarizer) 역할을 한다. 구조는 망간전지와 유사하다. 알칼리전지는 망간전지보다 낮은 온도에서 동작할 수 있고, 오래 사용할 수 있으므로 휴대용 전자기기에 많이 쓰인다. 알칼리전지의 수명은 망간전지에 비해 훨씬 길지만 가격이 비싸다.

(3) 수은전지

수은전지는 아연을 음극으로 하고, 수산화칼륨을 전해질로 사용하며 양극에는 산화수은(HgO)을 사용한다. 이는 용적당 전기용량이 크고, 방전 손실이 적어 보존성이 좋으나 고가이다. 보청기나 전자계산기 등에 많이 사용된다.

3 2차전지

(1) 납축전지

그림 1.10의 납축전지는 (−)극에 납(Pb), (+)극에 이산화납(PbO_2), 전해액은 묽은 황산(H_2SO_4)으로 구성되어 있다.

납축전지의 공칭전압은 2[V/cell] 이고, 용도는 자동차, 선박 및 거치용 등 매우 광범위하게 이용된다. 이 전지의 방전과 충전 시에 나타나는 화학반응과 중요한 현상은 다음과 같다.

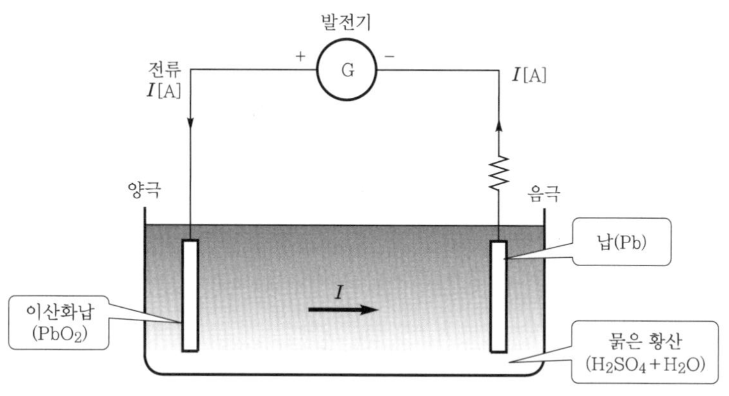

┃ 그림 1.10 납축전지의 구조 ┃

$$\text{전체 반응}: \quad Pb \ + \ PbO_2 \ + \ 2H_2SO_4 \ \underset{\text{충전}}{\overset{\text{방전}}{\rightleftharpoons}} \ 2PbSO_4 \ + \ 2H_2O$$

（음극）　　（양극）　　（전해액）　　　　（양·음극 표면）　（전해액）

① 방전 시 두 전극은 모두 회백색의 황산납으로 변색 : 음극(Pb, 회백색)은 PbSO$_4$(회백색)로, 양극(PbO$_2$, 적갈색)은 PbSO$_4$(회백색)으로 변색
② 방전 시 물이 발생하므로 황산의 농도가 감소하고 비중 저하가 나타남
③ 충전 시 물의 전기분해에 의해 음극에서 수소가 방출하므로 증류수를 보충해야 하는데 밀폐형을 사용하여 이 문제를 해결

(2) 알칼리 축전지

알칼리 축전지는 니켈·카드뮴 방식 등이 있는데 전해액으로 알칼리성 수용액(KOH)을 사용하는 충·방전이 가능한 2차전지를 총칭하고 있다. 대표적으로 사용하는 니켈·카드뮴전지는 음극에 카드뮴(Cd), 양극에 수산화니켈(NiOOH)를 사용한다. 이 전지의 방전과 충전 시에 나타나는 화학반응은 다음과 같다.

$$\text{전체 반응}: \quad Cd \ + \ 2NiO(OH) \ + \ 2H_2O \ \underset{\text{충전}}{\overset{\text{방전}}{\rightleftharpoons}} \ Cd(OH)_2 \ + \ 2Ni(OH)_2$$

（음극）　　　（양극）　　　（전해액）　　　　（음극）　　　（양극）

알칼리 축전지는 공칭 전압이 1.2[V/cell]이고 밀폐형 전지로 기계적, 전기적 특성이 매우 우수하다. 특히 방전특성, 온도특성, 수명 등이 납축전지에 비해 양호하지만 가격이 비싸다. 용도는 전기차량의 제어회로 전원, 항공기, 선박 및 중계기의 예비전원과 노트북, 캠코더 및 휴대폰 등에 널리 사용된다.

4 연료전지

연료전지(fuel cell)는 그림 1.11과 같이 전극활성물질인 연료(수소, 메탄올, 메탄 등)와 산화제(산소, 공기, 과산화수소, 염소 등)가 외부로부터 연속적으로 공급되어 전기에너지를 얻고 동시에 반응생성물을 배출하는 전지이다.

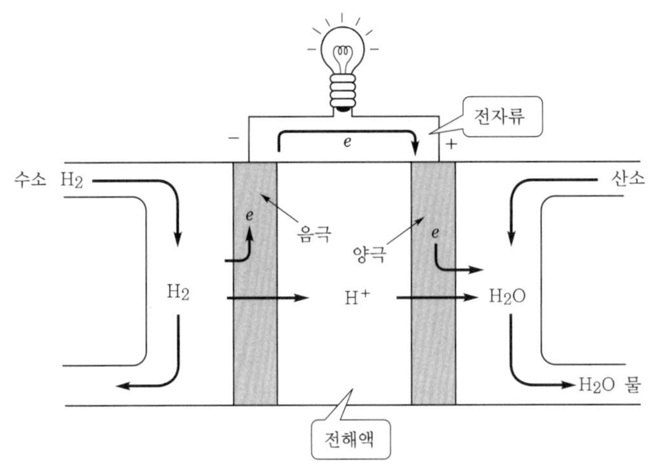

| 그림 1.11 연료전지의 구조 |

화학에너지를 연속적으로 공급함으로써 연속 발전이 가능하기 때문에 다른 발전 방식에 비해 열효율이 높은 특징이 있다. 또한 공해가 적은 시스템이므로 발전소 입지는 수요자 부근에 근접시킬 수 있다. 용도는 군용, 우주선용 전원 및 일반 생활시설에서 전력사업용으로 사용된다.

5 태양전지

광전효과에 의해 태양광에너지를 직접 전기에너지로 변환하는 태양전지(solar cell)의 구조는 그림 1.12와 같다. 소자의 구조는 평판 반도체 P-N 접합이고, 금속 패드가 있는 양극 쪽에서 빛이 조사되면 반도체에 흡수되어 양전기와 음전기가 발생된다. 발생된 전기는 각각 P형 반도체와 N형 반도체 쪽으로 분리되어 외부로 전기를 공급하게 된다.

대부분의 태양전지는 약 0.5[V/cell]의 전압을 공급한다. 태양전지로부터 큰 전력을 공급받기 위해서는 단위 전지들을 직-병렬로 결합하여 태양전지 모듈을 만들어야 한다. 전지의 직렬연결은 공급 전압을 올릴 수 있고, 병렬연결은 전류 공급량을 늘려준다.

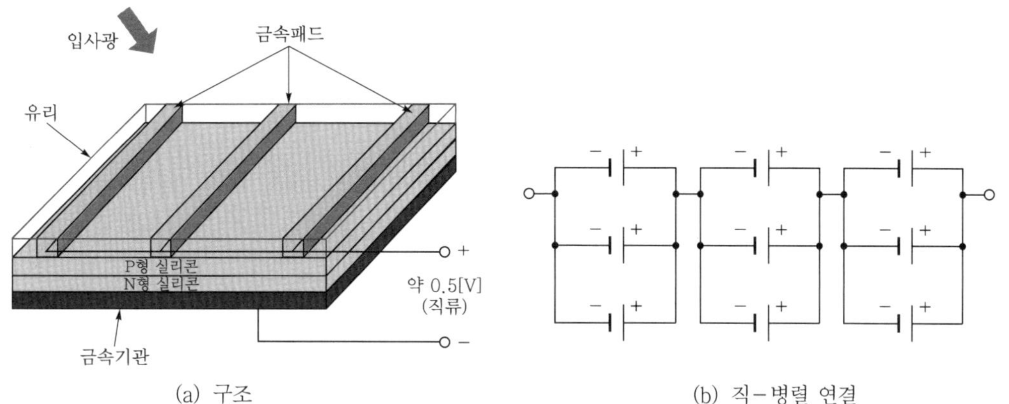

(a) 구조   (b) 직−병렬 연결

┃ 그림 1.12 태양전지의 구조와 직−병렬 연결 ┃

태양전지는 지금까지 인공위성에 주로 사용되어 왔지만, 재충전 배터리와 연계하여 상업적 공급이 가능한 독립된 전원으로도 사용할 수 있다. 여기에는 대면적 태양전지, 대용량 배터리, 직류를 교류로 변환하는 전력변환기, 그리고 시스템 제어 및 충전회로가 사용된다.

05 정전 현상

1 쿨롱의 법칙

전하에는 양, 음의 두 종류가 있으며, 두 전하 사이에 작용하는 힘을 전기력(electric force) 또는 정전기력(electrostatic force)이라 한다. 두 전하 사이에 작용하는 전기력은 두 전하의 곱에 비례하고 두 전하 사이의 거리에 반비례한다. 이것을 정전기에 대한 쿨롱(Coulomb)의 법칙이라 한다. 그림 1.13과 같이 Q_1[C]과 Q_2[C]의 전하가 진공 중에서 r[m]의 거리에 있을 때, 이들 사이에 작용하는 힘 F는 아래와 같고 방향은 두 전하를 잇는 직선상에 있다.

$$F = \frac{1}{4\pi\varepsilon_0} \cdot \frac{Q_1 Q_2}{r^2} = 9 \times 10^9 \times \frac{Q_1 Q_2}{r^2} \text{ [N]} \quad \cdots\cdots (1.7)$$

전하가 진공이 아닌 어떤 매질 중에 있을 경우 작용하는 힘은 다음과 같다.

$$F = \frac{1}{4\pi\varepsilon_s\varepsilon_0} \cdot \frac{Q_1 Q_2}{r^2} = 9 \times 10^9 \times \frac{Q_1 Q_2}{\varepsilon_s r^2} \text{ [N]} \quad \cdots\cdots (1.8)$$

여기서, ε_s : 매질의 비유전상수(dielectric constant)
ε_0 : 진공의 유전율(vacuum permittivity, 8.854×10^{-12}[F/m])

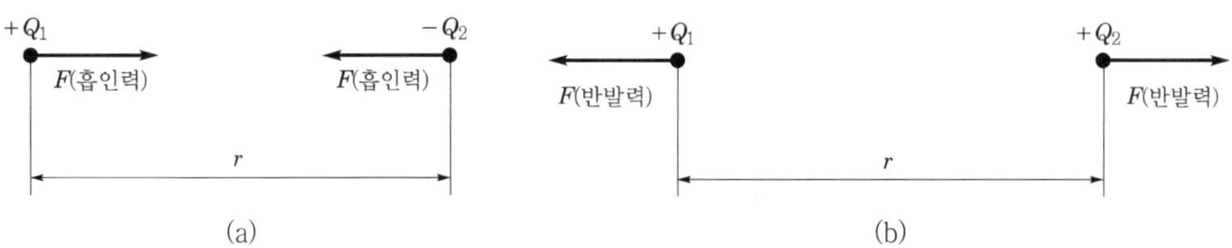

그림 1.13 두 전하 사이의 전기력

2 전기장

전기력이 작용하는 공간을 전장, 전계 또는 전기장(electric field)이라고 하며, 전기장 내에 1[C]의 전하를 놓았을 때 이에 작용하는 전기력의 크기와 방향을 각각 그 점에서 전기장의 세기 및 방향이라 한다. 전기장(전계)의 세기는 전계 내의 임의의 한 지점에 단위전하 1[C]을 놓았을 때, 이에 작용하는 힘으로 정의되며 방향은 단위전하가 받는 힘의 방향으로 나타난다. 전기장의 세기는 [V/m]를 사용하고, 1[V/m]는 1[C]의 전하에 1[N]의 전기력이 미치는 전기장의 세기를 의미한다. 즉, 전기장의 세기가 E[V/m]인 지점에 Q[C]의 전하를 두면 이 전하에 작용하는 힘(전기력) F는 QE[N]가 된다. 그림 1.14와 같이 점 O에 점전하 Q가 있을 때, Q로부터 거리 r 위치인 점 P에서의 전계의 세기를 구하여 보자. 전계의 세기는 Q에 의하여 단위전하 1[C]이 받는 힘으로 정의되므로 다음과 같고 방향은 단위전하가 받는 힘의 방향과 일치한다. 점 P에 1[C]을 놓았을 때 이 전하가 받는 힘 F가 전계의 세기다. 따라서, 전계의 세기는 다음과 같다.

$$E\left(=\frac{F}{1}[\text{C}]\right)=\frac{1}{4\pi\varepsilon_0}\cdot\frac{Q}{r^2}[\text{V/m}]=9\times10^9\times\frac{Q}{r^2}\ [\text{V/m}] \quad\cdots\cdots\cdots (1.9)$$

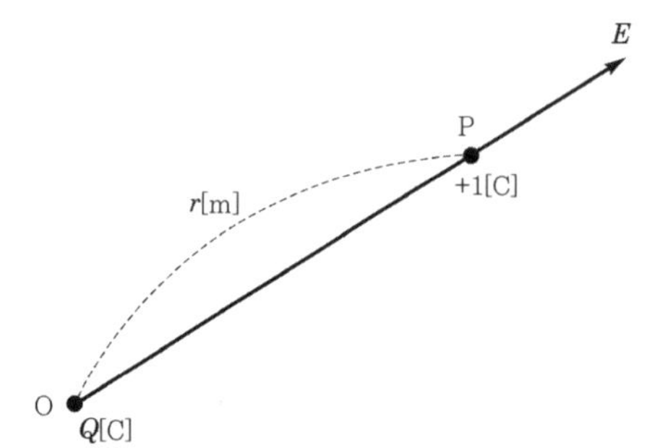

그림 1.14 점전하에 의한 전계의 세기와 방향

전기장의 크기와 방향을 선으로 나타낸 것을 전기력선이라 한다. 전기장 내의 임의의 지점에서 전기장의 세기는 전기력선의 밀도로 나타내며, 방향은 그 지점을 지나는 전기력선의 접선 방향으로 나타낸다. 그림 1.15는 1개 또는 2개의 전하에 의해 생기는 전기력선의 분포를 보여주고 있다.

전기력선의 기본 성질은 다음과 같다.

① 한 종류의 전하만으로는 폐곡선이 되지 않으며, 전위가 높은 곳에서 낮은 곳으로 향한다.

② 양전하에서 시작하여 음전하로 끝나며, 전기력선의 접선방향은 그 접점에서의 전계 방향과 일치한다.

③ 전기력선은 서로 교차하지 않으며, 전하가 없는 곳에서는 전기력선의 발생과 소멸이 없이 연속적이다.

④ 전기력선은 등전위면과 직교하며, 도체 내부에는 존재하지 않는다.

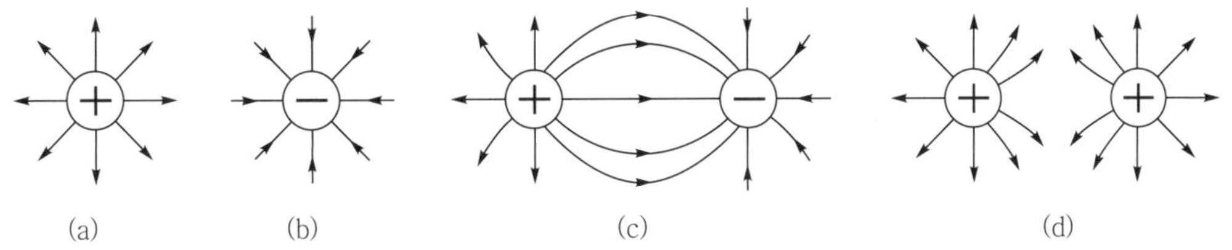

▌ 그림 1.15   전기력선의 모양 ▌

3 정전유도와 정전차폐

대전되지 않은 중성 도체 A에 대전된 물체 B를 접근시키면 그림 1.16과 같이 도체 A에는 대전체 B와 가까운 쪽에 다른 부호의 전하가, 먼 쪽에 같은 부호의 전하가 나타나는데, 이러한 현상을 정전유도(electrostatic induction)라고 한다.

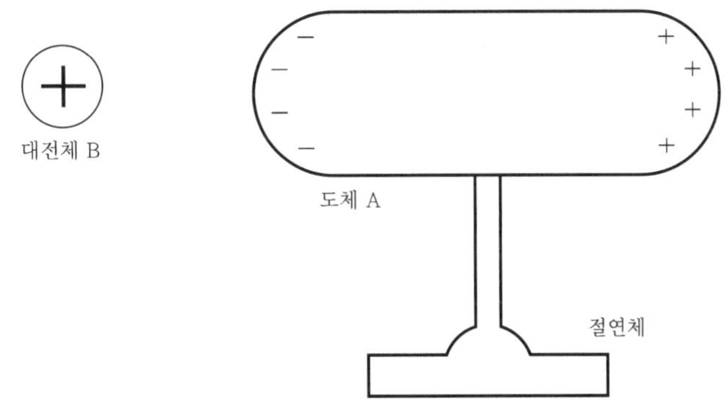

▌ 그림 1.16   정전유도 현상 ▌

정전유도현상은 같은 부호의 전하는 서로 반발하고 다른 부호의 전하는 서로 흡인하기 때문에 나타나는 현상이다. 도체는 내부에 이동하기 쉬운 자유전자가 많기 때문에 대전체를 접근시키면 정·부의 전하 분리가 쉽게 일어난다. 그러나 절연체(유전체)의 경우는 내부 전자에 대한 원자핵의 구속력이 매우 강하여, 전하가 분리되는 대신 전자의 변위만 가져온다. 유전체에서 일어나는 이러한 현상을 전기분극 또는 유전분극이라고 한

다. 정전유도가 일어난 상태에서 대전체를 멀리하면 도체 A에 발생된 전하는 중화되어 대전되지 않은 원상태로 다시 돌아간다. 이로부터 정전유도에 의해 발생된 정·부의 전하는 같은 양인 것을 알 수 있다.

그림 1. 17 (a)와 같이 대전체 A를 속이 빈 도체 B로 둘러싸고 도체 C를 옆에 두면, 도체 C는 정전유도의 영향을 받는다. 그러나 그림 1.17 (b)와 같이 도체 B를 접지시키면 외면에 생긴 전하는 대지로 이동하여 없어지므로 도체 C는 정전유도의 영향을 받지 않는다. 대전체 A 주위를 도체 B로 둘러싸고 접지시킴으로써 바깥의 물체 C에 정전유도를 방지하는 것을 정전차폐(electrostatic shield)라고 한다. 반대로 접지된 속이 빈 도체 바깥에 대전체를 두더라도 정전차폐에 의해 그림 1.18과 같이 도체 내부에는 전기력선이 발생하지 않는다. 정전차폐는 전자기기 등에서 외부 전기장의 영향을 방지하는 데 이용된다.

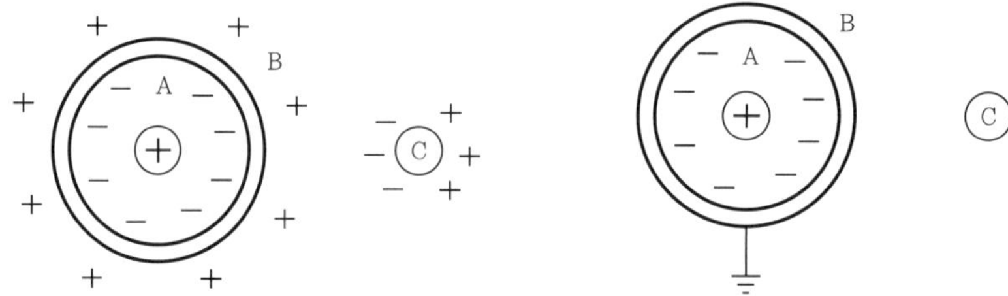

│ 그림 1.17 정전유도와 정전차폐의 비교 │

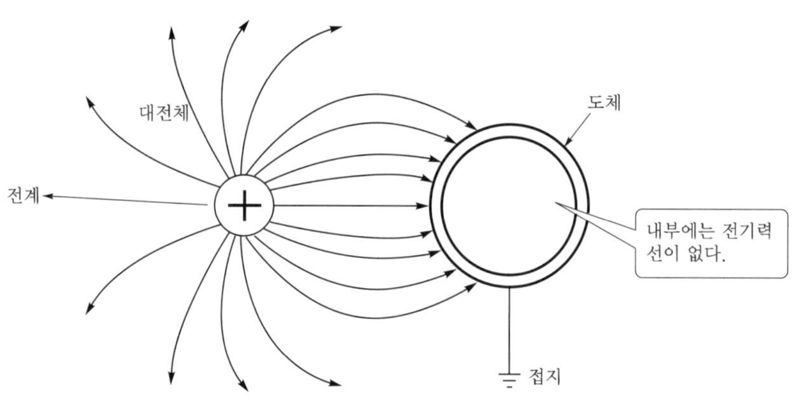

│ 그림 1.18 외부 전기장의 영향을 방지하는 정전차폐 │

예제 1
1[μC]과 2[μC]의 두 전하를 공기 중에 0.1[m]의 거리에 놓았을 때 두 전하 사이에 작용하는 힘을 구하여라.

풀이 | $F = 9 \times 10^9 \times \dfrac{10^{-6} \times 10^{-6}}{10^{-2}} = 0.9$[N]

예제 2
공기 중에 0.1[μC]의 전하가 있을 때 이 전하로부터 10[cm]의 거리에 있는 점의 전계 세기를 구하여라.

풀이 | $E = 9 \times 10^9 \times \dfrac{Q}{r^2} = 9 \times 10^9 \times \dfrac{10^{-7}}{10^{-2}} = 9 \times 10^4$[V/m]

06 정전용량과 콘덴서

1 정전용량

전하를 축적할 목적으로 두 개의 전극 사이에 유전체를 삽입한 것을 콘덴서(condenser) 또는 커패시터(capacitor)라 한다. 그림 1.19와 같이 두 전극을 서로 마주보게 하여 직류전원에 접속하면 전원의 A 전극에는 (+)극으로부터 양전하가 이동하고, B 전극에는 (−)극으로부터 음전하가 이동하여 전기가 축적된다. 이때 전압 V에 의해 전극에 축적된 전하를 Q라고 하면, 전압 V와 전하 Q 사이에는 다음의 관계가 성립한다.

$$C = \frac{Q}{V}\,[\text{F}] \quad \cdots\cdots\cdots\cdots\cdots\cdots\cdots\cdots\cdots\cdots\cdots\cdots\cdots\cdots\cdots\cdots\cdots\cdots (1.10)$$

C는 콘덴서가 전하를 축적하는 능력을 나타내는 상수로, 이를 정전용량(electrostatic capacity)이라고 하고 단위는 패럿(farad, F)을 사용한다. 1[F]의 크기는 실용상 매우 크기 때문에 보통 $[\mu\text{F}]$, $[\text{nF}]$, $[\text{pF}]$과 같은 단위를 사용하며, $1[\mu\text{F}] = 10^{-6}[\text{F}]$, $1[\text{nF}] = 10^{-9}[\text{F}]$, $1[\text{pF}] = 10^{-12}[\text{F}]$의 관계를 갖는다.

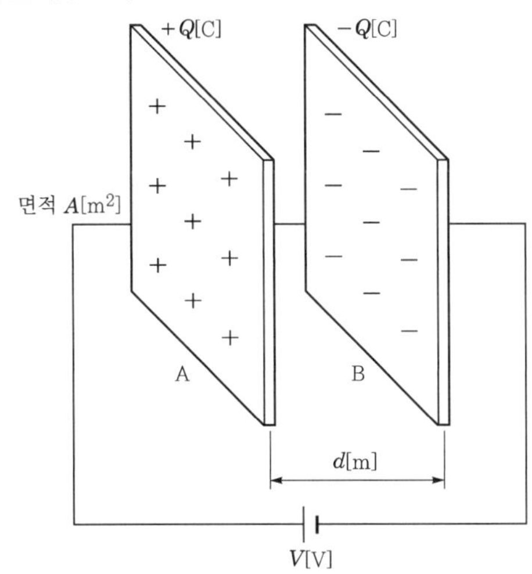

┃ 그림 1.19 콘덴서와 정전용량 ┃

2 콘덴서

정전용량을 이용하는 콘덴서에는 정전용량이 고정된 고정 커패시터와 정전용량이 가변되는 가변 커패시터로 나눌 수 있다. 고정 커패시터로는 전극 간에 삽입되는 절연물의 종류에 따라 세라믹을 유전체로 사용한 세라믹(ceramic) 커패시터, 전해액을 유전체로 사용한 전해(electrolytic) 커패시터, 고분자 화합물을 유전체로 사용한 필름(film) 커패시터 등이 사용되고 있다.

그림 1.19와 같은 구조에서 평행판 사이의 정전용량 C는 평행판의 면적을 A, 극판 사이의 간격을 d, 극판 사이에 채워진 절연체의 유전율을 ε이라 하면 식은 다음과 같다.

$$C = \varepsilon \frac{A}{d} \, [\text{F}] \quad \cdots\cdots\cdots\cdots\cdots\cdots\cdots\cdots\cdots\cdots\cdots\cdots\cdots\cdots\cdots\cdots\cdots\cdots (1.11)$$

따라서 커패시터의 정전용량을 크게 하려면 면적 A를 넓게 하고, 극판 사이의 간격 d를 좁게 하고, 극판 사이에 유전율이 큰 절연물을 사용해야 한다. 커패시터는 전하를 저장할 수 있는 기능을 갖지만, 만일 극판 사이의 절연이 좋지 않으면 두 전극 사이에 전류가 흘러 극판상의 음, 양의 전기는 중화되어 전하를 저장할 수 없게 된다. 일반적으로 두 전극 사이에 가해지는 전압이 매우 높아지면 절연물은 절연파괴(dielectric breakdown)되어 통전상태로 된다. 어떤 커패시터가 어느 정도의 전압까지 견딜 수 있는지를 나타내는 값을 그 커패시터의 내압이라고 하며, 커패시터를 사용할 때는 내압 이하의 전압에서 사용하여야 한다. 그림 1.20은 다양한 모양의 전해 콘덴서들을 보여주고 있다.

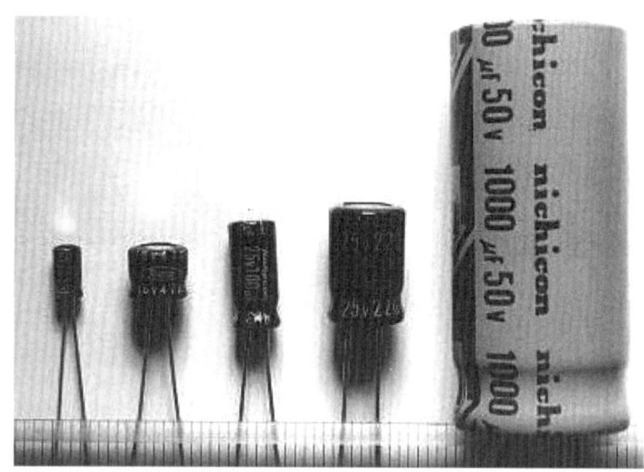

┃ 그림 1.20 전해 콘덴서 ┃

예제 1 어떤 평행판 커패시터의 두 전극에 각각 $+10^{-2}[\text{C}]$과 $-10^{-2}[\text{C}]$의 전하를 주었을 때 전위차가 100[V]로 나타났다. 이 커패시터의 정전용량은 얼마인가?

풀이 | $C = \dfrac{Q}{V} = \dfrac{10^{-2}}{100} = 10^{-4}\,[\text{F}] = 100\,[\mu\text{F}]$

예제 2 평행판 커패시터에서 극판 사이의 거리를 $\dfrac{1}{3}$로 하고 면적을 2배로 하였을 때 정전용량은 처음의 몇 배가 되는가?

풀이 | 변경 전의 정전용량을 $C = \varepsilon\dfrac{A}{d}$ 라고 하면,

변경 후의 정전용량은 $C' = \varepsilon\dfrac{2A}{\left(\dfrac{d}{3}\right)} = 6C$

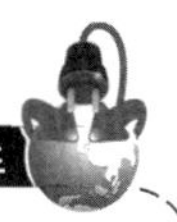

07 자기 현상

1 자기와 자극

두 개의 자석(magnet) 간에 흡인력이나 반발력이 작용하고 또 자석이 철을 끌어당기는 현상 등을 자기(magnetism)라 하고, 자기의 양을 자기량 또는 자하(magnetic charge)라고 한다. 자하의 종류에는 양, 음의 두 가지가 있다. 하나의 자석은 그 주위 공간에 자기적 작용을 일으키며, 그 작용이 강한 부분은 자석의 양끝에 위치한다. 이것을 자극(magnetic pole)이라 하며, 지구의 북쪽을 가리키는 자극을 N극 또는 정(+)자극, 지구의 남쪽을 가리키는 자극을 S극 또는 부(−)자극이라고 한다.

같은 극성의 자극은 서로 반발하고 반대 극성의 자극은 서로 당기는데, 이러한 힘을 전기력과 구분하여 자기력(magnetic force)이라 한다. 따라서 자석이 있는 공간은 벡터장이고, 자기력이 작용하는 공간을 자기장(magnetic field) 또는 자장(자계)라고 한다. 전기력선과 마찬가지로 자계의 크기와 방향을 선으로 나타낸 자기력선(자력선)을 이용하여 자계를 표현할 수 있다.

자극의 세기는 자극이 갖는 자기량에 의해 결정된다. N극과 S극은 항상 같은 양의 자기량을 가지며, 자기량의 단위는 웨버(Weber, Wb)이고 자력선은 N극에서 S극으로 향한다. 1[Wb]는 진공 중에 같은 크기의 두 자극을 1[m]의 거리를 두고 놓았을 때, 자극 상호 간에 6.33×10^4[N]의 힘이 작용하는 자기량으로 정의된다. 또한, 정전유도와 유사하게 철편을 자계 내에 놓으면 이 철편은 자화되어 양단에 자극이 생기며, 이 현상을 자기유도라고 한다.

그러나 자기가 전기와 다른 점은 단독으로 자기량을 분리할 수 없으며, 자석을 분리하여도 양쪽 끝에 극성이 나타나 N극과 S극을 갖는 자석의 성질이 그대로 유지된다는 것이다.

2 자기력에 대한 쿨롱의 법칙

자석 사이에 작용하는 힘도 정전계와 같이 쿨롱의 법칙이 그대로 적용된다. 그림 1.21에서 두 자극 사이에 작용하는 힘은 그 사이의 거리의 제곱에 반비례하고 두 자극의 세기의 곱에 비례한다. 자기력의 방향은 양극 간을 연결하는 직선상에 있다. 이것을 자기력에 대한 쿨롱의 법칙이라 한다.

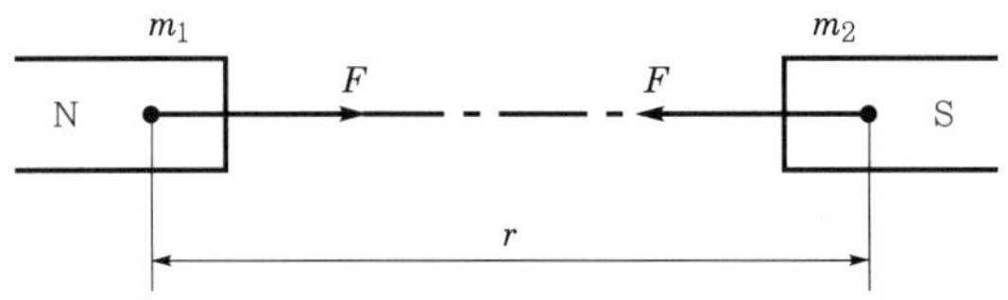

그림 1.21 자기력에 대한 쿨롱의 법칙

양 자극이 같은 부호일 때는 반발하는 방향이고, 다른 부호일 때는 흡인하는 방향이다. 그림 1.21에서 진공 중의 두 자극 사이에 작용하는 자기력의 크기 F는 다음과 같다.

$$F = \frac{1}{4\pi\mu_0} \cdot \frac{m_1 m_2}{r^2} = 6.33 \times 10^4 \times \frac{m_1 m_2}{r^2} \, [\text{N}] \quad\cdots\cdots (1.12)$$

여기서, m_1, m_2 : 두 자극의 세기
μ_0 : 진공의 투자율(vacuum permeability, $4\pi \times 10^{-7}[\text{H/m}]$)

매질의 투자율이 $\mu = \mu_s \mu_0$ (μ_s 는 매질의 비투자율)인 경우 식 (1.12)의 μ_0는 μ로 대체된다.

3 자계

자기의 힘이 미치는 공간을 자계라 하고, 자계 중의 한 점에 단위자기량 1[Wb]를 놓았을 때 이에 작용하는 힘의 크기 및 방향을 그 점에 대한 자계의 세기(H) 및 방향으로 정한다. 자계의 세기는 다음과 같다.

$$H\left(= \frac{F}{1}[\text{Wb}]\right) = \frac{m}{4\pi\mu_0 r^2} = 6.33 \times 10^4 \times \frac{m}{r^2} \, [\text{N/Wb 또는 A/m}] \quad\cdots\cdots (1.13)$$

여기서, m : 자극의 세기, μ_0 : 진공의 투자율, r : 자극과의 거리

자계의 세기는 [N/Wb]이지만 일반적으로 [A/m]를 사용한다. 자계 H 내에 m의 점자극을 놓으면 이에 미치는 자기력 F는 다음과 같이 된다.

$$F = mH \, [\text{N}] \quad\cdots\cdots (1.14)$$

m이 양일 때 자기력은 자계의 방향으로. 음일 때에는 자계와 반대 방향으로 작용한다.

4 자속과 자력선

자계 내에서 단위 양자극 1[Wb]가 아무 저항 없이 자기력에 따라 이동할 때 그림 1.22와 같이 그려지는 가상선을 자기력선 또는 자력선이라 한다. 자력선은 N극에서 나와 S극으로 들어간다, 이러한 자력선을 가상하여 접선으로 임의 지점의 자기장 방향을, 자기장 방향에 수직인 평면상에 자력선의 밀도로 그 점의 자기장 세기를 표시할 수 있다.

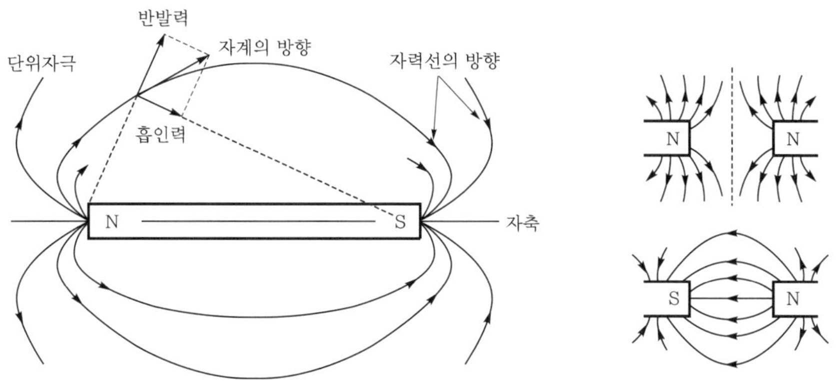

┃ 그림 1.22 자력선의 분포 ┃

1[Wb]의 자극으로부터는 진공 중에서 $\dfrac{1}{\mu_0}$개, 비투자율이 μ_s인 물질에서 $\dfrac{1}{\mu_s\mu_0}$개의 자력선을 표시하지만, 같은 자극에서 나오는 자력선의 수가 매질에 따라서 다른 것이 불편하므로 자력선을 $\dfrac{1}{\mu}$개씩 다발을 취해 다루고 이를 1개의 자속이라고 한다. 따라서 m의 자극에서는 주위의 매질과 관계없이 m개의 자속이 나오는 것으로 생각할 수 있다. 자계의 방향과 직각인 1[m^2]를 지나는 자속의 수를 자속밀도라고 한다. 면적 S를 통해 자속의 수가 Φ이면 자속밀도는 $\dfrac{\Phi}{S}$가 되고, 단위는 [Wb/m^2] 또는 [T, tesla]로 표시된다.

진공 중에서 점자극 m으로부터 나오는 자속은 m이고, 자력선의 총수는 $\dfrac{m}{\mu_0}$이므로, 자속밀도 B와 자계의 세기 H는 다음과 같은 관계를 갖는다.

$$H = \frac{m}{\mu_0 S} = \frac{B}{\mu_0} \qquad \therefore\ B = \mu_0 H \quad\cdots\cdots\cdots\cdots\cdots\cdots\cdots\cdots\cdots\cdots\cdots\cdots\ (1.15)$$

5 자성체와 자화

어떤 물체를 자기장 내에 놓으면 그 물체는 자기유도에 의해 자기적 성질, 즉 자성을 나타낸다. 이때 물체는 자화되었다고 하며, 자화되는 물체를 자성체라고 한다. 자성체는 자화되는 성질에 따라 분류할 수 있으며, 외부 자계에 대해 그림 1.23 (a)와 같이 자극에 가까운 쪽에 다른 극성의 자극으로, 먼 쪽에 같은 극성의 자극으로 자화되는 물체를 상자성체라고 한다. 이와 반대로 그림 1.23 (b)에서는 자극에 가까운 쪽에 같은 극성으로, 먼 쪽에 다른 극성으로 자화되고 있는 것을 보여주고 있는데, 이러한 물체를 반자성체라고 한다. 상자성체 중에서도 특히 강하게 자화되는 자성체를 강자성체라고 한다. 각 자성체에 대한 대표적인 물질로는 상자성체로 백금(Pt), 알루미늄(Al) 등이 있고 반자성체로 금(Au), 은(Ag), 동(Cu) 등이 있으며, 강자성체로 철(Fe), 니켈(Ni), 코발트(Co) 등이 있다.

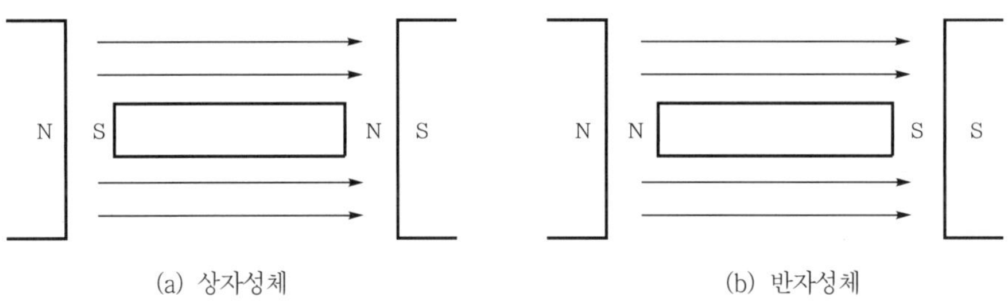

┃ 그림 1.23 자성체 ┃

외부 자계에 의해 자성체는 양 단면에 자극이 나타나는데, 양 단면의 단위면적에 발생하는 자기량을 그 자성체에 대한 자화의 세기라고 한다. 자성체의 단면적을 $S[\text{m}^2]$, 자화된 자기량을 $m[\text{Wb}]$이라 할 때, 자화의 세기 J는 다음과 같이 주어진다.

$$J = \frac{m}{S}\,[\text{Wb/m}^2] \tag{1.16}$$

자성체를 투자율에 따라 구분하면 상자성체는 $\mu_s > 1$, 강자성체는 $\mu_s \gg 1$, 반자성체는 $\mu_s < 1$의 특성을 갖는다.

6 자석에 작용하는 회전력

그림 1.24와 같이 길이 l, 자극의 세기 $\pm m$인 어떤 자석이 평등 자계 H 내에 θ각을 이루고 있을 때, 자석이 받는 회전력을 알아보자. 그림 1.24에서 자석의 두 자극에 작용하는 힘의 크기는 $F = mH$로 같고 힘의 방향은 N극$(+m)$은 자계와 동일하고 S극$(-m)$은 반대이므로, 회전력 T가 발생한다. 따라서 회전력 T는 아래와 같다.

$$T = Fl' = Fl\sin\theta = mHl\sin\theta\,[\text{N} \cdot \text{m}] \tag{1.17}$$

이 식을 자기모멘트 $M = ml$을 이용하여 다시 표현하면 다음과 같다.

$$T = MH\sin\theta \tag{1.18}$$

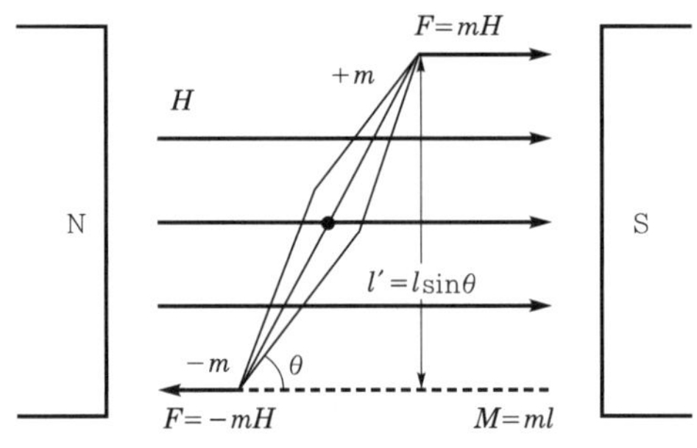

┃ 그림 1.24 평등 자계 내에서 자석이 받는 회전력 ┃

> **예제 1** $5\pi \times 10^{-2}$[Wb], $\pi \times 10^{-2}$[Wb]인 두 자극이 공기 중에서 10[cm] 거리에 있을 때, 두 자극 사이에 작용하는 자기력의 세기는 얼마인가?
>
> 풀이 | $F = \dfrac{1}{4\pi\mu_0} \cdot \dfrac{m_1 m_2}{r^2}$
>
> $\qquad = \dfrac{1}{4\pi \times 4\pi \times 10^{-7}} \cdot \dfrac{5\pi \times 10^{-2} \times \pi \times 10^{-2}}{10^{-2}} = \dfrac{5}{16} \times 10^5$[N]
>
> **예제 2** 진공 중에서 4π[Wb]의 자극으로부터 발산되는 총자속과 자력선의 수를 구하여라.
>
> 풀이 | 자속은 자극량과 동일하므로 4π[Wb], 자력선의 수는 $\dfrac{m}{\mu_0} = \dfrac{4\pi}{4\pi \times 10^{-7}} = 10^7$ [개]
>
> **예제 3** 자극의 세기 1×10^{-6}[Wb], 길이 20[cm]인 막대자석을 200[A/m]의 평등 자계 내에 자계와 30° 각도로 놓았을 때 자석이 받는 회전력을 구하여라.
>
> 풀이 | $T = 1 \times 10^{-6} \times 200 \times 0.2 \times \sin 30° = 2 \times 10^{-5}$[N·m]

08 전류에 의한 자계

1 암페어의 오른나사 법칙과 주회적분 법칙

전류가 흐르는 도체 주위에 자계가 형성되는 현상은 19세기 초 에르스텟(Oersted)에 의해 처음 발견되었고, 암페어(Ampere)는 실험을 통하여 전류와 자계의 관계를 정량적으로 설명하였다. 그림 1.25 (a)와 같이 직선 도체에 전류가 흐르면, 도체에 수직인 평면상에서 오른나사가 진행하는 방향으로 전류가 흐를 때 나사를 돌리는 방향으로 동심원의 자계가 발생한다. 즉, 전류에 의한 자계의 방향 관계를 암페어의 오른나사 법칙이라고 하며, 이 법칙은 그림 1.25 (c)와 같이 폐회로를 흐르는 원형전류에서도 성립한다. 자계 내에서 전류가 지면을 수직으로 관통할 때 기호 ⊙은 지면 뒤에서 표면으로 나오는 방향을, ⊗은 지면의 표면에서 뒤로 들어가는 방향을 표기하는 것으로 약속한다.

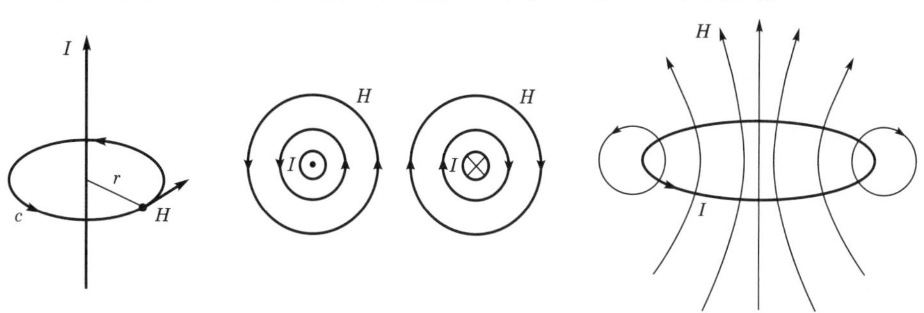

(a) 직선 전류에 의한 자계　　(b) 지면표시법　　(c) 원형 전류에 의한 자계

┃ 그림 1.25 암페어의 오른나사 법칙 ┃

암페어의 주회적분 법칙은 "임의의 폐곡선에 대한 자계의 선적분은 이 폐곡선을 관통하는 전류의 합과 같다"로 정의하고, 이를 수학적으로 표현하면 다음과 같다.

$$\oint_c H \cdot dl = I \quad\text{(1.19)}$$

여기서, H : 자계
dl : 폐곡선의 미소선분
I : 전류

여기서 선적분을 취하는 폐곡선 방향으로 오른나사를 돌릴 때, 전류의 방향이 나사가 진행하는 방향과 일치하면 전류의 부호는 정(+)이고 반대면 부(−)가 된다. 그림 1.26은 암페어의 주회적분 법칙을 설명하는 관계식을 보여주고 있다.

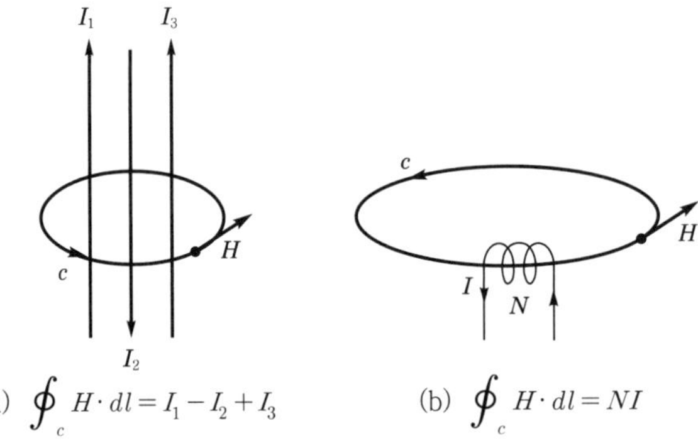

그림 1.26 암페어의 주회적분 법칙

2 도체의 형상에 따른 자계

(1) 무한장 직선 전류의 자계

그림 1.27과 같이 무한장 직선 도체에 전류 I [A]가 흐를 때, 거리 r[m]만큼 떨어진 점에서의 자계 세기는 적분로 c를 원으로 하여 암페어 주회적분 법칙을 적용하면

$$\oint_c H dl = 2\pi r H = I \ \text{이고,} \ \ H = \frac{I}{2\pi r} \ [\text{A/m}] \quad\text{(1.20)}$$

이 된다. 직선 전류에 의한 자계의 세기는 자석에 의한 것과는 달리 투자율에 관계가 없음을 알 수 있다.

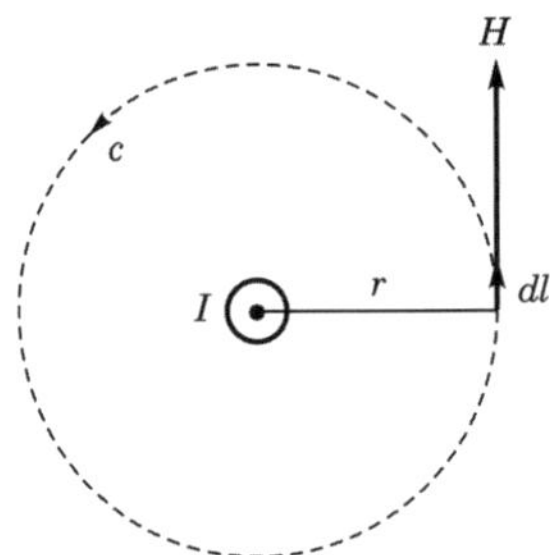

그림 1.27 무한장 직선 도체의 전류에 의한 자계

(2) 무한장 솔레노이드의 자계

그림 1.28 (a)와 같이 자계를 좁은 곳에 집중시키기 위해 원통 모양으로 도선을 감은 코일을 솔레노이드(solenoid)라고 한다. 솔레노이드 내부의 자계는 축방향으로 평행한 평등 자계가 형성되고, 외부의 자계는 0이 된다. 솔레노이드 내부의 자계 세기 H_i는 단위길이당 권선수를 n이라 할 경우 다음의 식으로 주어진다.

$$H_i = nI \ [\text{A/m}] \quad\quad\quad\quad\quad\quad (1.21)$$

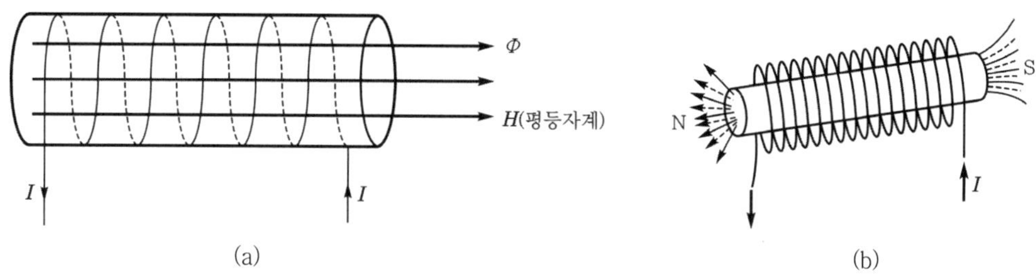

┃ 그림 1.28 무한장 솔레노이드의 자계 ┃

평등 자계를 얻기 위해서는 무한장의 솔레노이드가 필요하지만, 이는 불가능하므로 실제로는 단면적에 비해 길이가 충분히 긴 솔레노이드를 만들어 사용한다. 또 도선을 치밀하게 감아서 누설자속이 없도록 한다. 전류가 흐르고 있는 코일의 내부에 철심을 넣으면 철심은 자화되어 그림 1.28 (b)와 같은 강력한 자석을 만든다. 이러한 자석을 전자석이라고 한다.

(3) 환상 솔레노이드의 자계

그림 1.29와 같이 솔레노이드를 구부려 양 끝을 합해 무단으로 만든 도넛 모양의 틀에 감은 코일을 환상 솔레노이드 또는 토로이드(toroid)라고 한다. 그림 1.29에서 코일의 권선수를 N회 감고 전류 I[A]를 흘리면, 중심에서 반지름 r을 원으로 하는 적분로를 취하여 암페어 주회적분 법칙을 적용하면

$$\oint Hdl = 2\pi r H = NI \quad\quad\quad\quad\quad\quad (1.22)$$

가 된다. 따라서 환상 솔레노이드 내부에서의 자계 세기 H는 다음과 같다.

$$H = \frac{NI}{2\pi r} \ [\text{A/m}] \quad\quad\quad\quad\quad\quad (1.23)$$

환상 솔레노이드의 자계 세기는 투자율에 무관하며, 외부 자계는 적분로를 취한 원주와는 쇄교하는 전류가 없으므로 0이 된다.

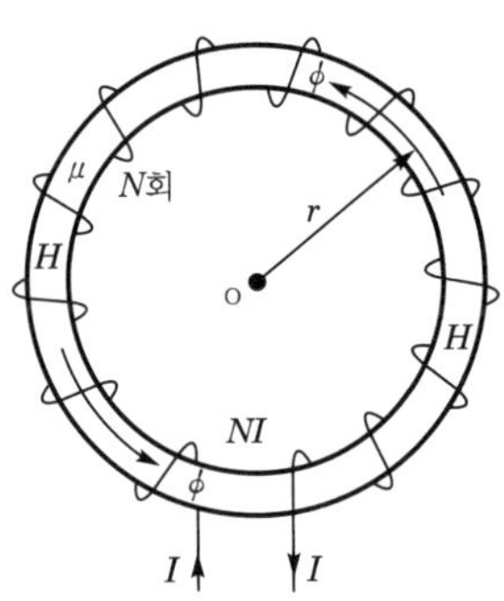

그림 1.29 환상 솔레노이드의 자계

식 1.23과 같이 자계의 세기는 환상 솔레노이드의 매질과 관계가 없지만, 자속밀도 $B = \mu H$와 자속 $\phi = BS$는 공심 및 철심에 따라 다르게 나타난다.

3 비오-사바르 법칙

프랑스의 비오(Biot)-사바르(Savart)는 그림 1.30과 같이 임의 형상의 도선에 전류 I[A]가 흐를 때 도선상의 미소길이 dl에 흐르는 전류에 의해 거리 r만큼 떨어진 점 P에서의 자계 세기 dH를 다음과 같이 유도하였다. 여기서, θ는 dl과 거리 r이 이루는 각이며, 이 식을 비오-사바르 법칙이라 한다.

$$dH = \frac{Idl\sin\theta}{4\pi r^2} \quad \text{...} \quad (1.24)$$

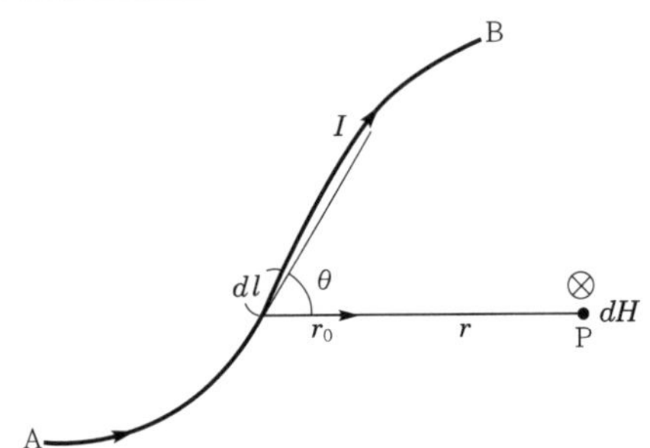

그림 1.30 비오-사바르 법칙

원형 도체의 중심부에서의 자계 세기는 비오-사바르 법칙으로 구할 수 있다. 그림 1.31은 반지름이 a인 원형 전류 I[A]의 방향에 따른 중심에서의 자계 방향을 보여주고 있으며, 중심부에서 자계의 세기는 다음과 같다.

$$H = \oint \frac{I\sin\theta}{4\pi r^2} dl = \frac{2\pi aI}{4\pi a^2} = \frac{I}{2a} \text{ [A/m]} \quad \text{....................................} \quad (1.25)$$

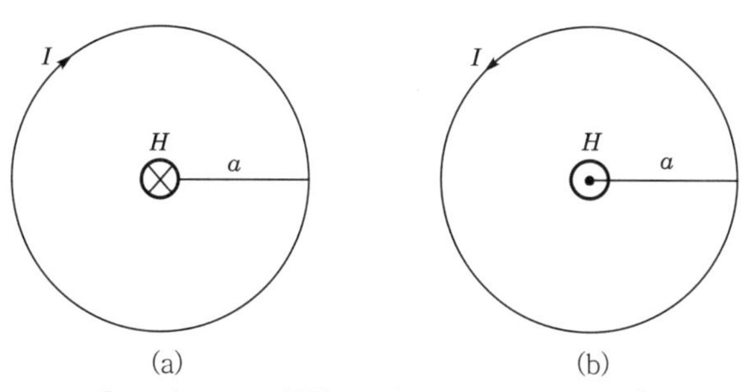

| 그림 1.31 원형 도체 중심에서의 자계 |

만일 원형 도체에서 권선수가 N회라면 중심부에서 자계의 세기 H는 다음과 같다.

$$H = \frac{NI}{2a} \, [\text{A/m}] \quad \cdots\cdots (1.26)$$

4 자기회로와 자기저항

전기가 흐르는 통로를 전기회로라고 하는 것처럼, 자속이 지나는 통로를 자기회로(magnetic circuit)라고 한다. 그림 1.32와 같은 자기회로에서 코일의 권선 수를 N, 전류를 I, 자기회로의 길이와 면적을 l과 S, 투자율을 μ, 자속밀도를 B, 자속을 Φ로 하면 $\oint H dl = NI$ 가 된다. 이때 NI는 전기회로에서 전류를 흐르게 하는 기전력처럼 자속을 지속적으로 발생하도록 하는 능력이 되어 이를 기자력이라고 한다. 기자력의 단위는 [A]이다. 한편 $\Phi - BS - \mu HS$의 관계식에서 기사력 F_m은 다음과 같이 표현된다.

$$F_m = NI = \oint H dl = Hl = \frac{\Phi l}{\mu S} = \Phi R_m \quad \cdots\cdots (1.27)$$

여기서, R_m : 자기저항(magnetic resistance)

$$R_m = \frac{l}{\mu S} \, [\text{A/Wb}] \quad \cdots\cdots (1.28)$$

또한 $F_m = \Phi R_m$을 자기회로에 있어서 옴(Ohm)의 법칙이라 한다.

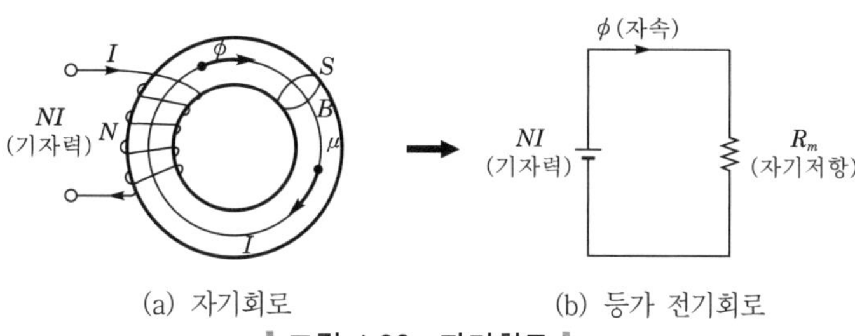

| 그림 1.32 자기회로 |

> **예제 1** 무한 직선 도체에 1[A]의 전류가 흐르고 있을 때, 이 도체로부터 10[cm] 떨어진 지점의 자계 세기를 구하여라.
>
> **풀이 |** $H = \dfrac{I}{2\pi r} = \dfrac{1}{2 \times 3.14 \times 0.1} = 1.6[\text{A/m}]$
>
> **예제 2** 반지름이 10[cm], 권선수 500회, 공심의 단면적이 10[cm²]인 환상 솔레노이드에 1[A]의 전류가 흐를 때 내부 자계의 세기, 자속밀도 및 자속을 구하여라.
>
> **풀이 |** $H = \dfrac{NI}{2\pi r} = \dfrac{500 \times 1}{2 \times 3.14 \times 0.1} = 796.2[\text{A/m}]$
>
> $B = \mu_0 H = 4\pi \times 10^{-7} \times 796.2 = 1 \times 10^{-3}[\text{Wb/m}^2]$
>
> $\phi = BS = 1 \times 10^{-3} \times 10 \times 10^{-4} = 10^{-6}\,[\text{Wb}]$
>
> **예제 3** 반지름이 10[cm], 권선 수 500회의 원형코일에 전류가 1[A] 흐를 때 코일 중심에서의 자계 세기를 구하여라.
>
> **풀이 |** $H = \dfrac{NI}{2a} = \dfrac{500 \times 1}{2 \times 0.1} = 2500[\text{A/m}]$
>
> **예제 4** 비투자율 μ_s가 500, 단면적이 1[cm²], 길이가 10[cm]인 자기회로의 저항을 구하여라.
>
> **풀이 |** $R_m = \dfrac{l}{\mu_s \mu_0 S} = \dfrac{0.1}{500 \times 4\pi \times 10^{-7} \times 10^{-4}} = \dfrac{10^7}{2\pi}\,[\text{A/Wb}]$

09 자계 내의 전류에 작용하는 힘

1 자계 내에서 전류가 받는 힘

외부 자계 내에 전류가 있으면 외부 자계와 도선 전류에 의한 자계가 합성되어 합성 자력선이 그림 1.33과 같이 나타난다.

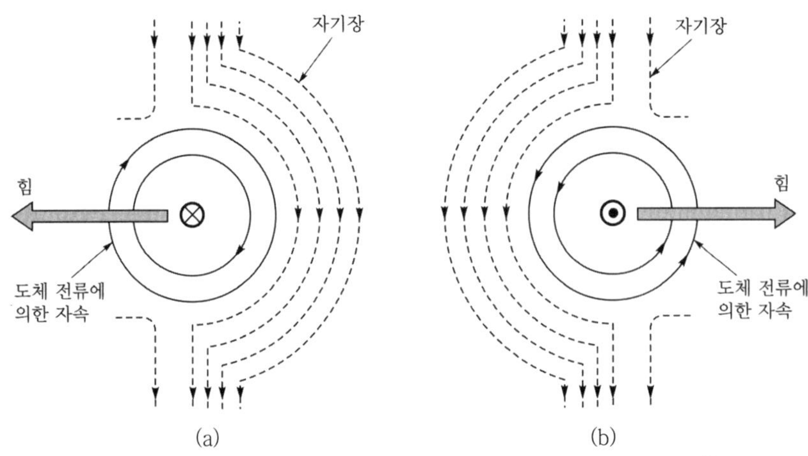

그림 1.33 외부 자계와 도선 전류의 합성 자력선 및 전자력

그림 1.33 (a)에서 도선 전류가 지면 속으로 들어가면 전류에 의한 자장은 시계방향이 되어 우측의 자속은 강화되고, 좌측의 자속은 약화된다. 자력선은 항상 줄어들려는 방향으로 작용하므로 도선은 좌측으로 밀리게 된다. 그림 1.33 (b)의 경우는 이와는 반대가 되어 도선이 우측으로 힘을 받는다. 이와 같이 자계 내에서 전류가 흐르는 도체가 받는 힘을 전자력(electromagnetic force)이라 하며, 전기에너지를 기계적 에너지로 변환시키는 전동기(motor) 등의 전자기기에 널리 응용된다. 그림 1.33에서는 자계 내에서 전류가 받는 힘의 방향을 찾아내는 방법을 보여주고 있는데, 이 방법을 플레밍(Fleming)의 왼손법칙이라 한다.

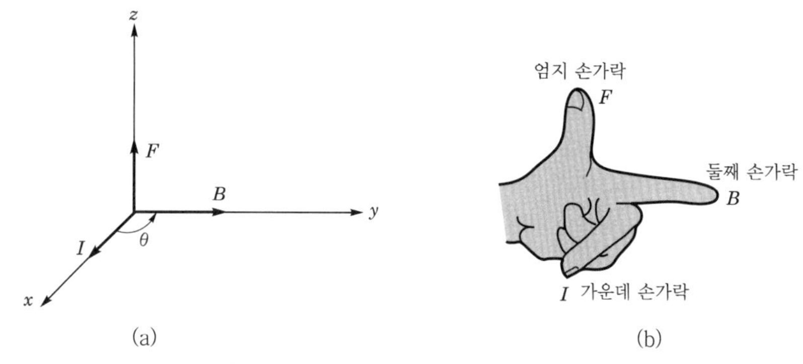

그림 1.34 플레밍의 왼손법칙

자속밀도 B 내에서 전류 I가 받는 힘 F는 도체의 길이가 l일 때, 다음과 같이 표현된다.

$$F = (I \times B) = IB\sin\theta\,[\text{N}] \quad\cdots\cdots\cdots\cdots\cdots\cdots\cdots (1.29)$$

여기서 θ는 전류의 방향과 자계의 방향이 이루는 각이다. 즉, 전류와 자계의 방향이 수직인 경우 $F = IBl$이 되고, 평행이 되면 힘은 작용하지 않는다.

■2 평행도선 간에 작용하는 힘

일정한 간격을 유지하고 평행을 이루고 있는 2개의 도선에 전류가 흐르면 한쪽 전류에 의한 자기장 내에 다른 전류가 흐르는 도선이 있으므로 각각의 도선은 플레밍의 왼손법칙에 따라 힘을 받는다. 그림 1.35와 같이 거리 r[m]만큼 떨어진 두 개의 평행도체 A, B에 동일 방향의 전류가 I_1, I_2로 흐르고 있을 때, 도선 A는 오른쪽으로, 도선 B는 왼쪽으로 힘을 받아 서로 당겨지게 된다. 만일 두 도선의 전류가 반대방향으로 흐르게 되면 각 도선의 자계 방향은 반대가 되어 도선 A는 왼쪽으로, 도선 B는 오른쪽으로 힘을 받아 반발하게 된다.

도선 A가 받는 단위길이당 힘의 크기 F'는 I_1과 H_2가 서로 수직이므로 $F' = I_1 B_2$이 되고, 도선 B가 받는 단위길이당 힘의 크기 F는 I_2와 H_1이 서로 수직이므로 $F = I_2 B_1$이 되어 다음과 같이 된다.

$$F' = F = \frac{\mu_0 I_1 I_2}{2\pi r} \quad\cdots\cdots\cdots\cdots\cdots\cdots\cdots\cdots\cdots\cdots\cdots\cdots\cdots\cdots\cdots\cdots\cdots\cdots\cdots \text{(1.30)}$$

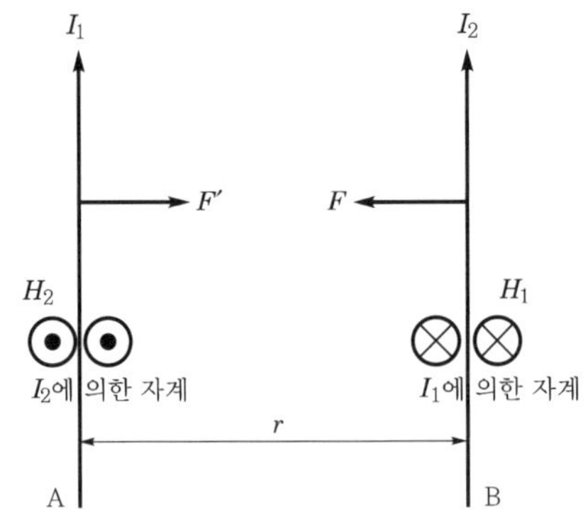

그림 1.35 평행도체 간에 작용하는 힘

예제 1
자속밀도 1[Wb/m^2]인 평등 자계 내에 자계의 방향과 30°의 방향으로 놓여진 길이 0.1[m]의 도선에 1[A]의 전류가 흐를 때, 이 도체가 받는 힘을 구하여라.

풀이 | $F = BI l \sin\theta = 1 \times 1 \times 0.1 \times 0.5 = 0.05[\text{N}]$

예제 2
진공 중에 $r = 1[\text{m}]$ 간격으로 떨어져 평행전류 $I_1 = I_2$가 흐를 때, 흡인력이 단위 길이당 $10^{-7}[\text{N/m}]$로 나타난다. 이때의 $I_1 = I_2 = I$를 구하여라.

풀이 | $F = \dfrac{\mu_0 I^2}{2\pi r}$ 에서 $\quad I^2 = \dfrac{2\pi r F}{\mu_0} = \dfrac{2\pi \times 1 \times 10^{-7}}{4\pi \times 10^{-7}} = 0.5$

$\therefore\ I = 0.707[\text{A}]$

10 전자유도

1 렌츠의 법칙

지금까지는 정상 자계에 대해 기술하였으나, 이제 시간적으로 변화하는 자계에 대해 알아보도록 한다. 그림 1.36의 회로 A에 전류가 흐르면 전류에 의해 발생한 자속 분포는 그림과 같고 그 일부분은 회로 B와 쇄교하게 된다. 이때 회로 A의 전류가 일정하게 흐르는 동안 회로 B의 검류계는 움직이지 않는다. 만일 회로 A의 스위치를 열거나 닫아서 회로 B에 쇄교하는 자속을 시간으로 변화시키면 회로 B에는 기전력이 유도되어 검류계의 바늘이 움직이게 된다. 이와 같이 하나의 회로에 쇄교하는 자속을 시간적으로 변화시켜서 기전력이 유도되는 현상을 전자유도(electromagnetic induction)라고 한다.

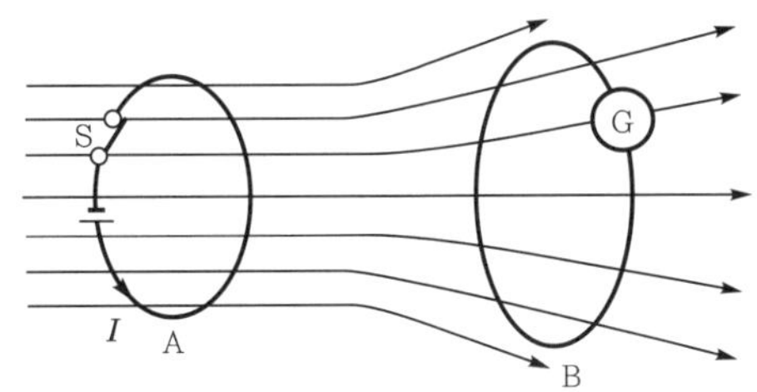

┃ 그림 1.36 전자유도 현상 ┃

이때 전자유도로 발생하는 기전력은 자속의 변화를 방해하는 방향으로 전류를 발생시키는데, 이를 렌츠(Lenz)의 법칙이라고 한다. 즉, 그림 1.37 (a)에서와 같이 자석을 코일에 가까이 하면 코일의 쇄교 자속수는 증가하므로 이를 감소시키려는 방향으로 암페어의 오른나사 법칙에 의해 기전력과 전류의 방향이 결정된다. 또 그림 1.37 (b)에서와 같이 자석을 멀리하면 코일의 쇄교 자속수는 감소하므로 이를 증가시키려는 방향으로 기전력이 유도된다.

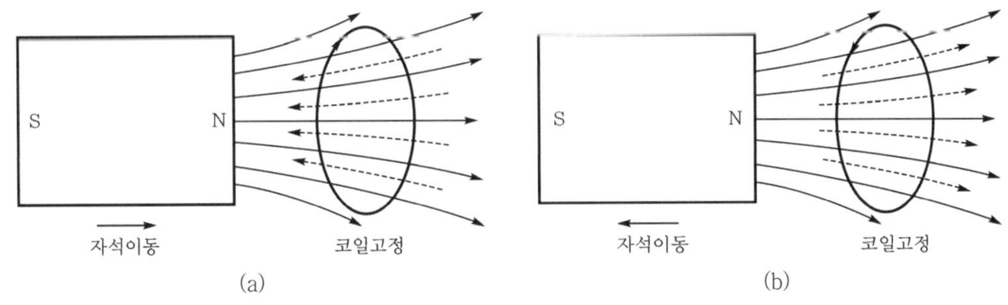

┃ 그림 1.37 렌츠의 법칙에 의한 기전력의 방향 ┃

렌츠의 법칙은 전자유도에 의한 기전력의 방향을 결정해 주는 법칙으로 뉴튼의 관성 법칙과 같이 물체는 처음의 상태를 계속 유지하려는 성질과 같은 현상이다.

■2 패러데이 법칙

유도 기전력 e의 크기는 폐회로에 쇄교하는 자속 $N\phi$의 시간적 변화율에 비례한다. 이것을 패러데이(Faraday) 법칙이라 하며, 이 법칙은 유도 기전력의 크기를 결정한다. 유도 기전력은 패러데이 법칙과 렌츠의 법칙을 결합하여 다음과 같이 나타낼 수 있다.

$$e = -N\frac{d\phi}{dt}\,[\text{V}] \quad\cdots\cdots (1.31)$$

여기서 ϕ는 권선 1회의 코일에서 발생하는 자속이고, (−)는 기전력의 방향이 자속의 변화와 반대로 발생하는 것을 의미한다. 전자유도 현상을 이용하는 응용분야로는 일정한 자계 속에 코일을 회전시키면 기전력이 발생하는 발전기와 1차 코일에 교번 자속을 주면 1, 2차 코일의 권선수에 비례하여 2차 코일에 전압이 유도되는 변압기 등이 있다.

3 운동 도체에 의한 전자유도

그림 1.38과 같이 평등자계 B에 수직으로 놓여진 구형 회로에서 길이 l인 도체 ab가 속도 v로 dt 동안에 dy만큼 이동하였다면, 이때의 자속 감소는 다음과 같다.

$$d\phi = BdS = Bldy \,[\text{Wb}] \quad\cdots\cdots\cdots\cdots\cdots\cdots\cdots\cdots\cdots\cdots\cdots\cdots (1.32)$$

따라서 패러데이 법칙에 의해 유도 기전력은 아래와 같이 나타난다.

$$e = -\frac{d\phi}{dt} = Blv \,[\text{V}] \quad\cdots\cdots\cdots\cdots\cdots\cdots\cdots\cdots\cdots\cdots\cdots (1.33)$$

여기서 정(+)의 기전력은 자속의 감소를 방해하려는 방향으로 유도되는 것을 의미한다.

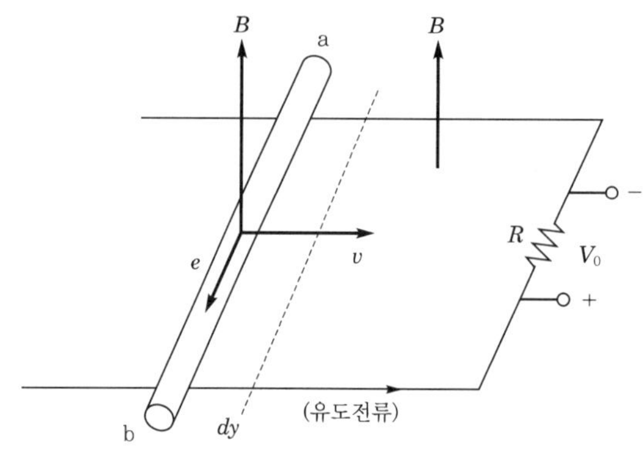

| 그림 1.38 자계 내에서 운동 도체의 기전력 |

자속밀도 $\boldsymbol{B}$, 도체의 운동 속도 v, 유도 기전력 e의 관계는 그림 1.39와 같이 플레밍의 오른손 법칙이 적용된다. 이들의 관계를 벡터적으로 표현하면 다음과 같다.

$$e = (v \times \boldsymbol{B})l \quad\cdots\cdots\cdots\cdots\cdots\cdots\cdots\cdots\cdots\cdots\cdots\cdots (1.34)$$

v와 $\boldsymbol{B}$의 각이 θ일 때 유도 기전력의 크기는 $e = Blv\sin\theta$로 나타난다. 도선이 자속 방향으로 이동할 때는 기전력이 생기지 않고, 수직 방향으로 이동할 때 최대 기전력이 유기된다.

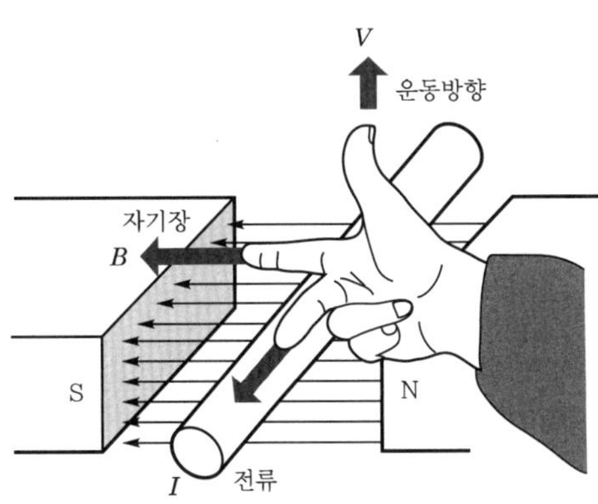

┃ 그림 1.39 플레밍의 오른손 법칙 ┃

예제 1 10회 감은 코일에서 자속이 0.1초 동안에 0.1[Wb]에서 0.2[Wb]로 증가할 때 유도되는 기전력을 구하여라.

풀이 | $e = -N\dfrac{d\phi}{dt} = -10 \times \dfrac{0.2 - 0.1}{0.1} = -10\,[\mathrm{V}]$

예제 2 자속밀도 1[Wb/m²]인 평등자계 중에서 10[cm] 길이의 직선 도체가 자계에 수직방향으로 속도 1[m/s]로 운동할 때 유도되는 기전력을 구하여라.

풀이 | $e = Blv\sin\theta = 1 \times 0.1 \times 1 \times \sin 90^\circ = 0.1\,[\mathrm{V}]$

Chapter 01
Chapter 02
Chapter 03
Chapter 04
Chapter 05
Chapter 06
Chapter 07

연습문제

01 1[A]의 전류가 30초 간 도선에 흘렀을 때 도선 단면을 지나는 전기량은?

정답 $Q = I \times t = 1 \times 30 = 30[\text{C}]$

02 단면적이 1[cm²]인 도체를 5초 동안에 30[C]의 전하가 이동하였다면 전류밀도는?

정답 $J = \dfrac{Q}{At} = \dfrac{30}{1 \times 5} = 6[\text{A/m}^2]$

03 10[V]의 전위차로 1[A]의 전류가 1분 동안 흐를 경우 한 일은 몇 [J]인가?

정답 $W = I \times V \times t = 1 \times 10 \times 60[\text{sec}] = 600[\text{J}]$

04 본문의 그림 1.12 (b)와 같이 태양전지를 3×3 어레이(array)로 직−병렬 연결한 모듈에서 태양전지 1개가 0.5[V], 2[A]의 최대 전기를 공급할 수 있다면, 최대 전력 조건에서 모듈의 출력 전류와 전압은 어떻게 나타나는가?

정답 3개의 직렬 연결에 의해 공급 전압은 3배가 되고, 3개의 병렬 연결에 의해 공급 전류도 3배, 따라서 모듈의 출력 전류와 전압은 각각 1.5[V], 6[A]로 나타난다.

05 60[W] 전등 5개를 매일 10시간씩 점등할 경우, 1개월(30일)의 소비 전력량[kWh] 을 구하여라.

정답 $W = 60 \times 5 \times 10 \times 30 = 9 \times 10^4[\text{Wh}] = 90[\text{kWh}]$

06 비유전율이 10인 유전체를 통해 1[cm]의 거리를 두고 1[μC]과 2[μC]의 두 점 전하가 있을 때 상호간에 작용하는 힘은?

정답 $F = \dfrac{1}{4\pi\varepsilon_s\varepsilon_0} \cdot \dfrac{Q_1 Q_2}{r^2} = 9 \times 10^9 \times \dfrac{Q_1 Q_2}{\varepsilon_s r^2} = \dfrac{9 \times 10^9 \times 1 \times 10^{-6} \times 2 \times 10^{-6}}{10 \times 10^{-4}} = 18[\text{N}]$

07 두 개의 동일 점전하가 진공에서 1[m] 떨어져 있을 때 상호작용하는 힘이 9×10^9[N] 이면 이 점전하의 전기량은?

정답 $F = 9 \times 10^9 \times \dfrac{Q_1 Q_2}{r^2}[\text{N}] = 9 \times 10^9[\text{N}]$에서 $Q = Q_1 = Q_2$, $r = 1$이므로 $Q = 1[\text{C}]$

08 평행판 커패시터의 면적이 1[cm²], 전극 간 거리가 1[cm], 유전체의 비유전상수 (ε_s)가 10일 때 이 커패시터의 정전용량을 구하여라.

정답 $C = \varepsilon \dfrac{A}{d}$ 로부터 $C = \dfrac{10 \times 8.85 \times 10^{-14} \times 1}{1} = 0.85 \times 10^{-12}[\text{F}] = 0.85[\text{pF}]$

09 면적이 1[cm²], 전극 간 거리가 0.1[cm], 유전체의 비유전상수 ε_s 가 5인 평행판 커패시터에 100[V]의 전압을 가할 때 극판의 전하는?

정답 $C = \dfrac{5 \times 8.85 \times 10^{-14} \times 1}{0.1} = 4.43 \times 10^{-12}[\text{F}] = 4.43[\text{pF}]$ 이고

$Q = CV$ 로부터 $Q = 4.43 \times 10^{-12} \times 100 = 0.443 \times 10^{-9}[\text{C}] = 0.443[\text{nC}]$

10 진공 중에 놓인 1[μC]의 점전하에서 1[m] 떨어진 점의 전계를 구하여라.

정답 $E = \dfrac{1}{4\pi\varepsilon_0} \cdot \dfrac{Q}{r^2} = 9 \times 10^9 \times \dfrac{Q}{r^2}$ [V/m]로부터

$E = 9 \times 10^9 \times \dfrac{10^{-6}}{(1^2)} = 9 \times 10^3 [\text{V/m}]$

11 두 자극 간의 거리를 2배로 할 때, 자극 사이에 작용하는 힘은 몇 배가 되는가?

정답 $F = \dfrac{1}{4\pi\mu_0} \cdot \dfrac{m_1 m_2}{r^2}$ 의 관계식에서, $r = 2r_0$ 가 되면 $F = \dfrac{F_0}{4}$ 가 됨

12 1[Wb]의 섬자극으로부터 1[m] 떨어진 점의 자계의 세기는?

정답 $H = \dfrac{m}{4\pi\mu_0 r^2} = 6.33 \times 10^4 \times \dfrac{m}{r^2}$ [A/m]의 관계식에서, $m = 1[\text{Wb}]$, $r = 1[\text{m}]$이므로

$H = 6.33 \times 10^4 [\text{A/m}]$

13 단면적 5[cm²]의 철심에 3000[A/m]의 자계로부터 8×10^{-4}[Wb]의 자속을 흐르게 하려면 얼마의 비투자율을 갖는 철심이 필요한가?

정답 $B = \mu_0 \mu_s H = \dfrac{\phi}{S}$ 로부터

$\mu_s = \dfrac{8 \times 10^{-4}}{5 \times 10^{-4} \times 4\pi \times 10^{-7} \times 3000} = 425$

14 무한장 직선 도체에 1[A]의 전류가 흐르고 있다. 이때 생기는 0.1[A/m]의 자계 세기는 도체로부터 얼마 떨어진 지점인가?

정답 $H = \dfrac{I}{2\pi r}$ 로부터 $r = \dfrac{1}{2\pi \times 0.1} = 1.6[\text{m}]$

15 환상철심에 감은 코일에 1[A]의 전류를 흘리면 1000[AT]의 기자력이 발생한다. 이 코일의 권수는?

정답 $F_m = NI$ 에서 $N = \dfrac{1000}{1} = 1000$회

16 코일의 권수가 1000회인 공심 환상솔레노이드의 평균 길이가 50[cm]이며, 단면적이 10[cm²]이고 코일에 흐르는 전류가 1[A]일 때 솔레노이드의 내부 자속을 구하여라.

정답 $NI = \oint Hdl = Hl = \dfrac{\Phi l}{\mu S}$ 과 $\mu = \mu_0 = 4\pi \times 10^{-7}$[H/m]로부터

$$\Phi = \frac{1000 \times 1 \times 4\pi \times 10^{-7} \times 10^{-3}[\text{m}^2]}{0.5[\text{m}]} = 8\pi \times 10^{-7}$$

17 자극의 세기가 10^4[Wb], 길이가 10[cm]인 막대자석을 100[A/m]인 평등 자계 내에 자계와 60° 각도로 놓았을 때 자석이 받는 회전력을 구하여라.

정답 $T = Fl' = Fl\sin\theta = mHl\sin\theta$ 로부터,

$$T = 10^4 \times 100 \times 0.1[\text{m}] \times \sin60 = \frac{\sqrt{3}}{2} \times 10^5 = 0.866 \times 10^5 [\text{N} \cdot \text{m}]$$

18 동일 전류가 흐르는 두 평행도선이 있다. 도선 사이의 거리를 2배로 하였을 경우 작용력은 몇 배로 나타나는가?

정답 $F = \dfrac{\mu_0 I_1 I_2}{2\pi r}$ 의 관계식에서, $r = 2r_0$ 가 되면 $F = \dfrac{F_0}{2}$ 가 됨

19 1[Wb/m²]의 자속밀도에 수직으로 놓인 0.1[m]의 도선에 10[A]의 전류가 흐를 때 도선이 받는 힘은?

정답 $F = (I \times B)l = IBl\sin\theta$[N], $\theta = 90°$로부터 $F = 1 \times 10 \times 0.1 = 1$[N]

20 자속밀도 1[Wb/m²]인 평등 자계 중에서 길이 10[cm]의 직선 도체가 자계에 수직방향으로 속도 1[m/s]로 운동할 때 최대 유도 기전력은?

정답 $e = (v \times B)l$ 에서 자계와 도선의 운동방향이 수직이므로,
$e = 1 \times 1 \times 0.1[\text{m}] = 0.1[\text{V}]$

FUNDAMENTALS for ELECTRICAL
ELECTRONIC ENGINEERING

Chapter 02

회로이론

회로이론

01 회로소자

회로소자에는 외부에서 전기적 에너지를 공급받지 않으면 전기적 효과를 나타내지 못하는 수동소자(passive element)와 전기적 에너지를 공급하는 능동소자(active element)가 있다. 능동소자는 전원으로써 발전기, 전지 등이 있고, 수동소자는 저항, 인덕터(코일), 콘덴서 등이 있다. 회로소자들에 대한 이해는 전기회로를 이해하는 데 기본이 되는 중요한 사항이다.

1 수동소자

(1) 저항

저항기(resistor)는 전원으로부터 공급받은 전기에너지를 열로 소비하는 소자로, 회로 전압을 제어하거나 전류를 제한하는 역할을 한다. 저항기의 저항(resistance)은 R로 표현하며, 저항 R에 전압 V를 가하면 전류 I는 전압에 비례하고 저항에 반비례한다.

$$I = \frac{V}{R} \quad\quad\quad\quad\quad\quad\quad\quad\quad\quad\quad\quad\quad\quad\quad\quad\quad\quad\quad (2.1)$$

식 (2.1)과 같은 전압과 전류의 관계식을 옴(Ohm)의 법칙이라 하며, 저항의 단위는 옴(ohm, Ω)이다. 그림 2.1은 저항의 기호와 저항을 통한 전류 및 전압강하의 방향을 나타내고 있다. 또 저항 R의 역수를 컨덕턴스(conductance) G라 하고, 컨덕턴스 G의 단위는 모(mho, ℧) 또는 지멘스(siemens, S)로 나타낸다.

$$G = \frac{1}{R} \quad \therefore I = GV \quad\quad\quad\quad\quad\quad\quad\quad\quad\quad\quad\quad\quad\quad\quad (2.2)$$

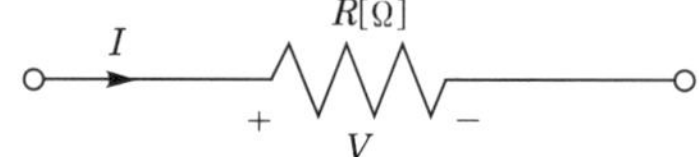

| 그림 2.1 저항과 전압강하 |

저항률(resistivity)이 ρ인 어떤 재료를 사용하여 단면적 A, 길이 l로 공간적 부피를 갖게 하면 이 물체의 저항은 다음의 관계식이 된다.

$$R = \rho \frac{l}{A} \qquad\qquad (2.3)$$

여기서 저항률 ρ는 비저항 또는 고유저항이라고도 하며, 단위는 MKS 단위계로 $[\Omega \cdot m]$ 이다. 저항률의 역수를 도전율(conductivity)이라 한다. 저항기의 저항값은 표준 색코드 (color code)에 의해 표시된다. 표준 색코드의 구성은 보통 저항기 몸체에 있는 4개의 띠로 이루어진다. 그림 2.2는 기본적인 저항기의 색코드 구성을 보여주고 있으며, 왼쪽에서부터 3개의 띠는 저항값을 나타내고 4번째 띠는 허용오차(tolerance)를 나타낸다. 저항기의 색에 따른 수치는 흑(0), 갈(1), 적(2), 등(3), 황(4), 녹(5), 청(6), 자(7), 회(8), 백(9)을 나타내고, 4번째 띠의 금, 은, 무색은 각각 $\pm5[\%]$, $\pm10[\%]$, $\pm20[\%]$의 허용오차가 있음을 의미한다. 색코드로부터 저항기의 저항값은 "[(첫째 띠의 수)$\times10+$(둘째 띠의 수)]$\times10$(셋째 띠의 수)$\pm$넷째 띠의 허용오차"의 방법으로 읽는다. 예를 들어 어떤 저항기의 색띠가 왼쪽부터 적, 흑, 황, 금색으로 이루어져 있다면, 이 저항기의 저항값은 $20\times10^4[\Omega]\pm5[\%]$이다.

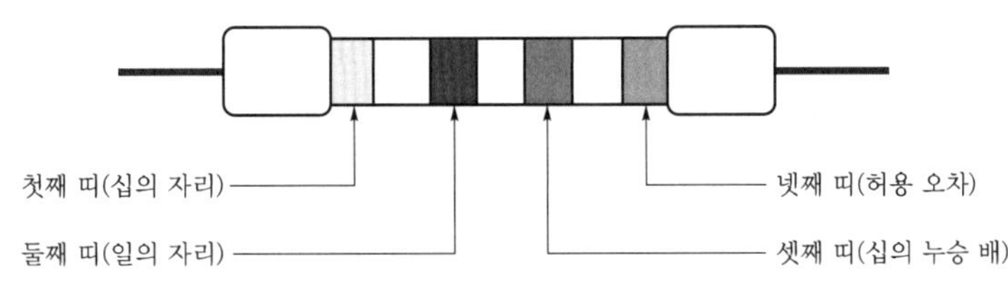

┃ 그림 2.2 저항기의 색코드 ┃

(2) 인덕터(코일)

코일에 전류가 흐르면 폐회로를 관통하는 자속이 발생한다. 즉, 권선 1회의 코일에서 발생하는 자속을 ϕ라 하면, 권선수 N인 코일에 관통하는 총 쇄교자속수는 $N\phi$이고 전류 i에 비례한다.

$$N\phi = Li \qquad\qquad (2.4)$$

여기서 비례상수 L을 코일의 인덕턴스(inductance)라 하고, 코일의 권수, 길이, 단면적 및 주위 매질에 의해 결정되는 고유의 값이다. 단위는 헨리(Henry, H)이다. 인덕터 (inductor) 또는 코일은 전기에너지를 열로 소비하는 저항과는 다르게 전자에너지로 변환하여 자계 속에 축적 또는 방출시키는 소자로, 그림 2.3은 인덕터의 기호와 전압강하의 방향을 보여주고 있다.

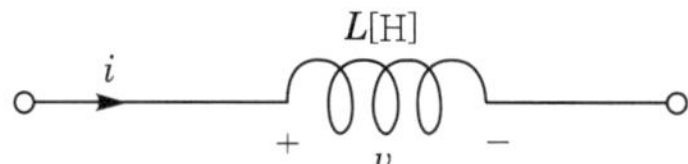

┃ 그림 2.3   인덕터와 전압강하 ┃

인덕터에 전류가 흐를 때 전압강하 v는 유도 기전력 e와 크기가 같고 방향이 반대이므로 다음과 같이 표현할 수 있다.

$$v = -e = N\frac{d\phi}{dt} = L\frac{di}{dt} \quad\text{.. (2.5)}$$

즉, 1[H]는 전류가 매초 1[A]의 비율로 변화될 때 1[V]의 기전력이 유도되는 코일의 인덕턴스이다.

(3) 커패시터

커패시터(capacitor)는 평행도체 전극 사이에 유전체를 삽입한 구조이고, 전기에너지를 정전에너지로 변환하여 축적시킬 수 있는 소자로 콘덴서(condenser)라고도 한다. 그림 2.4는 커패시터의 기호와 전압강하의 방향을 나타내고 있다.

┃ 그림 2.4   커패시터와 전압강하 ┃

커패시터에 전압을 인가하였을 때, 전압과 전류의 관계식은 다음과 같다.

$$i = \frac{dQ}{dt} = \frac{d(Cv)}{dt} = C\frac{dv}{dt} \quad\text{.. (2.6)}$$

$$v = \frac{1}{C}\int i\,dt \quad\text{.. (2.7)}$$

커패시터에 교류전원이 인가되면 두 전극 사이에 전하의 이동이 반복되면서 지속적으로 전류가 흐르지만, 직류전원이 인가되면 커패시터에 충전이 완료되는 짧은 시간 동안만 전류가 흐르고 정상상태에서는 전류가 흐르지 않는다.

▪2 능동소자

(1) 능동소자의 분류와 기준방향

능동소자인 전원은 전압원과 전류원이 있다. 전압원으로는 건전지와 축전지 같은 직류(DC) 전압원과 정현파를 발생하는 교류(AC) 전압원으로 나눌 수 있다. 전류원은 전압원을 등가적으로 변환하여 회로를 해석하는 데 주로 사용된다. 그림 2.5는 대표적인 전원의 기호 및 전압과 전류의 기준방향을 나타낸 것이다.

그림 2.5 (a), (b)와 같이 전압원에 대한 전류의 기준방향은 전원의 (−)극에서 (+)극으로 전류의 정방향을 취한다. 전류원에 대한 전압의 정방향은 그림 2.5 (c)와 같이 전류원의 전·후에서 전압상승이 일어나도록 표시한다.

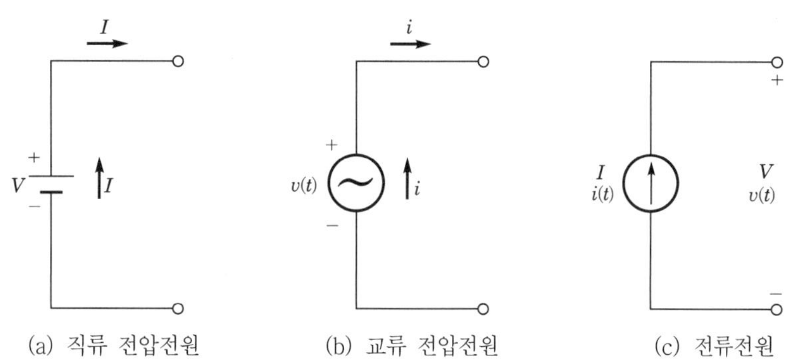

(a) 직류 전압전원   (b) 교류 전압전원   (c) 전류전원

| 그림 2.5 대표적 능동소자(전원)의 기호와 기준방향 |

(2) 전압원의 특성

그림 2.6 (a)와 같이 전압원은 부하 R에 관계없이 단자전압 V가 항상 일정한 전압, 즉 기전력 E와 동일한 전압($E = V$)을 공급해주는 것을 목적으로 하는 소자이다. 이러한 전압원을 정전압원 또는 이상 전압원이라 한다. 그러나 실제 전압원은 그림 2.6 (b)와 같이 내부저항 r에 의해 전압강하가 일어나서 단자 a, b 사이의 단자전압 V는 기전력 E보다 작게 나타난다($E > V$).

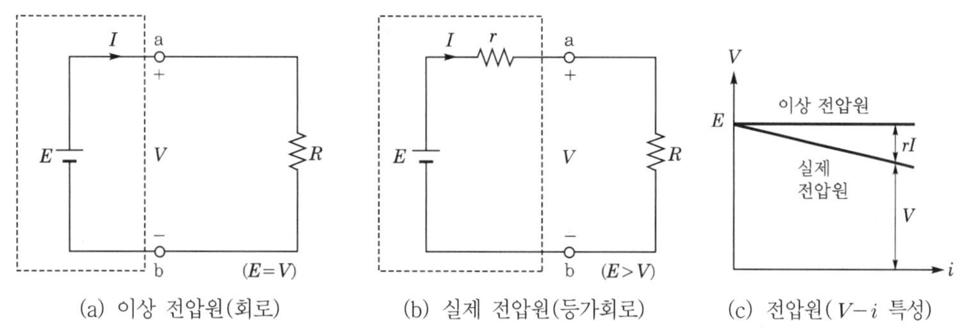

(a) 이상 전압원(회로)   (b) 실제 전압원(등가회로)   (c) 전압원($V-i$ 특성)

| 그림 2.6 이상 및 실제 전압원과 전류−공급전압 |

전압원 회로의 해석에서는 내부저항이 전원에 직렬로 접속된 형태로 표현되며, 내부저항을 고려한 부하의 단자전압은 다음과 같이 표현된다(그림 2.6 (c)).

$$V = E - rI \quad\cdots\cdots\cdots\cdots\cdots\cdots\cdots\cdots\cdots\cdots\cdots\cdots\cdots\cdots\cdots\cdots\cdots\cdots \quad (2.8)$$

이상적인 전압원은 정전압($V = E$)이고 내부저항이 없는 것($r = 0$)을 의미하지만, 실제적인 전압원에서 내부저항이 부하저항에 비해 무시될 수 있을 정도로 작다면($R \gg r$), 이 전압원도 이상적인 것으로 간주하고 해석하는 것이 일반적이다.

(3) 전류원의 특성

그림 2.7 (a)와 전류원은 부하 R에 관계없이 단자전압 V가 항상 일정한 전류, 즉 전류원과 동일한 전류($I = I_0$)를 공급해주는 것을 목적으로 하는 소자이다. 이러한 전류원을 정전류원 또는 이상 전류원이라 한다. 그러나 실제 전류원은 그림 2.7 (b)와 같이 내부저항 r에 의해 전류 분류가 일어나서 부하에 공급하는 전류 I는 전류원 I_0보다 작게 나타난다($I_0 > I$).

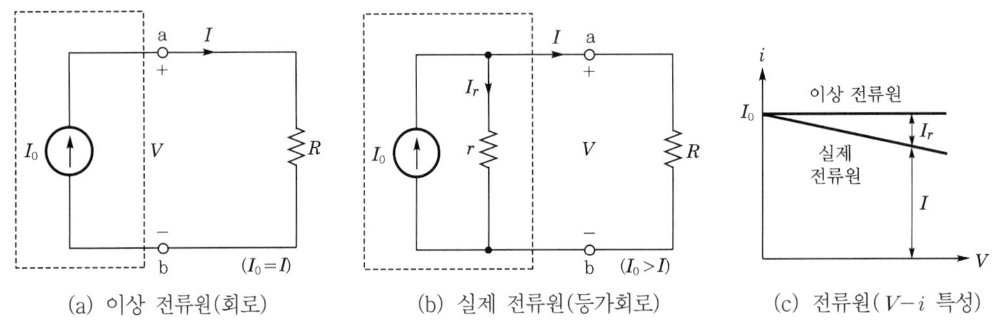

┃ 그림 2.7 이상 및 실제 전류원과 전압-공급전류 ┃

전류원 회로의 해석에서는 내부저항이 전류원에 병렬로 접속된 형태로 표현되며, 내부저항을 통한 전류분류 I_r을 고려한 부하전류 I는 다음과 같이 표현된다(그림 2.7 (c)).

$$I = I_0 - I_r \quad\cdots\cdots\cdots\cdots\cdots\cdots\cdots\cdots\cdots\cdots\cdots\cdots\cdots\cdots\cdots\cdots \quad (2.9)$$

그림 2.6 (b)의 전압원 회로와 그림 2.7 (b)의 전류원 회로는 상호 등가적으로 변환되어, 실제적인 전류원은 전압원으로부터 얻을 수 있다. 이상적인 전류원은 정전류($I = I_0$)이고 내부 병렬저항이 무한대($r = \infty$)를 의미하지만, 실제적인 전류원에서 내부저항이 부하저항에 비해 충분히 크다면($r \gg R$), 이 전류원도 이상적인 것으로 간주하고 해석할 수 있다.

예제 1 어떤 저항기의 단면적을 2배로 하고 길이를 10배로 하였을 때, 이 저항은 처음 저항의 몇 배인가?

풀이 | $R' = \rho \dfrac{l'}{A'} = \rho \dfrac{10l}{2A} = 5R$

예제 2 권수가 100회인 10[mH]의 코일에 1[A]의 전류가 흐르면 쇄교 자속수는?

풀이 | $N\phi = Li = 10 \times 10^{-3} \times 1 = 0.01\,[\text{Wb}]$

예제 3 10[mH]의 코일에 흐르는 전류가 매초 500[A]의 비율로 증가할 때 발생하는 유도 기전력은?

풀이 | $e = -L\dfrac{di}{dt} = -0.01 \times \dfrac{500}{1} = -5\,[\text{V}]$

예제 4 1[μF]의 커패시터에 1[mA]의 전류가 0.01초 동안 흐르게 되면, 커패시터의 전압 변화는 어떻게 나타나는가?

풀이 | $\Delta v = \dfrac{1}{C}\displaystyle\int i\,dt = \dfrac{1}{10^{-6}} \times 10^{-3} \times 0.01 = 10\,[\text{V}]$

02 키르히호프 법칙

다수의 저항과 전원을 포함하는 복잡한 전기회로의 해석은 옴의 법칙만으로는 해석하기가 어렵고 키르히호프(Kirchhoff) 법칙을 적용해야 한다. 키르히호프 법칙은 제1법칙으로 전류법칙(KCL), 제2법칙으로 전압법칙(KVL)이 있다.

1 제1법칙(전류법칙, KCL)

"회로의 임의 접속점에서 유입하는 전류의 합은 0이다. 즉, 접속점(node)에서 유입하는 전류와 유출하는 전류는 같다."는 법칙을 키르히호프의 제1법칙 또는 전류법칙(KCL)이라고 한다. 그림 2.8에서 접속점 O에 유입하는 전류를 (+), 유출하는 전류를 (−)로 하면 이들의 대수합은 0이므로 다음과 같이 나타난다.

$$\sum_{k=1}^{n} I_k = I_1 - I_2 + I_3 - I_4 + I_5 = 0 \quad \cdots\cdots\cdots\cdots\cdots\cdots \text{(2.10)}$$

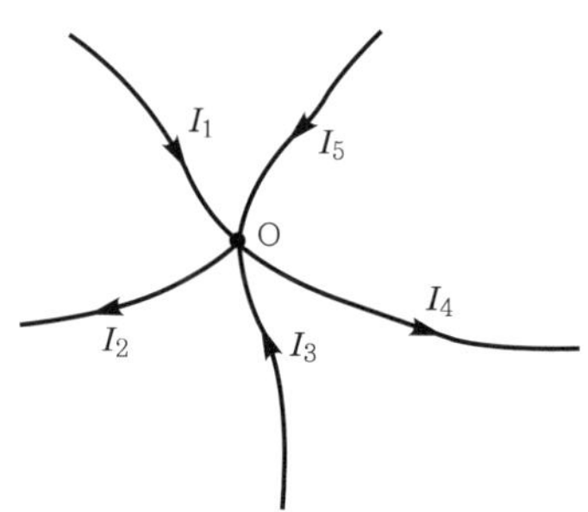

그림 2.8 키르히호프의 전류법칙

2 제2법칙(전압법칙, KVL)

"임의의 폐회로에서 한 방향으로 취한 기전력의 대수합과 전압강하의 대수합은 같다."
는 법칙을 키르히호프의 제2법칙 또는 전압법칙(KVL)이라고 한다. 그림 2.9에서 폐회로를
시계방향으로 순환하도록 임의로 설정한 후, 기전력의 대수합을 구하면 $V_1 + V_2 - V_3$이고
전압강하는 $I_1R_1 + I_2R_2 + I_3R_3$이 된다. 즉, $V_1 + V_2 - V_3 = I_1R_1 + I_2R_2 + I_3R_3$이 된다. 이
를 일반식으로 표현하면 다음과 같다.

$$\sum_{k=1}^{n} V_k = \sum_{k=1}^{n} I_k R_k \qquad\qquad\qquad (2.11)$$

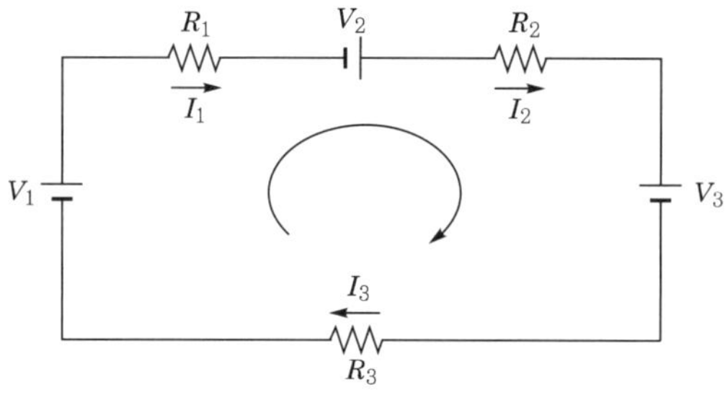

그림 2.9 키르히호프의 전압법칙

예제 1 그림 2.8에서 $I_1 = I_3 = I_5 = 1[\text{A}]$이고 $I_2 = 0.5[\text{A}]$이면 I_4는 얼마인가?

풀이 | $I_4 = I_1 + I_3 + I_5 - I_2 = 1 + 1 + 1 - 0.5 = 2.5[\text{A}]$

예제 2 그림 2.9에서 $V_1 = 3[\text{V}]$, $V_2 = 2[\text{V}]$, $V_3 = 1.5[\text{V}]$이고 $R_1 = 10[\Omega]$, $R_2 = 20[\Omega]$,
$R_3 = 5[\Omega]$이면 폐회로를 흐르는 전류는?

풀이 | 기전력의 합은 $3+2-1.5=3.5[\text{V}]$이고, 전압강하의 합은 $10I+20I+5I=35I[\text{V}]$
이므로 $I = \dfrac{3.5}{35} = 0.1[\text{A}]$

03 저항의 접속

1 직렬 접속

그림 2.10과 같이 저항 R_1, R_2, R_3가 직렬로 접속되고 양단 a, b에 전압 V를 인가하면 회로에 흐르는 전류 I는 각 저항에 흐르는 전류와 같고 일정하다. 각각의 저항에 걸리는 전압강하는 옴의 법칙에 의해 $V_1 = IR_1$, $V_2 = IR_2$, $V_3 = IR_3$가 되어 전체 전압 V는 다음과 같이 표현된다.

$$V = V_1 + V_2 + V_3 = I(R_1 + R_2 + R_3) \quad \cdots\cdots \quad (2.12)$$

따라서, 전체 합성저항 R은

$$R = \frac{V}{I} = R_1 + R_2 + R_3 \quad \cdots\cdots \quad (2.13)$$

으로 나타난다. 즉, 저항의 직렬회로에서 합성저항은 각 저항의 합과 같다.

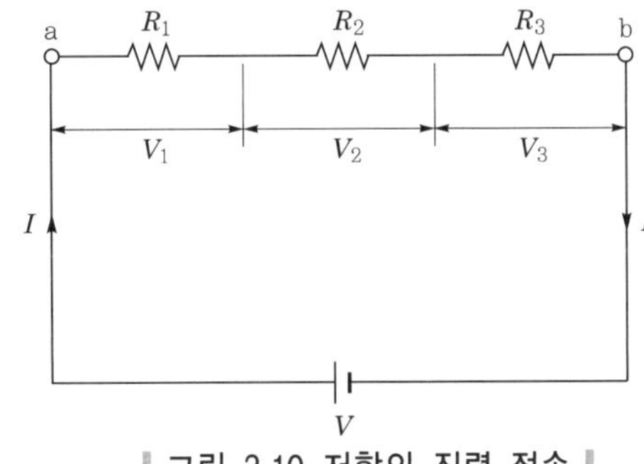

┃ 그림 2.10 저항의 직렬 접속 ┃

다음은 직렬회로의 특성이다.
① 전류 I : 일정
② $V = V_1 + V_2 + V_s$
③ $R = R_1 + R_2 + R_3$

2 병렬 접속

그림 2.10과 같이 저항 R_1, R_2, R_3가 병렬로 접속되고 양단 a, b에 전압 V를 인가하면 각 저항에 걸리는 전압 V는 서로 같다. 이때 각 저항의 전류를 I_1, I_2, I_3라 하면 옴의 법칙에 의해 $I_1 = \dfrac{V}{R_1}$, $I_2 = \dfrac{V}{R_2}$, $I_3 = \dfrac{V}{R_3}$가 된다. 그러므로 전체 전류 I는 각 저항으로 분류되는 전류의 합과 같으므로 다음과 같다.

$$I = I_1 + I_2 + I_3 = \left(\frac{1}{R_1} + \frac{1}{R_2} + \frac{1}{R_3} \right) V = \frac{V}{R} \quad \cdots\cdots\cdots\cdots (2.14)$$

따라서 병렬 접속의 합성저항은 R은 다음과 같이 나타난다.

$$\frac{1}{R} = \frac{1}{R_1} + \frac{1}{R_2} + \frac{1}{R_3} \quad \cdots\cdots\cdots\cdots (2.15)$$

즉, 저항의 병렬 접속에서 합성저항의 역수는 각 저항의 역수의 합과 같다.

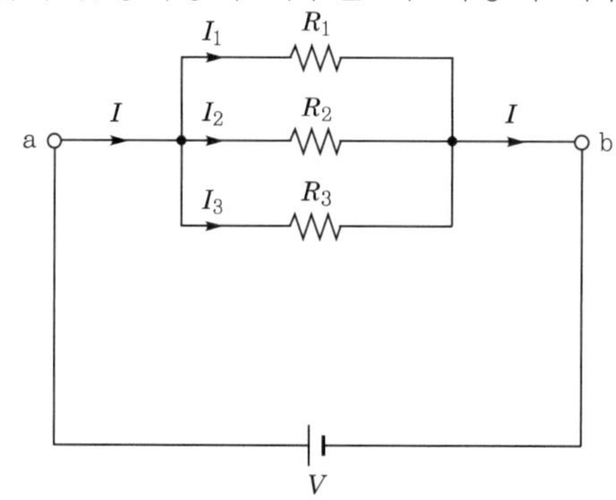

그림 2.11 저항의 병렬 접속

다음은 병렬회로의 특성이다.

① 전류 V : 일정
② $I = I_1 + I_2 + I_s$
③ $\dfrac{1}{R} = \dfrac{1}{R_1} + \dfrac{1}{R_2} + \dfrac{1}{R_3}$

3 전압 분배와 전류 분배

전기회로에서 두 개 이상의 저항이 직렬 또는 병렬로 연결되어 있는 경우, 전압과 전류가 분배되는 법칙을 알아본다. 그림 2.12 (a)의 회로에서 합성저항 $R_1 + R_2$를 통해 전압 V가 인가되면 합성저항을 통해 흐르는 전류는 $\dfrac{V}{(R_1 + R_2)}$이므로 각 저항 R_1과 R_2에 걸리는 전압강하 V_1과 V_2는 다음과 같고, 이 관계식을 전압분배법칙이라고 한다.

$$V_1 = R_1 I = \frac{R_1}{R_1 + R_2} V, \quad V_2 = R_2 I = \frac{R_2}{R_1 + R_2} V \quad \cdots\cdots\cdots\cdots (2.16)$$

그림 2.12 (b)와 같이 두 개의 저항이 병렬로 접속된 전기회로에서 전체전류가 I일 때, 각 저항에 흐르는 분류 전류를 구하려면 먼저 합성저항과 각 저항에 동일하게 걸리는 단자전압을 구한다. 합성저항 R은 $R = \dfrac{R_1 R_2}{(R_1 + R_2)}$이고, 단자전압 V는 $V = RI = R_1 I_1 = R_2 I_2$이므로 각 저항에 흐르는 분류전류 I_1, I_2는 아래와 같고 이 관계식을 전류분배법칙이라고 한다.

$$I_1 = \frac{V}{R_1} = \frac{R_2}{R_1 + R_2} I, \; I_2 = \frac{V}{R_2} = \frac{R_1}{R_1 + R_2} I \;\cdots\cdots\cdots\cdots\cdots\cdots (2.17)$$

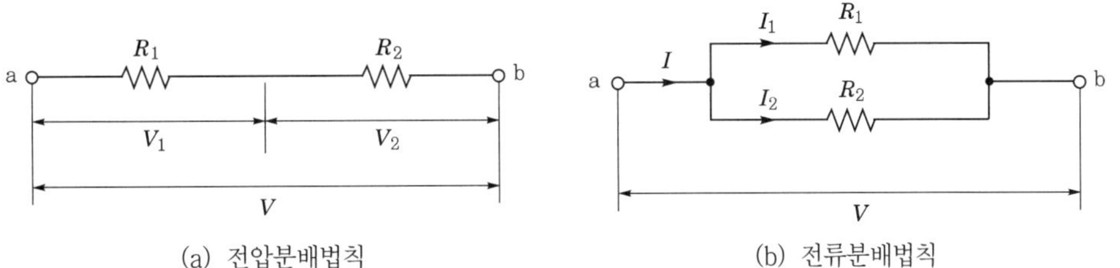

(a) 전압분배법칙   (b) 전류분배법칙

Ⅰ 그림 2.12 전압과 전류의 분배 Ⅰ

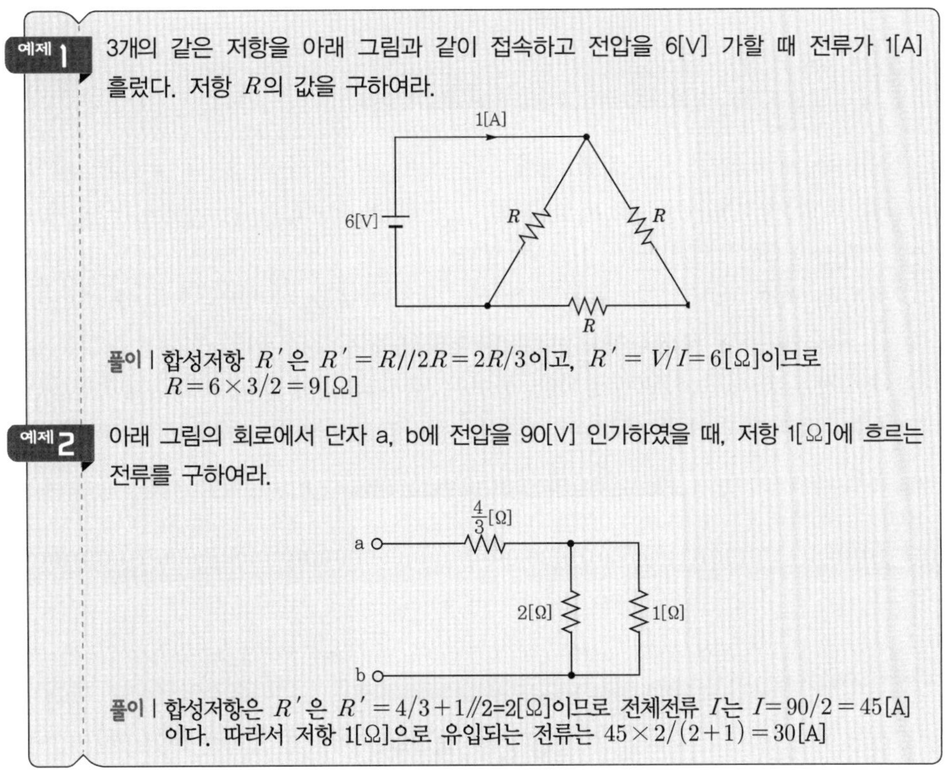

예제 1 3개의 같은 저항을 아래 그림과 같이 접속하고 전압을 6[V] 가할 때 전류가 1[A] 흘렀다. 저항 R의 값을 구하여라.

풀이 | 합성저항 R'은 $R' = R//2R = 2R/3$이고, $R' = V/I = 6[\Omega]$이므로
$R = 6 \times 3/2 = 9[\Omega]$

예제 2 아래 그림의 회로에서 단자 a, b에 전압을 90[V] 인가하였을 때, 저항 1[Ω]에 흐르는 전류를 구하여라.

풀이 | 합성저항은 R'은 $R' = 4/3 + 1//2 = 2[\Omega]$이므로 전체전류 I는 $I = 90/2 = 45[A]$ 이다. 따라서 저항 1[Ω]으로 유입되는 전류는 $45 \times 2/(2+1) = 30[A]$

04 회로해석법

1 폐로해석법

복잡한 회로에서 모든 부분의 전압과 전류를 구하려면 여러 개의 회로방정식이 필요하기 때문에 회로해석을 간단히 하기 위해 회로방정식의 수가 적게 요구되는 해석법이 필요하다. 회로해석을 간단히 할 수 있는 대표적 해석법으로는 폐로해석법(loop analysis)

과 절점해석법(node analysis)이 있다. 폐로해석법은 전압 전원과 저항만으로 이루어진 회로에서 회로방정식을 간편하게 세울 수 있는 해석법이다. 폐로해석을 적용하기 위해서는 먼저 각 회로망에서 순환하는 폐로전류의 방향을 설정한다, 이의 방향은 임의로 정할 수 있지만, 보통 시계방향으로 취하는 것이 일반적이다. 그림 2.13에서 독립적인 폐로가 두 개 있으므로, 폐로를 순환하는 폐로전류도 두 개(I_1, I_2)를 취한다. 각각의 폐로에 대해 키르히호프 전압법칙을 적용하면 다음과 같다.

$$\begin{cases} R_1 I_1 + R_2(I_1 - I_2) = V_1 \\ R_2(I_2 - I_1) + R_2 I_2 = -V_2 \end{cases} \quad \cdots\cdots\cdots\cdots\cdots\cdots\cdots\cdots (2.18)$$

식 (2.18)을 정리하여 I_1, I_2에 대한 연립방정식을 세우면

$$\begin{cases} (R_1 + R_3)I_1 - R_3 I_2 = V_1 \\ -R_3 I_1 + (R_2 + R_3)I_2 = -V_2 \end{cases} \quad \cdots\cdots\cdots\cdots\cdots\cdots (2.19)$$

이 되어 각 폐로전류 I_1과 I_2를 구할 수 있다. 여기서 구한 I_1과 I_2는 각각 저항 R_1과 R_2를 흐르는 전류가 되고 R_3를 흐르는 전류는 $I_1 - I_2$가 된다. 이상으로부터 폐로해석법의 과정을 요약 정리하면 다음과 같다.

① 독립된 폐로의 각각에 대해 순환하는 폐로전류를 시계방향으로 설정한다.
② 각 폐로에 대해 폐로전류를 따라 일주하면서 KVL에 의한 전압방정식을 세운다.
③ 폐로전류에 대한 연립방정식을 풀어서 각 폐로전류를 구하고, 폐로전류의 조합으로 회로의 각 부분에 대한 전류와 전압값을 구한다.

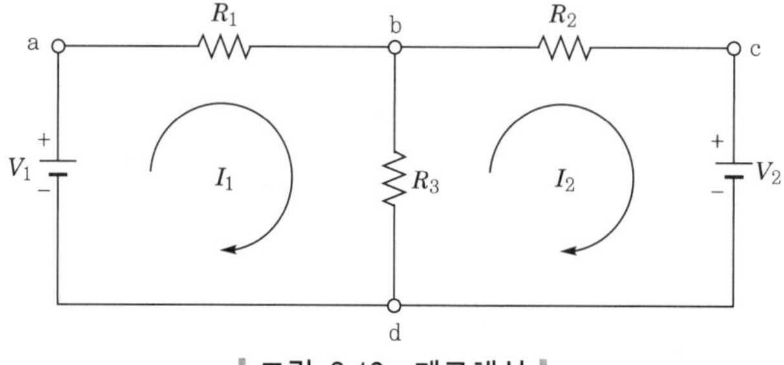

┃ 그림 2.13 폐로해석 ┃

2 절점해석법

회로의 한 점(흔히 가지가 가장 많이 만나는 점)을 기준하여 이를 접지시키고, 나머지 모든 절점(가지가 만나는 마디)의 전압을 미지수로 하여 각 절점전압을 구하는 해석법이다. 그림 2.14에서 점 d가 기준이 되며 점 a, b, c에서 전압을 V_a, V_b, V_c로 두면 $V_a = V_1$, $V_c = V_2$가 되어 V_b만 미지수로 남는다. 회로의 b 마디에서 KCL을 적용하면

$$I_1 + I_2 + I_3 = \frac{V_b - V_1}{R_1} + \frac{V_b}{R_3} + \frac{V_b - V_2}{R_2} = 0 \quad \cdots\cdots\cdots\cdots (2.20)$$

이 되어, V_b를 풀면 다음과 같다.

$$V_b = \frac{R_2 V_1 + R_1 V_2}{R_1 R_2 + R_2 R_3 + R_3 R_1} R_3 \quad \cdots\cdots\cdots\cdots\cdots\cdots\cdots\cdots\cdots\cdots (2.21)$$

따라서 V_b를 알면 각 저항에 흐르는 전류를 구할 수 있다.

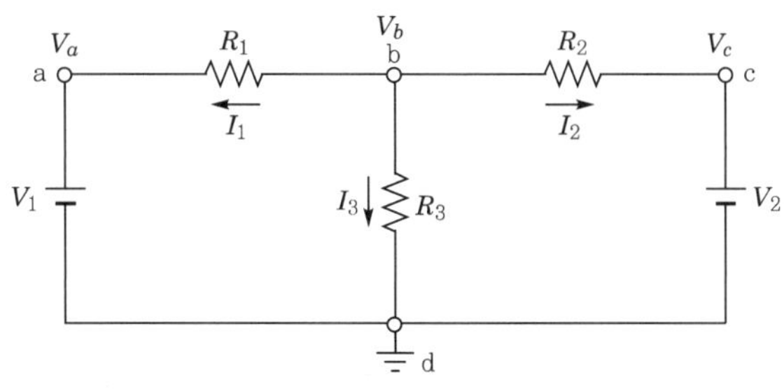

┃ 그림 2.14 절점해석 ┃

▣ 중첩의 정리

어떤 회로망에서 여러 부분의 지로전류나 각 소자의 양단 전압을 구하려면 앞의 폐로
해석법이나 절점해석법을 이용해야 하지만, 회로망 내의 어느 한 부분의 전류나 소자 양
단의 전압을 구할 경우에는 중첩의 정리(superposition theorem)가 매우 유용하게 이
용된다.

중첩의 정리는 여러 개의 전원, 즉 전압원과 전류원이 동시에 존재하는 선형 회로망에
서 임의의 한 지로에 흐르는 전류 또는 한 소자에 걸리는 전압은 각각의 전원이 단독으
로 존재할 때 그 지로에 흐르는 전류 또는 소자에 걸리는 전압을 합한 것과 같다. 전원
이 단독으로 존재한다는 것은 한 전원만 남겨두고 다른 전원은 모두 제거한다는 것을 의
미한다. 전원을 제거하는 방법은 전원을 이상적인 것으로 보고 전압원은 내부저항이 0이
므로 단락(short)하고 전류원은 내부저항이 무한대이므로 개방(open)하면 된다.

▣ 테브난의 정리

중첩의 정리가 성립하는 선형회로는 테브난의 정리(Thevenin's theorem)가 성립한
다. 회로망 내의 어느 한 부분을 흐르는 지로전류와 같은 해석에는 테브난의 정리가 자
주 사용된다. 그림 2.15 (a)와 같이 두 단자 a, b가 정해지면 두 단자 좌측의 능동회로망
에 대하여 그림 2.15 (b)와 같이 등가 전압원 V_{th}와 등가 저항 R_{th}가 직렬로 접속된 회
로로 등가 변환할 수 있다. 등가 전압원 V_{th}는 두 단자 a, b를 개방했을 때의 개방전압
을 의미하고, 등가 저항 R_{th}는 능동회로망 내의 모든 전원을 제거한 후 단자 a, b에서
좌측을 바라본 저항에 해당한다. 여기서 전원의 제거라 함은 모든 전압원은 단락하고 모
든 전류원은 개방함을 의미한다.

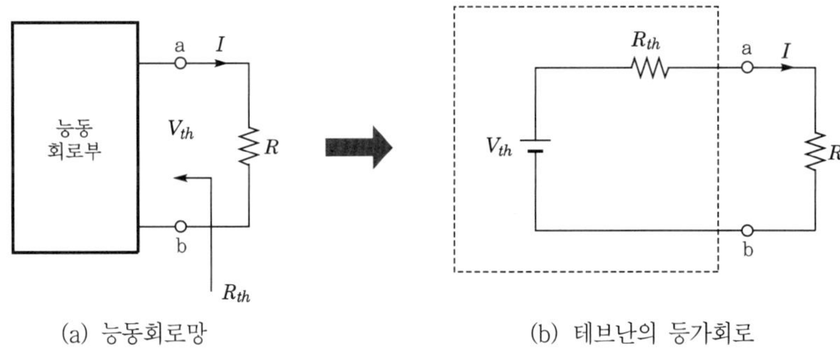

(a) 능동회로망   (b) 테브난의 등가회로

┃ 그림 2.15 테브난의 정리 ┃

그림 2.15 (b)의 테브난 등가회로가 얻어지면, 부하저항 R에 흐르는 전류 I는 다음과 같이 구할 수 있다.

$$I = \frac{V_{th}}{R_{th} + R} \quad\cdots\cdots\cdots\cdots\cdots\cdots\cdots\cdots\cdots\cdots\cdots\cdots\cdots\cdots\cdots\cdots \quad (2.22)$$

▨5 노턴의 정리

노턴의 정리(Norton's theorem)는 그림 2.16처럼 어떤 두 단자의 선형회로망을 등가 내부저항 R_n과 병렬한 정전류원 I_n으로 이루어진 간단한 등가회로로 나타낸다.

그림 2.16 (a)와 같이 두 단자 a, b가 정해지면 두 단자 좌측의 능동회로망에 대하여 그림 2.16 (b)와 같이 등가 전류원 I_n과 등가 내부저항 R_n이 병렬로 접속된 회로로 등가 변환할 수 있다. 등가 전류원 I_n은 두 단자 a, b를 단락했을 때의 a, b 사이를 흐르는 단락전류를 의미하고, 등가 저항 R_{th}는 능동회로망 내의 모든 전원을 제거한 후 개방된 단자 a, b에서 좌측을 바라본 저항에 해당한다. 이러한 정리를 노턴의 정리라고 한다.

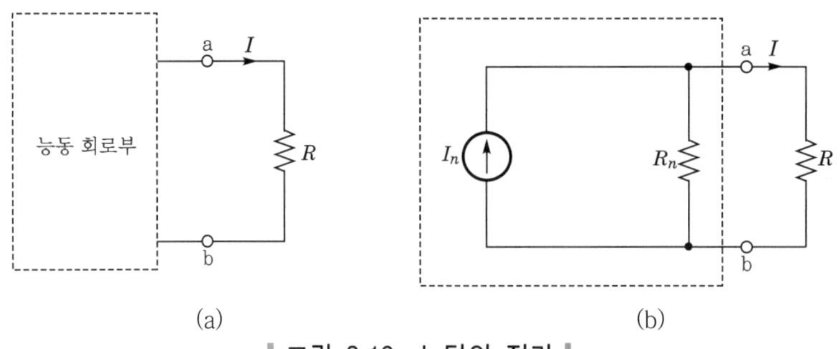

(a)   (b)

┃ 그림 2.16 노턴의 정리 ┃

그림 2.16 (b)의 노턴 등가회로가 얻어지면, 부하저항 R에 흐르는 전류 I는 다음과 같이 구할 수 있다.

$$I = \frac{I_n R_n}{R_n + R} \quad \text{...} \quad (2.23)$$

■ 6 최대전력 전달

내부저항 r, 전압 V인 전원으로부터 부하 R에 공급할 수 있는 전력은 다음과 같다.

$$P = \left(\frac{V}{r+R}\right)^2 R \quad \text{...} \quad (2.24)$$

이때 전력 P를 최대로 하는 R은 $dP/dR = 0$일 때의 저항이므로 최대전력조건에서의 저항 R_m을 구하면 아래와 같음을 알 수 있다.

$$R_m = r \quad \text{...} \quad (2.25)$$

이때 부하에 전달되는 최대전력은 다음과 같다.

$$P_m = \frac{V^2}{4r} \quad \text{...} \quad (2.26)$$

예제 1 아래 그림에서 전류 I_a, I_b, I_c를 폐로해석법으로 구하여라.

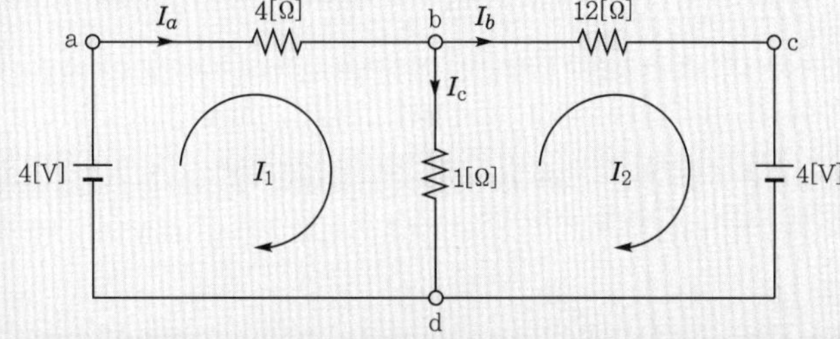

풀이 | 두 폐회로에서 폐로전류를 시계방향으로 정하고 KVL에 의해 전압방정식을 세우면 $\begin{cases} 4I_1 + (I_1 - I_2) = 4 \\ (I_2 - I_1) + 12I_2 = -4 \end{cases}$ 이고, 이 연립방정식을 풀면 $I_1 = 0.75[\text{A}]$, $I_2 = -0.25[\text{A}]$가 된다.

따라서, 각 지로전류는
$I_a = I_1 = 0.75[\text{A}]$, $I_b = I_2 = -0.25[\text{A}]$, $I_c = I_1 - I_2 = 1[\text{A}]$

예제 2 예제 1의 회로에서 전류 I_a, I_b, I_c를 절점해석법으로 구하여라.

풀이 | 점 d를 기준하고 점 a, b, c에서 전압을 V_a, V_b, V_c로 두면 $V_a = 4[\text{V}]$, $V_c = 4[\text{V}]$가 되어 V_b만 미지수로 남는다. 회로의 b 마디에서 KCL을 적용하면 $\dfrac{V_b - 4}{4} + \dfrac{V_b - 4}{12} + \dfrac{V_b}{1} = 0$이 된다. 이 식에서 V_b를 풀면 1[V]이다.

$\therefore I_a = \dfrac{4-1}{4} = 0.75[\text{A}]$, $I_b = \dfrac{1-4}{12} = -0.25[\text{A}]$, $I_c = \dfrac{1}{1} = 1[\text{A}]$

예제 3 아래 회로에서 중첩의 정리를 이용하여 전류 I를 구하여라.

풀이 | 전압원 10[V]만 존재할 경우 $I=0$, 전류원 5[A]만 존재할 경우 $I=5$[A], 전류원 10[A]만 존재할 경우 $I=10$[A].
따라서 각각의 전원에 의한 전류의 합은 $I=0+5+10=15$[A]

예제 4 아래 회로의 단자 a, b의 좌측을 바라본 테브난 등가회로를 그리고 부하저항 R_L에 흐르는 전류를 구하여라.

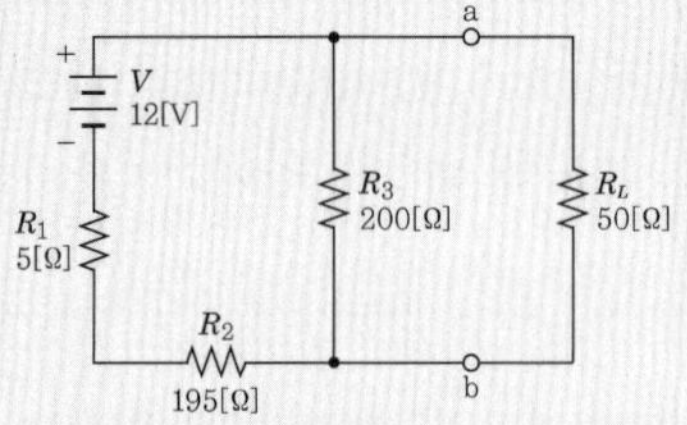

풀이 | 단자 a, b를 개방하고 양단에 걸리는 전압은 $V_{th}=6$[V], 전원 V를 단락한 후 단자 a, b 좌측을 바라본 등가 저항은 100[Ω], 따라서 테브난 등가회로는 다음 그림과 같이 나타나고 부하저항을 흐르는 전류는 $I=\dfrac{6}{50+100}=0.04$[A]

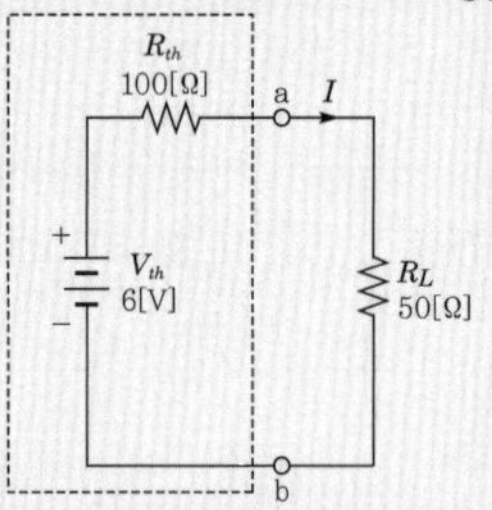

예제 5 예제 4의 회로에서 단자 a, b의 좌측을 바라본 노턴 등가회로를 그리고 부하저항 R_L에 흐르는 전류를 구하여라.

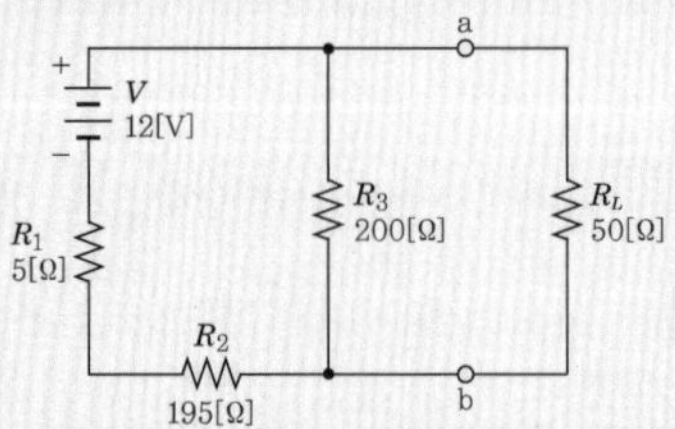

풀이 | 단자 a, b를 단락하고 이 지로에 흐르는 전류는 $I_n=\dfrac{12}{200}=0.06$[A], 전원 V를 단락한 후 단자 a, b를 개방하고 좌측을 바라본 등가저항은 100[Ω]. 따라서 노턴 등가회로는 다음 그림과 같이 나타나고 부하저항을 흐르는 전류는
$$I=\dfrac{100\times0.06}{50+100}=0.04\text{[A]}$$

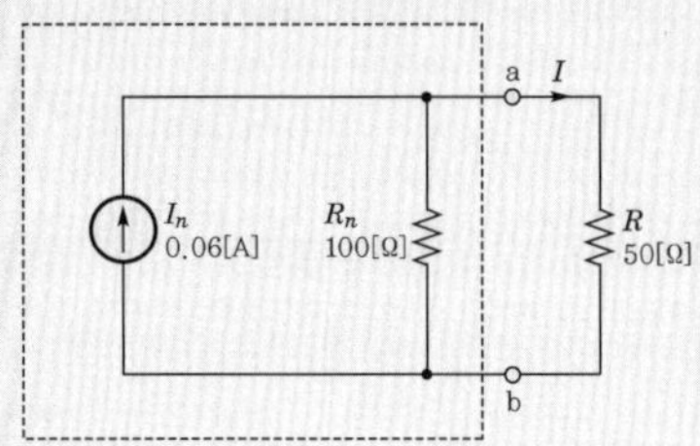

예제 6 아래의 회로로부터 부하에 최대전력을 전달하기 위해 필요한 부하저항은? 또한 전달될 수 있는 최대전력은?

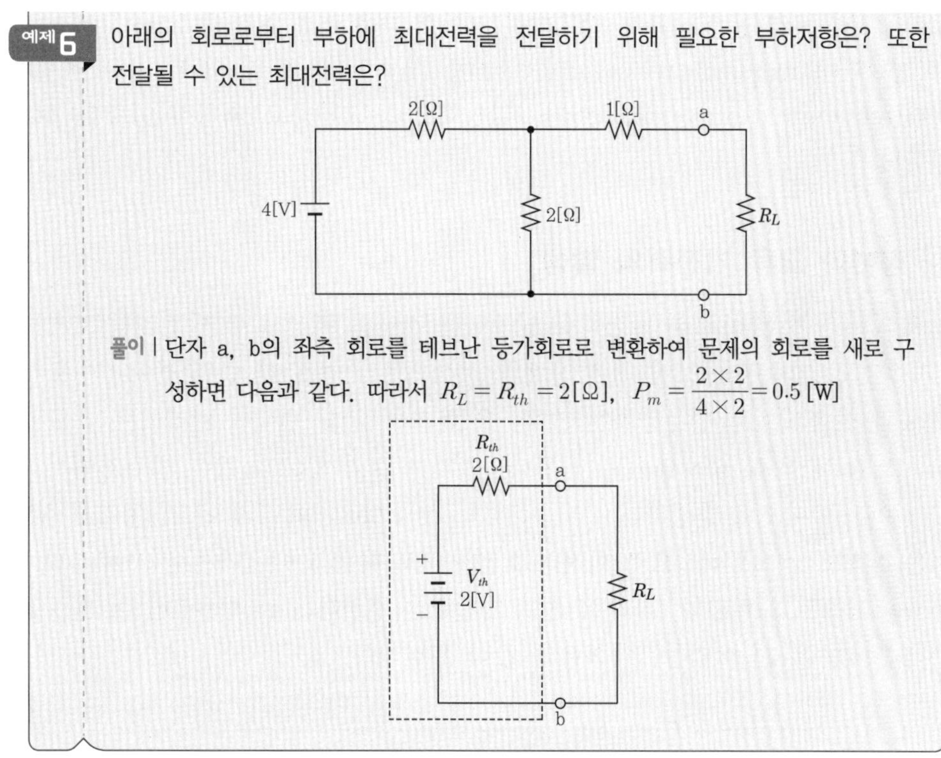

풀이 | 단자 a, b의 좌측 회로를 테브난 등가회로로 변환하여 문제의 회로를 새로 구성하면 다음과 같다. 따라서 $R_L = R_{th} = 2\,[\Omega]$, $P_m = \dfrac{2 \times 2}{4 \times 2} = 0.5\,[\text{W}]$

05 단상 교류

1 정현파

전압과 전류는 시간에 대하여 크기와 방향이 바뀌지 않는 직류와 크기와 방향이 주기적으로 변화하는 교류로 구분된다. 그림 2.17은 여러 가지 파형을 나타낸 것이며 그림 2.17 (a)는 직류, 그림 2.17 (b-d)는 교류를 나타낸다. 특히 교류 중에서도 그림 2.17 (b)와 같이 사인(sine) 곡선의 파형을 정현파(sinusoidal wave)라고 하며, 가정 및 공장 등에서 공급받는 전기적 파형이 이에 해당된다.

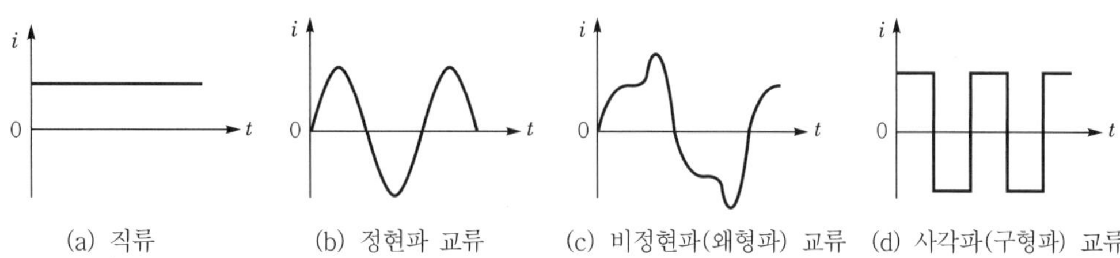

(a) 직류 (b) 정현파 교류 (c) 비정현파(왜형파) 교류 (d) 사각파(구형파) 교류

║ 그림 2.17 여러 가지 파형 ║

그림 2.17 (c-d)는 정현파가 일그러진 모양의 파형으로 왜형파(distorted wave) 또는 비정현파(nonsinusoidal wave)라고 하며, 특히 그림 2.17 (d)와 같은 비정현파를 구형파(rectangular wave)라고 한다. 일반적으로 교류라고 지칭하는 것은 정현파를 의미한다.

■2 정현파 교류 기전력의 발생

그림 2.18은 정현파 교류 기전력을 발생하는 간단한 단상 교류 발전기를 보여주고 있다. 자속밀도 B의 평등 자계 내에 자계와 직각으로 놓여진 한 변의 길이 l의 도체가 각속도 ω와 선속도 v로 원운동하는 경우, 운동 도체의 한 변 l에 발생하는 유도 기전력은 식 (1.34)에 의해 $Blv\sin\theta[\text{V}]$가 된다. 따라서 그림 2.18과 같은 발전기에서 도선의 전체 길이는 $2l$이므로 발생하는 유도 기전력 e는 $2Blv\sin\theta[\text{V}]$가 된다. 여기서 장방형의 도선은 각속도 $\omega[\text{rad/sec}]$으로 회전하고 있으므로 회전각 θ는 기준선 OY로부터 t초 후에는 $\theta = \omega t$으로 표현된다. 따라서 유도 기전력은 정현파(sine 파)이며, 이 파형의 최대값(진폭) $2Blv$을 E_m이라 하면 다음과 같이 표현된다.

$$e = 2Blv\sin\theta = E_m\sin\omega t \qquad\qquad (2.27)$$

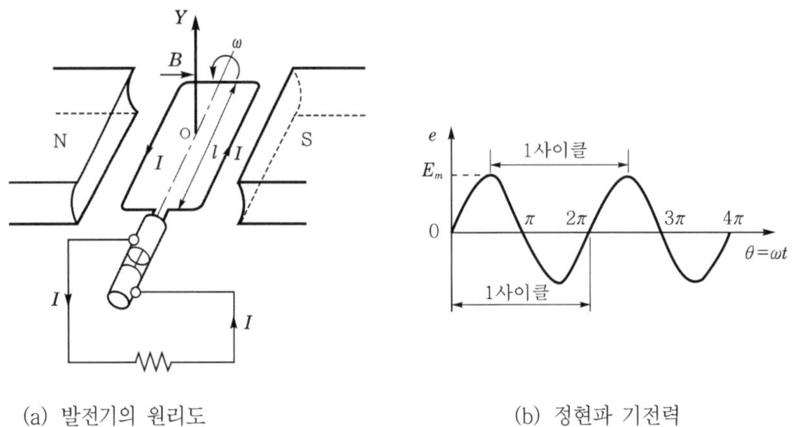

(a) 발전기의 원리도   (b) 정현파 기전력

| 그림 2.18 발전기의 원리와 정현파 교류의 발생 |

■3 정현파의 주요 파라미터

(1) 주파수와 주기

그림 2.18 (b)와 같은 교류에서 기전력이 한 차례 변화하여 다시 처음의 상태로 되돌아오기까지를 한 사이클(cycle)이라 하고, 한 사이클은 그림 2.18 (a)에서 도선 원운동의 1회전에 해당한다. 나아가 1초 동안의 사이클 수를 주파수(frequency) f라고 하며, 주

파수의 단위는 헤르츠[hertz, Hz] 또는 [cycle/sec]이다. 각속도 또는 각주파수 ω는 1초 동안의 회전각을 의미하며 주파수 f와의 관계는 다음과 같이 나타난다.

$$\omega = 2\pi f \, [\text{rad/sec}] \quad\quad\quad (2.28)$$

주기(period) T는 한 사이클 동안의 시간이고 단위는 [sec]을 사용한다. 주기와 주파수의 관계는 역수관계가 성립한다.

$$T = \frac{1}{f} = \frac{2\pi}{\omega} \, [\text{sec}] \quad\quad\quad (2.29)$$

따라서, 식 (2.27)의 정현파 기전력은 아래와 같이 표현할 수 있다.

$$e = E_m \sin\omega t = E_m \sin 2\pi f t \quad\quad\quad (2.30)$$

(2) 순시값과 위상

그림 2.18 (b)에서 기준선 OY보다 반시계 방향으로 $\theta_1[\text{rad}]$ 만큼 앞선 위치를 기점으로 한 경우, $\theta = \omega t + \theta_1$가 되므로 기전력은 다음과 같이 표현된다.

$$e = E_m \sin(\omega t + \theta_1) = E_m \sin(2\pi f t + \theta_1) \quad\quad\quad (2.31)$$

식 (2.31)은 정현파 기전력의 일반적 순시값을 표현하고 있다. 여기서 θ를 위상(phase)이라 하고 θ_1를 $t=0$에서의 위상 또는 초기위상이라고 한다.

그림 2.19는 최대값 V_m이 같고 초기위상이 다른 세 교류전압 v_1, v_2, v_3를 순시값으로 표현한 것이다.

$$\begin{cases} v_1 = V_m \sin\omega t \\ v_2 = V_m \sin(\omega t + \theta_1) \\ v_3 = V_m \sin(\omega t - \theta_2) \end{cases} \quad\quad\quad (2.32)$$

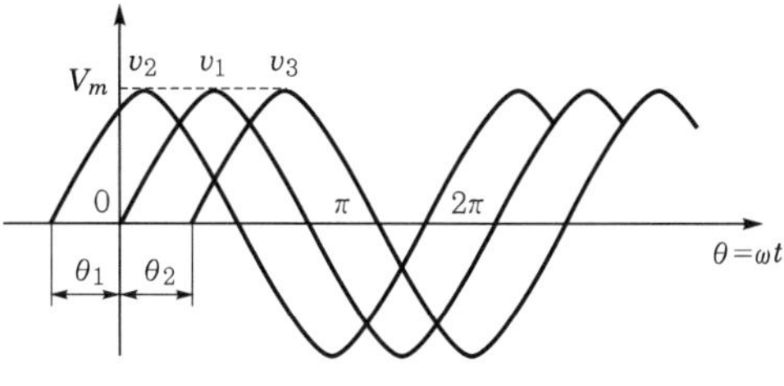

▌ 그림 2.19 정현파의 위상과 위상차 ▌

세 정현파의 위상차를 살펴보면, 초기위상이 0인 v_1을 기준으로 할 때 v_2는 v_1보다 위상이 θ_1만큼 앞서고 있으므로 진상(leading phase)이라 하고, v_3는 v_1보다 위상이 θ_2만큼 뒤지고 있으므로 지상(lagging phase)이라고 한다. 또한 최대값의 크기에 관계없이 임의 두 정현파의 위상이 일치하면 두 정현파는 동상이라고 한다.

(3) 실효값과 평균값

순시값은 순간적 교류를 알고자 하는 경우에는 적합하지만 실용적으로 취급이 불편하다. 따라서 전압, 전류, 전력 등의 교류를 정량적으로 다루고자 할 때는 평균값과 실효값이 많이 이용된다.

교류에서 평균값(average or mean value)은 반주기를 통한 산술적 평균으로 정의한다. 즉, 정현파 $v = V_m \sin\omega t$의 평균값 V_{av}는 다음과 같이 정의된다.

$$V_{av} = \frac{1}{\frac{T}{2}} \int_0^{\frac{T}{2}} v\, dt = \frac{2}{T} \int_0^{\frac{T}{2}} V_m \sin\omega t\, dt = \frac{2V_m}{\pi} = 0.637 V_m \quad \cdots\cdots\cdots (2.33)$$

또한, 하나의 저항 R에 직류 V와 정현파 교류 v를 동일시간 인가하였을 때 소비되는 전력량(발열량)이 같을 경우, 이 직류값을 정현파 교류의 실효값(effective value)으로 정의한다.

$$P_{dc} = P_{ac}, \; P_{dc} = \frac{V^2}{R}, \; P_{ac} = \frac{1}{T}\int_0^T \frac{v^2}{R} dt \; \therefore V = \sqrt{\frac{1}{T}\int_0^T v^2 dt} \; \cdots (2.34)$$

식 (2.34)에 $v = V_m \sin\omega t$을 대입하여 실효값 V를 구하면 다음과 같다.

$$V = \frac{V_m}{\sqrt{2}} = 0.707 V_m \quad \cdots\cdots\cdots\cdots\cdots\cdots (2.35)$$

교류의 실효값은 순시값의 제곱(square)에 대한 평균값(mean)의 제곱근(root)을 의미함으로 실효값을 rms(root mean square)값이라고도 한다. 일반적으로 교류전압과 교류전류를 V, I와 같이 대문자로 표기할 경우 실효값을 의미하며, 가정에서 사용하는 110[V], 220[V] 등은 실효값을 나타낸다. 특히, 가동코일형 직류계측기의 지시값은 평균값, 교류계측기의 지시값은 실효값을 나타내고 있다.

4 복소수의 표현

(1) 직각좌표 형식

실수(real number)는 기하학적으로 일직선상의 한 점으로 표시할 수 있지만, 복소수(complex number)는 실수와 허수(imaginary number)를 모두 가지고 있으므로 일직선상에 표시할 수 없다. 복소수는 실수를 가로축(x축)으로 하는 실축과 허수를 세로축(y축)

으로 하는 허축의 직각좌표 형식을 취하여 평면상에 한 점으로 표시한다. 즉, 직각좌표에서 한 점 P(a, b)는 복소수 $A = a + jb$의 한 점으로 대응된다. 이와 같이 복소수를 평면상의 한 점으로 표시하는 직각좌표 형식의 평면을 복소평면이라 한다. 복소수는 복소평면상의 한 점에 대응되기 때문에 그림 2.20 (a)와 같이 표시하는 것이 일반적이다. 그러나 복소수의 연산은 기하학적으로 벡터의 연산과 동일한 결과를 나타내므로 벡터의 표시법과 마찬가지로 그림 2.20 (b)의 원점에서부터 임의의 한 점까지 화살표(평면벡터)로 나타낼 수 있다.

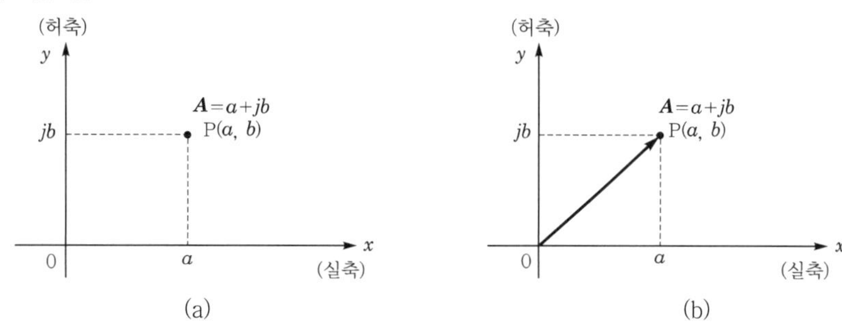

│ 그림 2.20 복수수의 직각좌표 표시법 │

(2) 극좌표 형식, 삼각함수 형식, 지수함수 형식

그림 2.21과 같이 동경 OP의 길이 r 및 실축과 동경이 이루는 편각 θ로 표현되는 좌표형식 $P(r, \theta)$를 극좌표라 한다. 복소수 A에서 동경의 길이 r은 $\overline{OP}$의 거리이고, 편각 θ는 양의 실축에서 동경 OP까지 이르는 원점을 중심으로 반시계 방향으로 회전하는 각이다. 복소평면상에서 복소수 A를 크기와 편각으로 표현하면 다음과 같이 나타낼 수 있다.

$$A = a + jb = A \angle \theta \begin{cases} A = \sqrt{a^2 + b^2} \\ \theta = \tan^{-1} \dfrac{b}{a} \end{cases} \quad\cdots\cdots\cdots\cdots\cdots (2.36)$$

이러한 표현식을 극좌표 형식이라 한다.

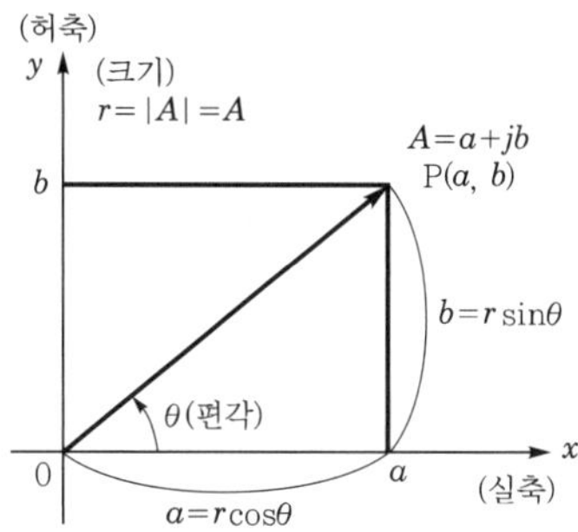

│ 그림 2.21 극좌표 형식 │

또한 복소수 $\boldsymbol{A}$는 $r = A = \sqrt{a^2 + b^2}$ 이라 할 때, $\boldsymbol{A} = a + jb = r\cos\theta + jir\sin\theta$로 표현할 수 있으므로 아래와 같이 나타낼 수 있으며, 이러한 표현식을 삼각함수 형식이라 한다.

$$\boldsymbol{A} = A(\cos\theta + j\sin\theta) \quad\cdots\cdots (2.37)$$

나아가, 삼각함수와 지수함수의 관계를 나타내는 오일러의 공식(Euler's formula)을 이용하면 다음과 같이 된다.

$$e^{\pm j\theta} = \cos\theta \pm j\sin\theta \quad\cdots\cdots (2.38)$$

$e^{\pm j\theta}$의 크기는 1이고, 이를 극좌표 형식으로 표현하면 $e^{\pm j\theta} = 1\angle \pm\theta$이므로 식 (2.39)로도 표현할 수 있다. 이러한 표현식을 지수함수 형식이라 한다.

$$\boldsymbol{A} = A(\cos\theta + j\sin\theta) = A\angle\theta = Ae^{j\theta} \quad\cdots\cdots (2.39)$$

5 정현파 교류의 페이저 표현

그림 2.22 (a)는 크기 V_m을 가진 $\overrightarrow{OP}$가 초기 위상 θ의 위치로부터 원점을 중심으로 반시계 방향으로 일정한 각속도 ω로 원운동을 하는 회전벡터를 나타낸다. 그림 2.22 (b)는 회전벡터 $\overrightarrow{OP}$가 y축상에서 투영 성분 $\overline{OP'}$가 회전각의 변화에 따라 정현파로 그려지는 것을 나타낸 것이다.

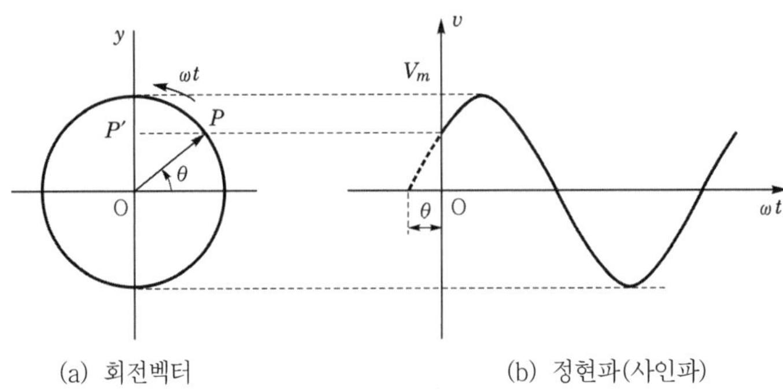

(a) 회전벡터   (b) 정현파(사인파)

┃ 그림 2.22 회전벡터의 y축 상에서 투영 성분 $\overline{OP'}$이 회전각의 변화에 따라 정현파로 그려지는 모양 ┃

그림 2.22 (b)의 투영 성분 $\overline{OP'}$의 순시값 v는 $v = V_m\sin(\omega t + \theta)$로 표현되고, 여기서 V_m은 정현파의 최대값(진폭)이다. 그림 2.22 (b)의 순시값은 최대값 V_m, 각주파수 ω, 및 초기위상 θ로 표현되지만, 각주파수가 일정하다면 최대값과 초기위상만으로 정현파(전압 v와 전류 i)를 $t = 0$에서 정지시킨 정지벡터로 취급할 수 있다. 이와 같이 ωt를

제거하고 정현파를 크기와 초기위상만으로 나타내는 복소수 표현 방식을 페이저(phasor)라고 한다. 그러나 실제 교류해석에서 정현파의 크기는 최대값보다 실효값을 주로 사용하기 때문에 일반적으로 페이저는 실효값과 초기위상으로 표현하는 것을 약속하고 있다. 그림 2.22 (b)의 파형 v을 페이저 V로 나타내면 다음과 같다.

$$V = \frac{V_m}{\sqrt{2}} \angle \theta = V \angle \theta \qquad (2.40)$$

페이저 표현식을 복소평면상에 나타낸 그림을 페이저도(phasor diagram)라 한다. 그림 2.23은 교류전압과 전류를 나타낸 것으로 이들의 순시값은 다음과 같이 표현된다.

$$\begin{cases} v = V_m \sin(\omega t + \theta_1) = \sqrt{2}\, V \sin(\omega t + \theta_1) \\ i = I_m \sin(\omega t + \theta_2) = \sqrt{2}\, I \sin(\omega t + \theta_2) \end{cases} \qquad (2.41)$$

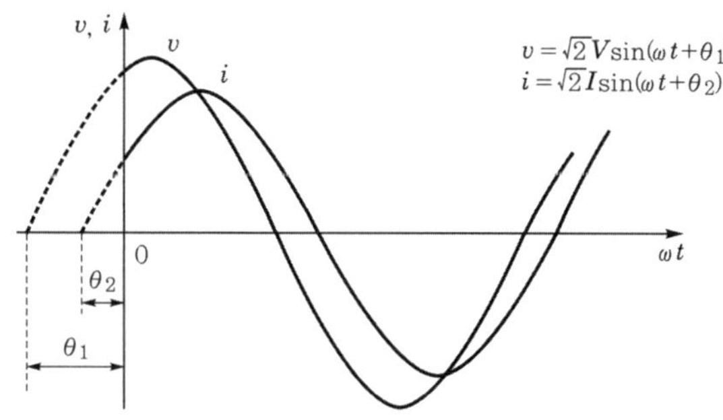

▎그림 2.23 교류전압과 전류의 순시값 ▎

식 (2.41)의 교류전압 v와 전류 i를 각각 페이저로 표현하면

$$V = V \angle \theta_1, \quad I = I \angle \theta_2 \qquad (2.42)$$

이고, 전압이 전류보다 위상차 $\theta = \theta_1 - \theta_2$ 만큼 앞서고 있음을 나타낸다. 식 (2.42)의 페이저를 페이저도상에 나타낸 것이 그림 2.24이다. 실제 회로해석에서 전압과 전류는 그림 2.24 (a)와 같이 각각의 초기위상을 나타내기보다는 상대적인 관계, 즉 위상차 $\theta = \theta_1 - \theta_2$를 적용하여 그림 2.24 (b, c)와 같이 전류를 기준한 전압이나 전압을 기준한 전류를 그려주는 것이 실용적이다.

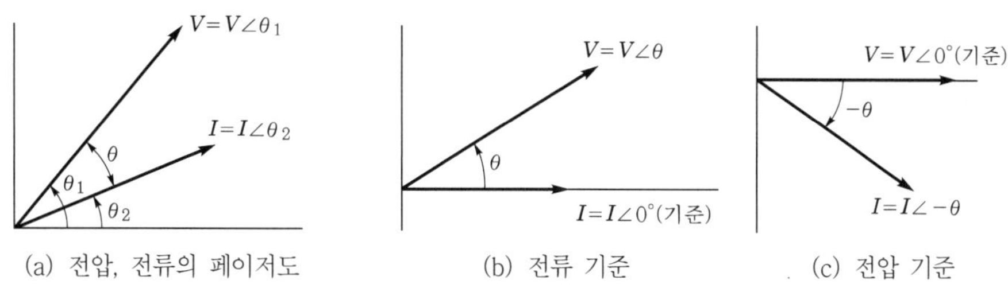

▎그림 2.24 전압, 전류의 페이저도 ▎

> **예제 1**
>
> $v = 110\sin\left(120\pi t + \dfrac{\pi}{6}\right)$[V]로 표시되는 정현파 전압이 있다. 이 교류 전압의 최대값, 각속도, 주파수, 주기, $t = \dfrac{1}{720}$[sec]에서의 전압을 구하여라.
>
> **풀이 |** 최대값 : 110[V], 각속도 : 120π[rad/sec], 주파수 : $f = \dfrac{\omega}{2}\pi = \dfrac{120\pi}{2\pi} = 60$[Hz]
>
> 주기 : $T = \dfrac{1}{f} = \dfrac{1}{60}$[sec]이다.
>
> $t = \dfrac{1}{720}$[sec]에서의 전압은
>
> $v = 110\sin\left(120\pi \times \dfrac{1}{720} + \dfrac{\pi}{6}\right) = 110\sin\dfrac{\pi}{3} = 110 \times \dfrac{\sqrt{3}}{2} \fallingdotseq 95$[V]

> **예제 2**
>
> 예제 1의 전압 파형에 대한 평균값과 실효값을 구하여라.
>
> **풀이 |** 평균값 $V_{av} = \dfrac{2V_m}{\pi} = 0.637 \times V_m = 0.637 \times 110 \fallingdotseq 70$[V],
>
> 실효값 $V = \dfrac{V_m}{\sqrt{2}} = 0.707 \times 110 = 77.7$[V]

> **예제 3**
>
> 복소수 $1+j$를 극좌표, 삼각함수 및 지수함수 형식으로 나타내면?
>
> **풀이 |** 복소수의 크기는 $\sqrt{1^2 + 1^2} = \sqrt{2}$ 이고, 편각 $\theta = \tan^{-1}\left(\dfrac{1}{1}\right) = \dfrac{\pi}{4}$ 이므로
>
> 극좌표 형식 : $\sqrt{2}\angle\dfrac{\pi}{4}$, 삼각함수 형식 : $\sqrt{2}\left(\cos\dfrac{\pi}{4} + j\sin\dfrac{\pi}{4}\right)$,
>
> 지수함수 형식 : $\sqrt{2}\,e^{j\frac{\pi}{4}}$

> **예제 4**
>
> $i = 10\sqrt{2}\cos\left(\omega t + \dfrac{\pi}{4}\right)$를 페이저로 나타내면?
>
> **풀이 |** $i = 10\sqrt{2}\cos\left(\omega t + \dfrac{\pi}{4}\right) = 10\sqrt{2}\sin\left(\omega t + \dfrac{\pi}{4} + \dfrac{\pi}{2}\right) = 10\sqrt{2}\sin\left(\omega t + \dfrac{3\pi}{4}\right)$
>
> 이므로 $I = 10\angle\dfrac{3\pi}{4}$

06 임피던스와 어드미턴스

1 기본 소자에서 전류-전압의 관계

(1) 순저항회로

그림 2.25 (a)와 같이 순저항회로에 교류전류 $i = I_m\sin\omega t = \sqrt{2}\,I\sin\omega t$가 흐를 때, 저항 R의 양단에 생기는 전압강하 v는 옴의 법칙에 의해 다음과 같이 된다.

$$v = Ri = RI_m\sin\omega t = \sqrt{2}\,RI\sin\omega t = V_m\sin\omega t = \sqrt{2}\,V\sin\omega t \quad \cdots\cdots (2.43)$$

전압과 전류의 실효값의 관계는 $V = RI$로 나타나고, 따라서 그림 2.25 (b)와 같이 전압과 전류는 동상이 된다. 전류와 전압을 페이저로 표현하면 다음과 같이 되고, 페이저도는 그림 2.25 (c)와 같이 나타난다.

$$I = I\angle 0°, \quad V = V\angle 0° \quad \text{(2.44)}$$

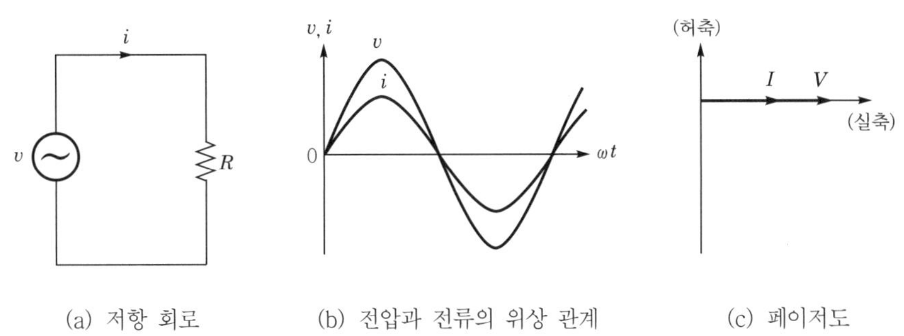

(a) 저항 회로   (b) 전압과 전류의 위상 관계   (c) 페이저도

▌그림 2.25 순저항회로 ▌

(2) 순인턱턴스회로

그림 2.26 (a)와 같이 순인덕턴스회로에 교류전류 $i = I_m \sin\omega t$가 흐를 때, 인덕턴스 L의 양단에 생기는 전압강하 v는 다음과 같다.

$$v = L\frac{di}{dt} = \omega L I_m \cos\omega t = \omega L I_m \sin\left(\omega t + \frac{\pi}{2}\right) \quad \text{(2.45)}$$

즉, 전압과 전류의 최대값 및 실효값 관계는 다음과 같이 나타난다.

$$V_m = \omega L I_m, \quad V = \omega L I = X_L I \quad \text{(2.46)}$$

인덕터에 전류를 흘리면 저항소자처럼 전류의 흐름을 방해하는 저항성분 $X_L = \omega L$이 있다. 이 인덕터의 교류 저항성분 X_L을 유도성 리액턴스(inductive reactance)라고 한다.

$$X_L = \omega L = 2\pi f L \quad \text{(2.47)}$$

순인덕턴스회로는 그림 2.26 (b)와 같이 전류가 전압보다 위상이 90° 뒤지며(지상전류), 이를 페이저로 표시하면 아래의 식과 같고 페이저도는 그림 2.26 (c)와 같다.

$$I = I\angle 0°, \quad V = X_L I \angle \frac{\pi}{2} = V\angle \frac{\pi}{2} \quad \text{(2.48)}$$

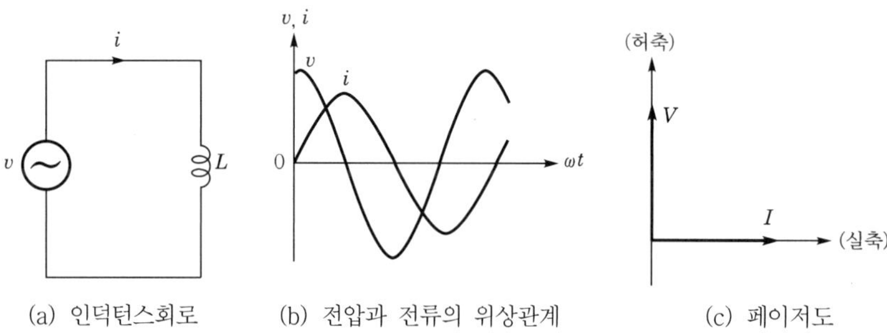

(a) 인덕턴스회로   (b) 전압과 전류의 위상관계   (c) 페이저도

┃ 그림 2.26 순인덕턴스회로 ┃

(3) 순커패시턴스회로

그림 2.27 (a)와 같이 순커패시턴스회로에 교류전류 $i = I_m \sin\omega t$가 흐를 때, 커패시턴스 C의 양단에 생기는 전압강하 v는

$$v = \frac{1}{C}\int i\,dt = -\frac{1}{\omega C}I_m \cos\omega t = \frac{1}{\omega C}I_m \sin\left(\omega t - \frac{\pi}{2}\right) \quad\cdots\cdots\cdots\cdots (2.49)$$

가 된다. 즉, 전압과 전류의 최대값 및 실효값 관계는 다음과 같이 나타난다.

$$V_m = \frac{1}{\omega C}I_m, \quad V = \frac{1}{\omega C}I = X_C I \quad\cdots\cdots\cdots\cdots (2.50)$$

커패시턴스에 전류를 흘리면 저항소자처럼 전류의 흐름을 방해하는 저항성분 $X_C = \dfrac{1}{\omega C}$ 이 있다. 이 커패시턴스의 교류 저항성분 X_C을 용량성 리액턴스(capacitive reactance) 라고 한다.

$$X_C = \frac{1}{\omega C} = \frac{1}{2\pi f C}\,[\Omega] \quad\cdots\cdots\cdots\cdots (2.51)$$

순커패시턴스회로는 그림 2.27 (b)와 같이 전류가 전압보다 위상이 90° 앞서며(진상전류), 이를 페이저로 표시하면 아래의 식과 같고 페이저도는 그림 2.27 (c)와 같다.

$$I = I\angle 0°, \quad V = X_C I\angle -\frac{\pi}{2} = V\angle -\frac{\pi}{2} \quad\cdots\cdots\cdots\cdots (2.52)$$

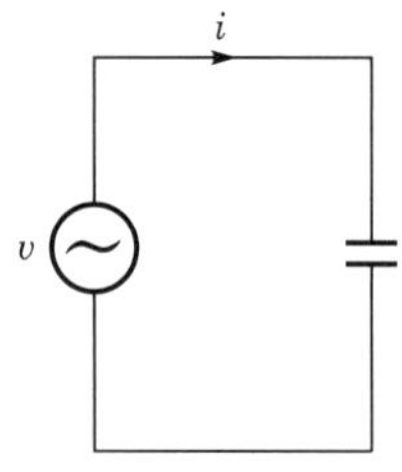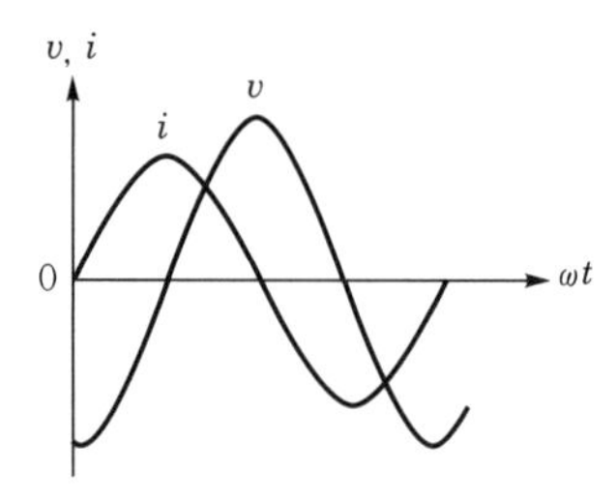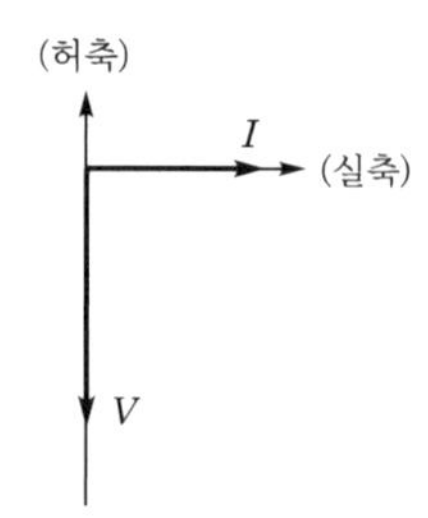

(a) 커패시턴스회로   (b) 전압과 전류의 위상 관계   (c) 페이저도

┃ 그림 2.27 순커패시턴스회로 ┃

2 임피던스

R, L, C의 양단에 걸리는 전압강하는 전류 $\boldsymbol{I} = I\angle 0°$를 기준 벡터로 하였을 때, $j = 1\angle \dfrac{\pi}{2}$, $-j = \dfrac{1}{j} = 1\angle -\dfrac{\pi}{2}$ 을 이용하여 식 (2.44), 식 (2.48), 식 (2.52)의 극좌표 형식의 페이저를 직각좌표 형식의 페이저로 변환하면 다음과 같이 된다.

$$\boldsymbol{V}_R = RI\angle 0° = R\boldsymbol{I} \quad\quad\quad\quad (2.53)$$

$$\boldsymbol{V}_L = \omega LI \angle \frac{\pi}{2} = j\omega L\boldsymbol{I} = jX_L\boldsymbol{I} \quad\quad\quad\quad (2.54)$$

$$\boldsymbol{V}_C = \frac{1}{\omega C}\angle -\frac{\pi}{2} = \frac{1}{j\omega C}\boldsymbol{I} = -jX_C\boldsymbol{I} \quad\quad\quad\quad (2.55)$$

그림 2.28은 각 소자에 대한 저항 성분을 보여주고 있다.

┃ 그림 2.28 $R-L-C$ 수동소자의 저항 성분 ┃

따라서, 그림 2.29와 같이 R, L, C가 직렬로 연결된 교류회로에서 전체전압과 전류의 관계를 페이저로 표현하면 아래와 같이 나타낼 수 있다.

$$\boldsymbol{V} = \boldsymbol{V}_R + \boldsymbol{V}_L + \boldsymbol{V}_C = \left(R + j\omega L + \frac{1}{j\omega C}\right)\boldsymbol{I} = [R + j(X_L - X_C)]\boldsymbol{I} = Z\boldsymbol{I} \cdots (2.56)$$

┃ 그림 2.29 $R-L-C$ 직렬회로에서 합성 임피던스 ┃

여기서, Z를 임피던스(impedance)라고 하며, 임피던스는 저항과 같이 전류를 제한하는 역할을 하므로 교류회로의 합성저항 성분이 된다. 교류회로에서 임피던스를 일반적으로 표현하면 다음과 같은 형태가 된다.

$$Z = R + jX \quad\quad\quad\quad (2.57)$$

실수부는 저항 R과 허수부는 리액턴스 X로 이루어져 있다. 허수부가 양이면 유도성 리액턴스, 음이면 용량성 리액턴스가 된다. 또한 임피던스를 극좌표 형식으로 변환하여 크기 Z와 각 θ에 의해 다음과 같이 나타낼 수 있으며, 그림 2.30은 임피던스도를 나타낸다.

$$Z = R + jX = Z\angle\theta : \begin{cases} Z = \sqrt{R^2 + X^2} \\ \theta = \tan^{-1}\dfrac{X}{R} \end{cases} \quad\cdots\cdots (2.58)$$

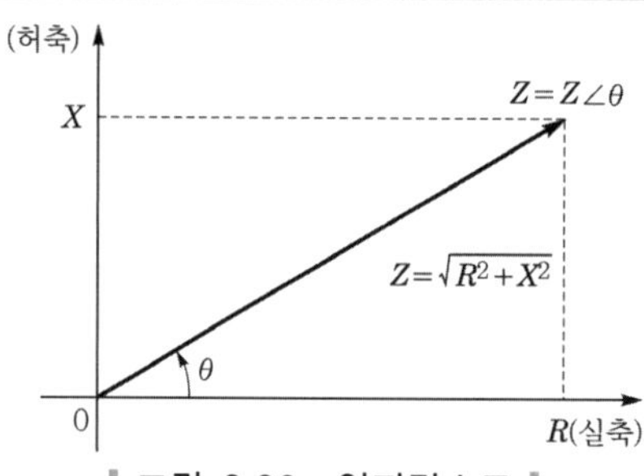

│ 그림 2.30 임피던스도 │

교류전압과 전류가 각각 $\boldsymbol{V} = V\angle\theta_1$, $\boldsymbol{I} = I\angle\theta_2$ 와 같이 초기위상을 갖고 있을 때, 임피던스는 옴의 법칙에 의해 다음과 같이 나타난다.

$$Z = \frac{V}{I} = \frac{V\angle\theta_1}{I\angle\theta_2} = \frac{V}{I}\angle(\theta_1 - \theta_2) = Z\angle\theta \quad\cdots\cdots (2.59)$$

식 (2.59)에서 임피던스의 크기는 전압과 전류의 실효값의 비, 각 θ는 전압과 전류의 위상차 $\theta = \theta_1 - \theta_2$를 나타낸다.

3 어드미턴스

임피던스 Z의 역수를 어드미턴스(admittance) Y라고 한다.

$$\boldsymbol{Y} = \frac{1}{Z} = \frac{1}{R + jX} = G + jB\ [\mho] \quad\cdots\cdots (2.60)$$

여기서, $X = 0$이면 $G = \dfrac{1}{R}$이고, $R = 0$이면 $B = -\dfrac{1}{X}$이 된다. 그림 2.31과 같은 $R-L-C$ 병렬회로에서 두 단자 사이의 어드미턴스를 구해보자.

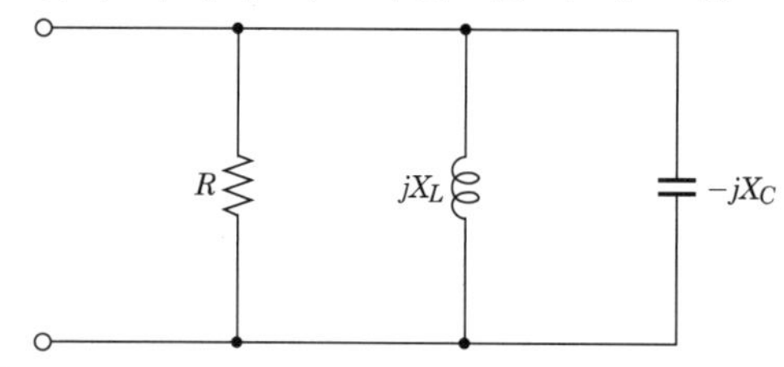

│ 그림 2.31 $R-L-C$ 병렬회로에서 어드미턴스 │

두 단자 사이의 합성 임피던스의 역수 $\dfrac{1}{Z}$은 각각의 소자들에 대한 임피던스 역수의 합으로 나타나므로 다음과 같다.

$$\frac{1}{Z} = \frac{1}{Z_R} + \frac{1}{Z_L} + \frac{1}{Z_C} = \frac{1}{R} + \frac{1}{jX_L} + \frac{1}{-jX_C} \quad\cdots\cdots (2.61)$$

이를 각 소자의 어드미턴스와 대응시키면 아래와 같이 된다.

$$\boldsymbol{Y} = \boldsymbol{Y}_R + \boldsymbol{Y}_L + \boldsymbol{Y}_C = \frac{1}{R} + \frac{1}{jX_L} + \frac{1}{-jX_C}$$

$$= \frac{1}{R} + j\left(\frac{1}{X_C} - \frac{1}{X_L}\right) = G + j(B_C - B_L) = G + jB \quad\cdots\cdots\cdots\cdots (2.62)$$

여기서 $\boldsymbol{Y}_R = \dfrac{1}{R} = G$, $\boldsymbol{Y}_L = \dfrac{1}{jX_L} = -jB_L$, $\boldsymbol{Y}_C = \dfrac{1}{-jX_C} = jB_C$이고 $B_L = \dfrac{1}{X_L} = \dfrac{1}{\omega L}$,

$B_C = \dfrac{1}{X_C} = \omega C$이다. 어드미턴스에서 실수부는 컨덕턴스(conductance) G를, 허수부는

서셉턴스(susceptance) B를 나타내고, 단위는 [℧]또는 [S]를 사용한다. 허수부가 양이면 용량성 서셉턴스, 음이면 유도성 서셉턴스가 된다. 또한 어드미턴스를 극좌표 형식으로 변환하여 크기 Y와 각 θ에 의해 다음과 같이 나타낼 수 있다.

$$\boldsymbol{Y} = G + jB = Y\angle\theta : \begin{cases} Y = \sqrt{G^2 + B^2} \\ \theta = \tan^{-1}\dfrac{B}{G} \end{cases} \quad\cdots\cdots\cdots\cdots (2.63)$$

교류전압과 전류가 각각 $\boldsymbol{V} = V\angle\theta_1$, $\boldsymbol{I} = I\angle\theta_2$ 와 같이 초기위상을 갖고 있을 때, 어드미턴스는

$$\boldsymbol{Y} = \frac{\boldsymbol{I}}{\boldsymbol{V}} = \frac{I\angle\theta_2}{V\angle\theta_1} = \frac{I}{V}\angle(\theta_2 - \theta_1) = Y\angle\theta \quad\cdots\cdots\cdots\cdots (2.64)$$

로 나타난다. 식 (2.64)에서 어드미턴스의 크기는 전류와 전압의 실효값의 비, 각 θ는 전류와 전압의 위상차 $\theta = \theta_2 - \theta_1$을 나타낸다. 일반적으로 직렬회로는 임피던스를, 병렬회로는 어드미턴스를 사용하는 것이 교류회로 해석에 매우 편리하다.

예제 1 $v = 100\sin\omega t$[V]로 표시되는 정현파 전압을 유도 리액턴스가 10[Ω]인 인덕터에 인가할 때, 이 회로에 흐르는 전류의 순시값을 구하여라.

풀이 | $i = \dfrac{v}{jX_L} = \dfrac{V_m}{X_L}\sin\left(\omega t - \dfrac{\pi}{2}\right) = 10\sin\left(\omega t - \dfrac{\pi}{2}\right)$

예제 2 커패시턴스가 10[μF]인 콘덴서에 $v = 100\sqrt{2}\sin(1000t)$[V]의 교류전압을 인가하였을 때 이 회로에 흐르는 전류의 실효값과 순시값을 구하여라.

풀이 | 커패시턴스의 리액턴스는 $X_C = \dfrac{1}{\omega C} = \dfrac{1}{1000 \times 10 \times 10^{-6}} = 100$[Ω], 전류의

실효값은 $I = \dfrac{V}{X_C} = \dfrac{100}{100} = 1$[A], 순시값은 전류가 전압보다 위상이 $\dfrac{\pi}{2}$ 앞서므

로 $i = \sqrt{2}\sin\left(1000t + \dfrac{\pi}{2}\right)$[A]

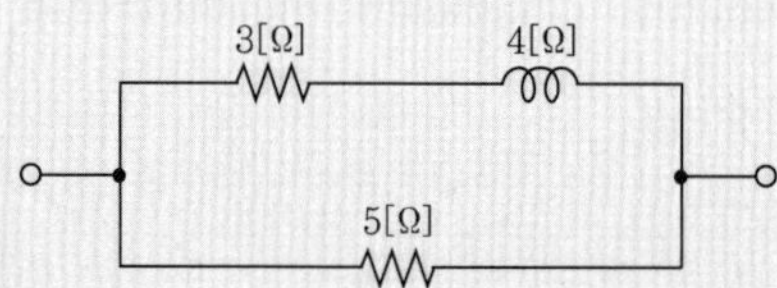

예제 3 다음 직·병렬회로의 합성 임피던스를 구하여라.

풀이 | 5[Ω] 저항의 임피던스를 Z_1, 3[Ω] 저항과 4[Ω] 인덕턴스의 직렬 임피던스를 Z_2라

고 하면 이들의 합성 임피던스 Z는 $Z = \dfrac{Z_1 Z_2}{(Z_1 + Z_2)} = \dfrac{(3+j4)\times 5}{(3+j4)+5} = \dfrac{5}{2} + j\dfrac{5}{4}$ [Ω]

예제 4 예제 3 회로의 합성 어드미턴스를 구하여라.

풀이 | 5[Ω] 저항의 어드미턴스를 Y_1, 3[Ω] 저항과 4[Ω] 인덕턴스의 직렬 어드
미턴스를 Y_2라고 하면 이들의 합성 어드미턴스 Y는

$$Y = Y_1 Y_2 = \dfrac{1}{5} + \dfrac{1}{3+j4} = \dfrac{8}{25} - j\dfrac{4}{25} \, [\mho]$$

07 $R-L-C$ 교류회로와 공진

1 교류직렬회로

그림 2.32과 같이 $R-L-C$ 직렬회로에 교류전압 $v = V_m \sin\omega t$가 인가되었을 때 회로 해석을 해 보자. 우선 교류전압의 순시값을 극좌표의 페이저 $\boldsymbol{V} = V\angle 0°$로 표현하고, L과 C의 리액턴스를 복소수의 형식 $jX_L = j\omega L$과 $-jX_C = -j\dfrac{1}{\omega C}$로 나타낸다.

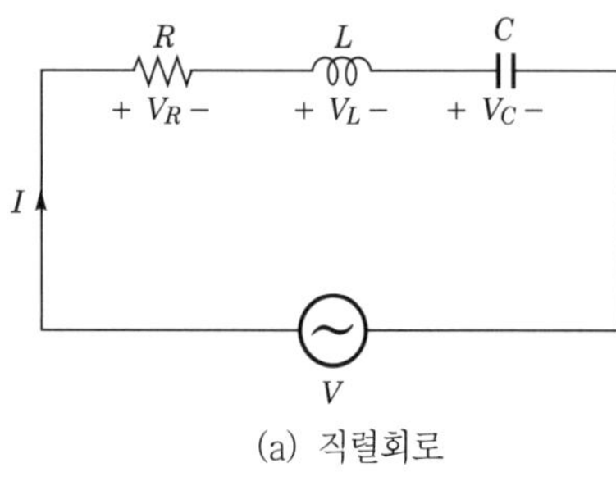
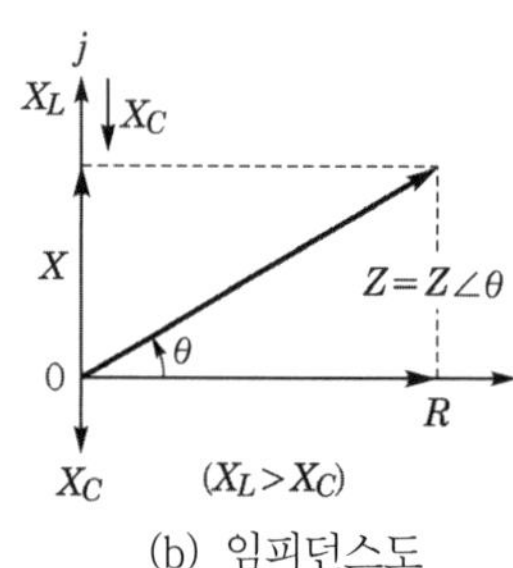
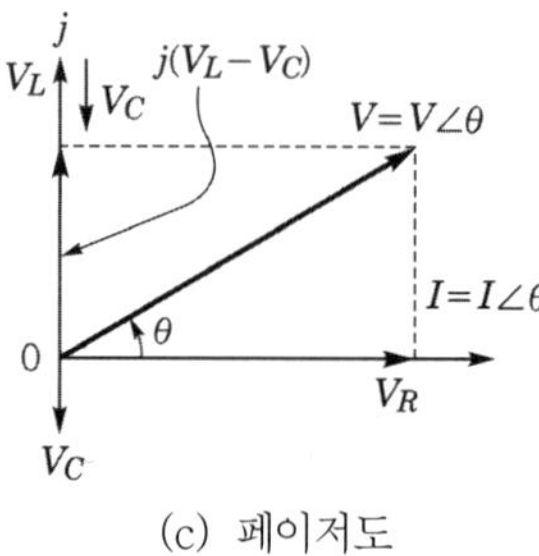

(a) 직렬회로   (b) 임피던스도   (c) 페이저도

‖ 그림 2.32 $R-L-C$ 직렬회로 ‖

그림 2.32(a)의 합성 임피던스 $\boldsymbol{Z}$는 다음과 같다.

$$\boldsymbol{Z} = R + jX = R + j(X_L - X_C) = R + j\left(\omega L - \dfrac{1}{\omega C}\right) = Z\angle\theta \quad\cdots\cdots\cdots\cdots (2.65)$$

식 (2.65)에서 극좌표 형식의 임피던스를 새로 정리하면 아래의 식으로 된다.

$$\boldsymbol{Z} = Z\angle\theta : \begin{cases} Z = \sqrt{R^2 + (X_L - X_C)^2} \\ \theta = \tan^{-1}\dfrac{X_L - X_C}{R} \end{cases} \quad\cdots\cdots\cdots\cdots (2.66)$$

$$X(\text{리액턴스}): \begin{cases} X_L = \omega L = 2\pi f L\,[\Omega] \\ X_C = \dfrac{1}{\omega C} = \dfrac{1}{2\pi f C}\,[\Omega] \end{cases} \quad\text{……………} \quad (2.67)$$

회로에 흐르는 전류는 옴의 법칙을 적용하여 다음과 같이 나타낼 수 있다.

$$I = \frac{V}{Z} = \frac{V\angle 0^\circ}{Z\angle \theta}$$

$$= \frac{V}{Z}\angle -\theta = I\angle -\theta = \frac{V}{\sqrt{R^2 + (X_L - X_C)^2}}\angle -\theta \quad\text{…………}\quad (2.68)$$

각 소자에 걸리는 단자전압은 다음의 관계가 성립한다.

$$V_R = RI, \quad V_L I = X_L I = j\omega L I, \quad V_C = -jX_C I = -j\frac{1}{\omega C}I \quad\text{………}\quad (2.69)$$

$$V = V_R + V_L + V_C \quad\text{……………………………………}\quad (2.70)$$

$R - L - C$ 직렬회로는 L과 C가 동시에 존재하기 때문에 X_L과 X_C의 크기에 따라 합성 리액턴스 $X = X_L - X_C$의 부호가 변화한다. 합성 임피던스 허수부의 부호에 따라 회로 특성은 다음과 같이 결정된다.

    ① $X > 0$: 임피던스 허수부의 부호가 (+)이므로 지상전류(전류의 위상이 전압의 위상보다 뒤짐)가 흐르는 유도성 회로 특성을 나타낸다.

    ② $X < 0$: 임피던스 허수부의 부호가 (−)이므로 진상전류(전류의 위상이 전압의 위상보다 앞섬)가 흐르는 용량성 회로 특성을 나타낸다.

    ③ $X = 0$: 임피던스 허수부의 부호가 0이므로 전류와 전압이 순저항회로와 같은 동상 회로 특성을 나타낸다.

■2 교류병렬회로

그림 2.33과 같이 $R - L - C$ 병렬회로에 교류 페이저 전압 V를 인가하였을 때, 회로에 흐르는 전류를 구해보자.

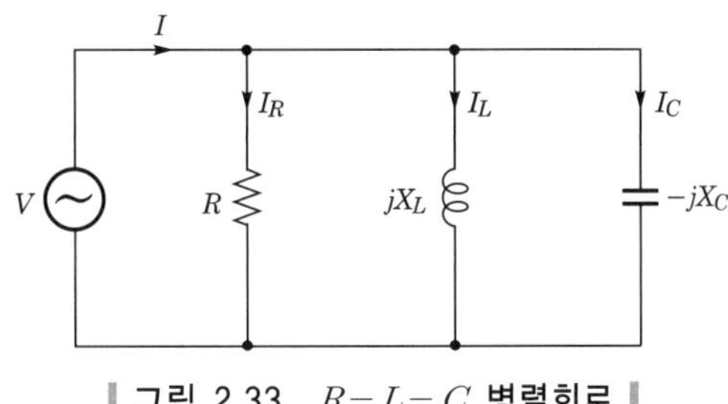

그림 2.33 $R - L - C$ 병렬회로

전압의 페이저를 $\boldsymbol{V} = V\angle 0^\circ$ 로 나타내고, 회로의 합성 어드미턴스 $\boldsymbol{Y}$를 구하면 아래와 같다.

$$\boldsymbol{Y} = G + j(B_C - B_L) = \frac{1}{R} + j\left(\frac{1}{X_C} - \frac{1}{X_L}\right) = Y\angle\theta \quad\cdots\cdots\cdots\cdots\cdots\cdots (2.71)$$

따라서 어드미턴스의 크기와 각을 구한다.

$$\begin{cases} Y = \sqrt{\left(\dfrac{1}{R}\right)^2 + \left(\dfrac{1}{X_C} - \dfrac{1}{X_L}\right)^2} \\ \theta = \tan^{-1}\dfrac{B_C - B_L}{G} \end{cases} \quad\cdots\cdots\cdots\cdots\cdots\cdots (2.72)$$

회로의 전체전류는

$$\boldsymbol{I} = \boldsymbol{YV} = (Y\angle\theta)(V\angle 0^\circ) = YV\angle\theta \quad\cdots\cdots\cdots\cdots\cdots\cdots (2.73)$$

이고, 전류의 실효값은 다음과 같이 얻어진다.

$$I = YV = \sqrt{\left(\frac{1}{R}\right)^2 + \left(\frac{1}{X_C} - \frac{1}{X_L}\right)^2}\, V \quad\cdots\cdots\cdots\cdots\cdots\cdots (2.74)$$

각 소자에 흐르는 전류 I_R, I_L, I_C는 아래와 같다.

$$\begin{aligned} \boldsymbol{I}_R &= \frac{1}{R}\boldsymbol{V} = \frac{V}{R}\angle 0^\circ \\ \boldsymbol{I}_L &= \frac{1}{jX_L}\boldsymbol{V} = \frac{V}{\omega L}\angle -90^\circ \\ \boldsymbol{I}_C &= \frac{1}{-jX_C}\boldsymbol{V} = \omega CV\angle 90^\circ \end{aligned} \quad\cdots\cdots\cdots (2.75)$$

전체전류 $\boldsymbol{I}$는 다음과 같이 표현된다.

$$\boldsymbol{I} = \boldsymbol{I}_R + \boldsymbol{I}_L + \boldsymbol{I}_C = I_R\left(= \frac{V}{R}\right) + j\left[I_C(=\omega CV) - I_L\left(= \frac{V}{\omega L}\right)\right] = I\angle\theta \quad\cdots (2.76)$$

3 공진회로

정현파 전압이 인가된 $R-L$, $R-C$ 회로에서는 주파수 변화에 따른 소자 양단의 전압 및 전류가 단조롭게 증가 또는 감소한다. 그러나 $R-L-C$ 회로에서는 어느 소자 양단의 전압 또는 전류가 특정 주파수에서 극대 또는 극소점을 갖게 된다. 이와 같이 회로 소자의 전압 또는 전류가 특정 주파수에서 급격히 변화되는 현상을 공진(resonance)이라 하며, 이런 회로를 공진회로라고 한다.

그림 2.32 (a)와 같은 $R-L-C$ 회로에서 전원 주파수 f를 0에서 ∞까지 변화시키면 리액턴스 $X=\omega L-\dfrac{1}{\omega C}$는 그림 3.34와 같이 변화하면서 $\omega L=\dfrac{1}{\omega C}$을 만족하는 $X=0$이 되는 특정 주파수 f_r이 있음을 알 수 있다. 이 주파수를 공진주파수(resonance frequency)라고 한다.

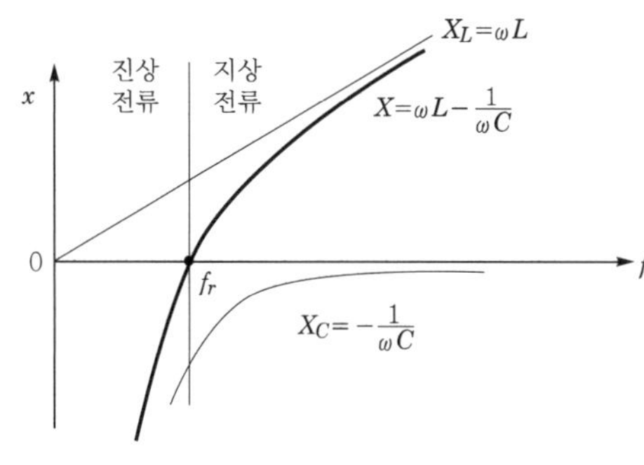

| 그림 2.34 $R-L-C$ 직렬 공진 |

$R-L-C$ 직렬회로에서 공진주파수는 $\omega_r L=\dfrac{1}{\omega_r C}$ 조건에서 $\omega_r=\dfrac{1}{\sqrt{LC}}$ 이므로 아래와 같다.

$$f_r=\frac{1}{2\pi\sqrt{LC}} \quad\cdots\cdots\cdots\cdots\cdots\cdots\cdots\cdots\cdots\cdots\cdots\cdots\cdots\cdots\cdots (2.77)$$

공진 시 임피던스는 $\boldsymbol{Z}_r=R\angle 0^\circ$ 로 크기가 최소가 된다. 또 이때 공진전류는 다음과 같이 되어, 전류와 전압은 동상이 되고 전류는 최대가 된다.

$$I=\frac{V}{Z_r}=\frac{V}{R}=\frac{V}{R}\angle 0^\circ \quad\cdots\cdots\cdots\cdots\cdots\cdots\cdots\cdots\cdots\cdots\cdots\cdots\cdots (2.78)$$

그림 2.35는 직렬 공진회로에서 주파수에 따른 전류 크기의 변화를 나타낸 것이다.

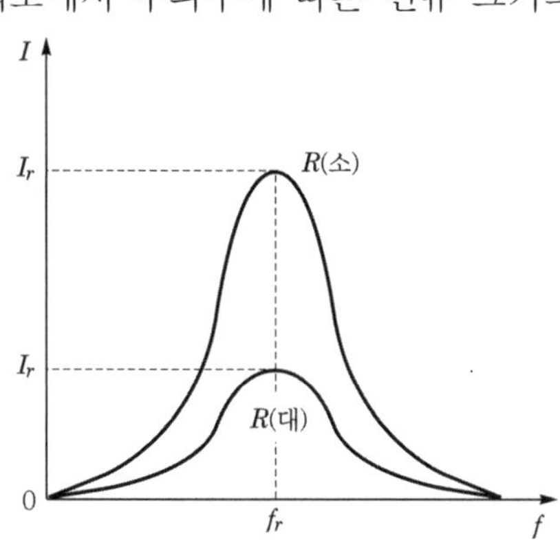

| 그림 2.35 $R-L-C$ 직렬회로에서 전류의 주파수 특성 |

직렬공진 시 각 소자에 인가되는 페이저 전압은 다음과 같다.

$$V_R = RI = V, \quad V_L = jX_L I = \frac{j\omega L}{R} V, \quad V_C = -jX_C I = -j\frac{1}{\omega CR} V \cdots (2.79)$$

저항 R의 단자전압은 인가전압과 같으며, L과 C 소자의 단자전압 V_L과 V_C는 크기가 같고 위상이 반대지만 인가전압보다 더 크게 확대되어 나타날 수 있다. 이때 인가전압에 대한 L 또는 C 소자의 단자전압 비를 회로의 Q(quality)로 정의하며, 선택도 또는 첨예도라고도 한다.

$$Q = \frac{V_L}{V} = \frac{\omega L}{R} = \frac{L}{R} \cdot \frac{1}{\sqrt{LC}} = \frac{1}{R}\sqrt{\frac{L}{C}} \cdots\cdots\cdots\cdots (2.80)$$

그림 2.33의 $R-L-C$ 병렬회로에서 공진은 서셉턴스 $B = B_C - B_L$을 0으로 하는 조건에서 일어난다. 이때의 공진주파수 f_r은 다음과 같이 나타난다.

$$B = \frac{1}{X_C} - \frac{1}{X_L} = \omega_r C - \frac{1}{\omega_r L} = 0$$

$$\therefore \omega_r = \frac{1}{\sqrt{LC}}, \quad f_r = \frac{1}{2\pi\sqrt{LC}} \cdots\cdots\cdots\cdots (2.81)$$

병렬공진 시 어드미턴스는 컨덕턴스 성분만 갖게 되어 최소의 크기가 되고, 그 역수인 임피던스는 최대의 크기를 갖게 된다. 따라서 회로전류 I의 크기는 최소가 된다. 컨덕턴스 G에 흐르는 전류는 회로전류 I와 같다. 즉, 공진 시 회로전류 I는 L과 C로는 유입되지 않으며, L과 C를 흐르는 전류는 $L-C$ 탱크(tank) 회로 내에서만 순환하게 된다. 그림 2.36은 병렬 공진회로에서 주파수에 따른 임피던스와 전류 크기의 변화를 나타낸 것이다.

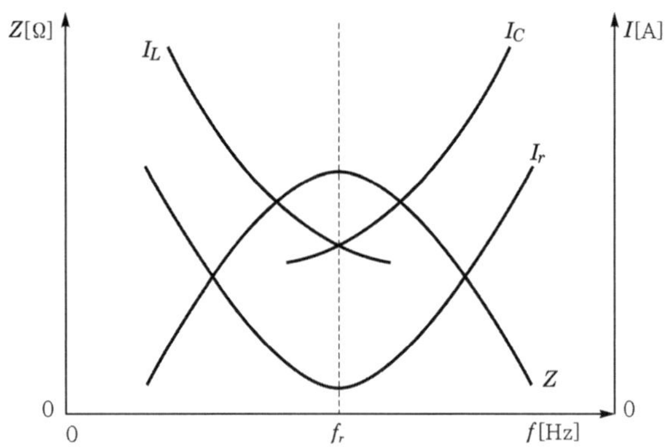

┃ 그림 2.36 $R-L-C$ 병렬회로에서 전류와 임피던스의 주파수 특성 ┃

예제 1 $R=6[\Omega]$, $X_L=10[\Omega]$, $X_C=2[\Omega]$의 직렬회로에서 교류전압을 인가하여 $i=10\sqrt{2}\,\sin200\pi t\,[A]$ 의 전류가 흘렀다. 이 회로에 흐르는 전류의 순시값을 구하고 전류와 전압의 페이저도를 나타내라.

풀이 | 전류를 기준 페이저로 하여 $I=10\angle0°$ 로 하고, 임피던스를 구하면 $Z=R+j(X_L-X_C)=6+j8=10\angle53.13°\,[\Omega]$이다. 인가전압은 옴의 법칙에 의해 $V=ZI=(10\angle53.13°)(10\angle0°)=100\angle53.13°\,[V]$가 되어 이를 순시값으로 표현하면 $v=100\sqrt{2}\,\sin(200\pi t+53.13°)\,[V]$이다. 임피던스의 허수부가 양이므로 리액턴스는 유도성이며 전류의 위상이 전압보다 $53.13°$ 뒤지는 지상전류로 전류와 전압을 페이저도로 나타내면 다음과 같다.

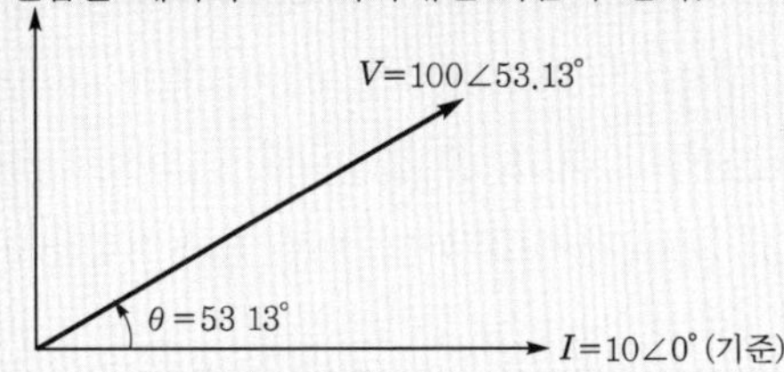

예제 2 $R=10[\Omega]$과 $X_L=10[\Omega]$이 병렬로 접속된 회로에 $V=100\angle0°$ 의 교류전압을 인가하였을 때, 회로에 흐르는 전류를 페이저로 나타내라.

풀이 | 합성 병렬 어드미턴스는 $Y=G-jB_L=\dfrac{1}{10}-j\dfrac{1}{10}\,[\mho]$이므로, 이를 극좌표 형식으로 표현하면 크기 $Y=\sqrt{\left(\dfrac{1}{10}\right)^2+\left(\dfrac{1}{10}\right)^2}=\dfrac{\sqrt{2}}{10}$, 각 $\theta=\tan^{-1}(-1)=-45°$ 가 되어 $Y=\dfrac{\sqrt{2}}{10}\angle-45°$ 로 표현된다.

따라서 전류 $I=YV=\left(\dfrac{\sqrt{2}}{10}\angle-45°\right)(100\angle0°)=10\sqrt{2}\angle-45°$

예제 3 $R-L-C$ 직렬회로에서 $R=1[\Omega]$, $L=10[mH]$, $C=1[\mu F]$일 때, 공진주파수와 선택도 Q를 구하여라.

풀이 | 공진주파수 $f_r=\dfrac{1}{2\pi\sqrt{LC}}=\dfrac{1}{2\pi\sqrt{10^{-2}\times10^{-6}}}=\dfrac{10^4}{2\pi}\,[Hz]$

선택도 $Q=\dfrac{1}{R}\sqrt{\dfrac{L}{C}}=\dfrac{1}{10}\sqrt{\dfrac{10^{-2}}{10^{-6}}}=10$

08 교류전력

1 유효전력, 무효전력, 피상전력 및 복소전력

직류회로와는 달리 교류회로에서는 전압과 전류의 파형이 위상차가 있기 때문에 일반적으로 교류전력을 이들의 실효값의 곱으로 나타낼 수 없다. 임피던스가 $Z=R+jX=Z\angle\theta$ 인 회로에 교류전압을 인가하면 전압과 전류의 위상차는 $\theta(-90°\leq\theta\leq90°)$가 된다.

$I = I\angle 0°$ 를 기준하여 전압을 표현하면 $V = IZ = IZ\angle\theta = V\angle\theta$가 되므로, 교류전력은 다음과 같다.

$$P = IV = I^2R + jI^2X = I^2Z\angle\theta = IV\angle\theta = P_a\angle\theta \quad\cdots\cdots (2.82)$$

이를 직교좌표로 나타내면 아래와 같이 된다.

$$P = IV(\cos\theta + j\sin\theta) = P + jP_r \quad\cdots\cdots (2.83)$$

여기서 $P = IV\cos\theta$, $P_r = IV\sin\theta$이고, $P_a = IV = I^2Z = \sqrt{P^2 + P_r^2}$ 이다. 이때 P를 유효전력(active power)이라 하고 P_r을 무효전력(reactive power)이라 한다. 또한 P_a를 피상전력(apparent power)이라 하고 P를 복소전력(complex power)이라 한다. θ는 전압과 전류의 위상차이고, $\theta = \tan^{-1}\dfrac{P_r}{P}$로도 표현된다. 유효전력의 단위는 [W]로 나타내고, 피상전력의 단위는 [VA]로, 무효전력의 단위는 [Var]로 나타낸다. 식 (2.82)에서 유효전력은 복소 임피던스의 저항소자에서 발생하는 전력으로 나타나며, 무효전력은 허수부의 리액턴스 소자에서 발생하는 전력, 즉 전기에너지를 축적하거나 변환하는 전력으로 직접적 전력 소모와는 상관이 없다. 또한 전압과 전류가 페이저로 주어졌을 때, 전압과 전류를 그대로 곱하면 위상차가 아니라 위상의 합이 되므로 전류의 공액복소수 $'I$를 취하여 다음과 같이 교류전력을 나타낼 수 있다.

$$P = V'I = P + jP_r : \begin{cases} 허수부(+) : 유도성 \\ 허수부(-) : 용량성 \end{cases} \quad\cdots\cdots (2.84)$$

2 역률과 무효율

피상전력에 대한 유효전력의 비를 역률(power factor)이라 하며, 전체 전력 중에서 실제로 일을 하는 전력의 비로 역률 pf는 다음과 같이 나타난다.

$$pf = \frac{P}{P_a} = \frac{VI\cos\theta}{VI} = \cos\theta = \frac{R}{Z} \quad\cdots\cdots (2.85)$$

또한 피상전력에 대한 무효전력의 비를 무효율(reactive factor)이라 한다. 즉, 무효율 rf는 다음과 같이 구할 수 있다.

$$rf = \frac{P_r}{P_a} = \frac{VI\sin\theta}{VI} = \sin\theta = \frac{X}{Z} \quad\cdots\cdots (2.86)$$

무효전력이 코일에서는 양이($P_r > 0$) 되고, 커패시터에서는 음이($P_r < 0$) 된다. 무효율은 코일에서는 $\theta > 0$가 되어 양이 되고, 커패시터에서는 $\theta < 0$가 되어 음으로 나타난다.

예제 1 $R=6[\Omega]$과 $X_L=8[\Omega]$이 직렬로 연결된 회로에 $v=100\sqrt{2}\sin\omega t\,[V]$의 교류 전압을 인가하였을 때, 이 회로의 역률, 무효율, 유효전력, 무효전력, 피상전력을 구하여라.

풀이 | 교류전압 $V=100\angle 0\,^{\circ}$, 직렬 합성 임피던스는 $Z=6+j8=10\angle 53.1\,^{\circ}\,[\Omega]$ 이므로 회로전류 $I=\dfrac{V}{Z}=\dfrac{100\angle 0\,^{\circ}}{10\angle 53.1\,^{\circ}}=10\angle -53.1\,^{\circ}$ 이 된다. 따라서, 역률 $\cos\theta=\dfrac{R}{Z}=0.6$, 무효율 $\sin\theta=\dfrac{X}{Z}=\dfrac{8}{10}=0.8$, 유효전력 $P=VI\cos\theta=100\times 10\times 0.6=600[W]$, 무효전력 $P_r=VI\sin\theta=100\times 10\times 0.8=800[Var]$, 피상전력 $P_a=VI=100\times 10=1000[VA]$이다.

예제 2 전압 $V=10+j5$, 전류 $I=5+j3$일 때 복소전력, 유효전력, 무효전력을 구하여라.

풀이 | 복소전력 $P=V'I(10+j5)(5-j3)=65-j5$
따라서, 유효전력은 65[W], 무효전력은 –5[Var]이다.

09 3상 교류회로

1 3상 교류

주파수가 같고 위상이 120°씩 다른 세 개의 기전력이 동시에 존재하는 방식을 3상 교류라고 한다. 3상 교류와 같은 다상방식을 채택하는 이유는 회전 자계를 얻을 수 있고, 전선의 수를 줄일 수 있을 뿐만 아니라 선로 손실을 감소시킬 수 있는 장점이 있기 때문이다.

세 개의 권선이 120° 간격으로 감겨 일정한 각속도로 회전하게 되면 각 권선의 양단에는 대칭 3상 기전력이 발생하며, v_a를 기준하여 순시값을 표현하면 다음과 같다.

$$\begin{cases} v_a = \sqrt{2}\,V\sin\omega t \\ v_b = \sqrt{2}\,\sin(\omega t - 120\,^{\circ}) \\ v_c = \sqrt{2}\,\sin(\omega t - 240\,^{\circ}) \end{cases} \quad\text{················ (2.87)}$$

식 (2.87)의 순시값을 페이저로 변환하여 나타내면 아래와 같다.

$$\begin{aligned} V_a &= V\angle 0\,^{\circ} \\ V_b &= V\angle -120\,^{\circ} \quad\text{················ (2.88)} \\ V_c &= V\angle -240\,^{\circ} \end{aligned}$$

그림 2.37은 대칭 3상 기전력의 순시값과 페이저도를 나타낸 것이다.

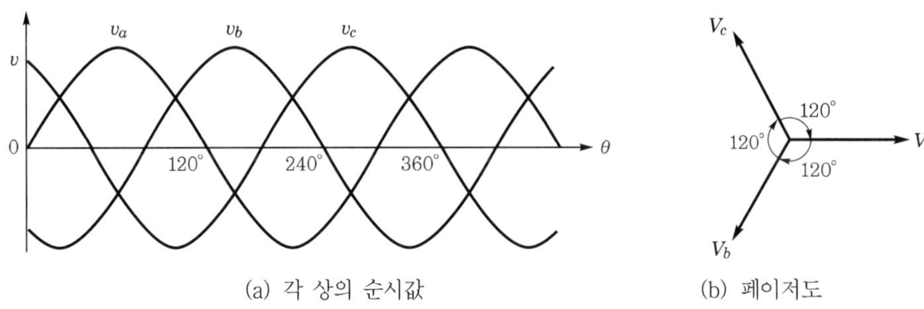

(a) 각 상의 순시값　　　　　(b) 페이저도

▮ 그림 2.37　대칭 3상 기전력 ▮

여기서, 대칭 기전력의 합은 그림 2.37로부터 다음과 같이 항상 0이 된다.

$$v_a + v_b + v_c = 0, \quad \boldsymbol{V}_a + \boldsymbol{V}_b + \boldsymbol{V}_c = 0 \quad \cdots\cdots\cdots\cdots\cdots\cdots\cdots \text{(2.89)}$$

② 3상회로의 결선

(1) Y 결선

그림 2.38와 같이 각 상의 한 단자를 공통으로 묶어 별 모양으로 결선한 방식을 성형 결선(star connection) 또는 Y 결선이라 한다. 이때 각 상을 한 데 묶은 공통점 N을 중성점이라 하고 이 중성점 N에 연결되어 회로에 사용되는 선을 중성선이라고 한다.

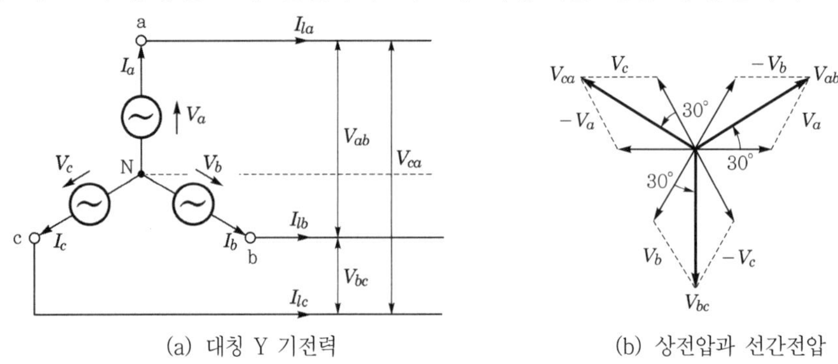

(a) 대칭 Y 기전력　　　　　(b) 상전압과 선간전압

▮ 그림 2.38　Y 결선(성형 결선) ▮

그림 2.38 (a)의 Y 결선에서 중성점 N과 단자 a, b, c 간의 각 기전력 $\boldsymbol{V}_a$, $\boldsymbol{V}_b$, $\boldsymbol{V}_c$를 상전압이라 하고 각 상에 흐르는 전류 $\boldsymbol{I}_a$, $\boldsymbol{I}_b$, $\boldsymbol{I}_c$를 상전류라고 한다. 또 단자 간의 전압 $\boldsymbol{V}_{ab}$, $\boldsymbol{V}_{bc}$, $\boldsymbol{V}_{ca}$를 선간전압이라 하고 각 전원의 단자와 부하를 연결하는 선로에 흐르는 전류 $\boldsymbol{I}_{la}$, $\boldsymbol{I}_{lb}$, $\boldsymbol{I}_{lc}$를 선전류라고 한다. 이 경우 상전류와 선전류는 일치한다.

선간전압은 상전압 $V_a(= V\angle 0°)$를 기준 벡터로 할 때 다음과 같다.

$$\boldsymbol{V}_{ab} = \boldsymbol{V}_a - \boldsymbol{V}_b = \sqrt{3}\,V\angle 30°$$

$$\boldsymbol{V}_{bc} = \boldsymbol{V}_b - \boldsymbol{V}_c = \sqrt{3}\,V\angle -90° \quad \cdots\cdots\cdots\cdots\cdots \text{(2.90)}$$

$$\boldsymbol{V}_{ca} = \boldsymbol{V}_c - \boldsymbol{V}_a = \sqrt{3}\,V\angle -210D°(\text{또는 } 150°)$$

그림 2.38 (b)는 식 (2.90)을 페이저도로 나타낸 것이다. 따라서, 3상 전원에 대한 Y 결선의 선간전압(V_l)과 상전압(V_p) 및 선전류(I_l)와 상전류(I_p)의 관계는 다음과 같이 정의할 수 있다.

$$V_{ab} = \sqrt{3}\,V_a \angle 30°$$
$$V_{bc} = \sqrt{3}\,V_b \angle 30° \quad\cdots\cdots (2.91)$$
$$V_{ca} = \sqrt{3}\,V_c \angle 30°$$
$$\therefore \; V_l = \sqrt{3}\,V_p \angle 30°$$

$$I_{la} = I_a, \; I_{lb} = I_b, \; I_{lc} = I_c \quad \therefore \; I_l = I_p \quad\cdots\cdots (2.92)$$

즉, 선간전압은 각 상전압보다 크기가 $\sqrt{3}$ 배이고, 위상은 30° 앞서며, 선전류는 각 상전류의 크기와 위상이 같다.

(2) △ 결선

그림 2.39와 같이 각 상을 전위가 높은 쪽에서 낮은 쪽으로 교대로 접속하고, 이 접속점을 3상 전원의 세 단자가 되도록 결선하는 방식을 환형 결선 또는 △ 결선이라고 한다.

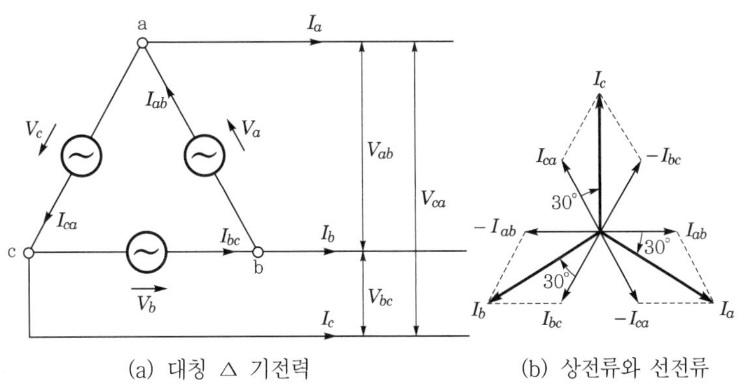

(a) 대칭 △ 기전력 　　　　 (b) 상전류와 선전류

| 그림 2.39　△ 결선(환형 결선) |

그림 2.39 (a)의 결선에서 단자 a-b, b-c, c-a 간의 각 기전력 V_a, V_b, V_c를 상전압이라 하고 각 상에 흐르는 전류 I_{ab}, I_{bc}, I_{ca}를 상전류라고 한다. 또 단자 간의 전압 V_{ab}, V_{bc}, V_{ca}를 선간전압이라 하고 각 전원의 단자와 부하를 연결하는 선로에 흐르는 전류 I_a, I_b, I_c를 선전류라고 한다. 여기서 상전압과 선간전압은 일치한다.

$$V_{ab} = V_a, \; V_{bc} = V_b, \; V_{ca} = V_c \quad\cdots\cdots (2.93)$$

각 선전류는 상전류 $I_{ab}(= I\angle 0°)$를 기준 벡터로 하여 다음과 같이 나타낼 수 있다.

$$I_a = I_{ab} - I_{ca} = \sqrt{3}\,I\angle -30°$$
$$I_b = I_{bc} - I_{ab} = \sqrt{3}\,I\angle -150° \quad\cdots\cdots (2.94)$$
$$I_c = I_{ca} - I_{bc} = \sqrt{3}\,I\angle 90°$$

그림 2.39 (b)는 식 (2.94)를 페이저도로 나타낸 것이다. 따라서, 3상 전원에 대한 $\triangle$ 결선의 선간전압(V_l)과 상전압(V_p) 및 선전류(I_l)와 상전류(I_p)의 관계는 다음과 같이 정의할 수 있다.

$$I_a = \sqrt{3}\,I_{ab}\angle -30°$$
$$I_b = \sqrt{3}\,I_{bc}\angle -30° \quad\cdots\cdots (2.95)$$
$$I_c = \sqrt{3}\,I_{ca}\angle -30°$$
$$\therefore\ I_l = \sqrt{3}\,I_p\angle -30°$$

$$V_{ab} = V_a, \ V_{bc} = V_b, \ V_{ca} = V_c \ \ \therefore\ V_l = V_p \quad\cdots\cdots (2.96)$$

즉, 선전류는 각 상전류보다 크기가 $\sqrt{3}$ 배이고, 위상은 30° 뒤지며, 선간전압은 각 상전압과 크기와 위상이 같다.

(3) 평형 대칭 3상회로 해석

세 기전력의 크기가 같고 각 상이 120°씩 위상차가 나는 전원을 대칭 3상 교류라 하고, 이들 기전력에 접속된 3개의 부하 임피던스가 모두 같은 경우의 회로를 평형 3상회로라고 한다. 평형 3상회로는 $\triangle - Y$ 변환을 통해 부하의 결선을 전원과 같은 결선으로 만들어 해석하면 편리하다. 그림 2.40은 $Y - Y$형의 회로로 그림 2.40 (a)의 중성점 $n - n'$ 사이의 전압은 0이므로 그림 2.40 (b)와 같이 $n - n'$ 사이에 중성점을 연결해도 회로에 아무런 영향을 미치지 않는다.

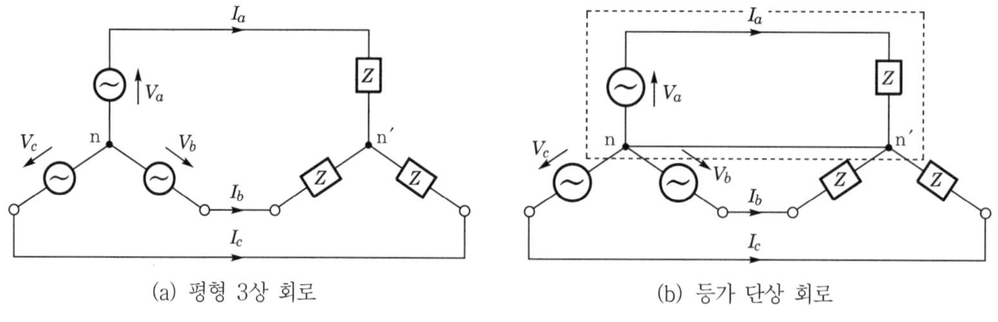

(a) 평형 3상 회로   (b) 등가 단상 회로

┃ 그림 2.40 평형 3상회로의 Y-Y형 ┃

그러므로 평형 3상회로에서 세 전류는 점선 내의 전원 V_a, 중성선, 부하 임피던스 Z가 연결된 등가 단상회로로 취급하여 선전류 $I_a = \dfrac{V_a}{Z}$를 구한 후, 나머지 전류 I_b, I_c는 상순에 의해 각각 위상을 120°, 240° 뒤지게 하면 간단히 구할 수 있다. 평형 △-△ 회로에서는 △ 부하에 인가된 상전압이 선간전압과 같으므로($V_l = V_p$), 상전류를 $I_p = \dfrac{V_p}{Z}$로 구한 후, 식 (2.95)에 의해 선전류를 구하면 된다.

▣ 3 3상 전력

3상회로의 전력은 각 상의 전력을 단상에서와 같은 방법으로 구한 후, 이들의 합으로 나타내면 된다. 특히, 평형 3상회로에서 각 상의 상전압과 상전류의 크기를 V_p, I_p라 하고 위상차를 θ라 할 때, 한 단상의 유효전력은 $P = V_p I_p \cos\theta\,[\text{W}]$, 무효전력은 $P_r = V_p I_p \sin\theta\,[\text{Var}]$, 피상전력은 $P_a = V_p I_p\,[\text{VA}]$이므로 3상 전력에 대해서는 다음과 같다.

$$
\begin{aligned}
P &= 3V_p I_p \cos\theta = 3I_p^2 R\,[\text{W}] \\
P_r &= 3V_p I_p \sin\theta = 3I_p^2 X\,[\text{Var}] \\
P_a &= 3V_p I_p = 3I_p^2 Z\,[\text{VA}]
\end{aligned}
\tag{2.97}
$$

그러나 3상 전력을 선간전압과 선전류로 표면하면 △ 결선에서는 $V_p = V_l$, $I_p = \dfrac{I_l}{\sqrt{3}}$이고, Y 결선에서는 $V_p = \dfrac{V_l}{\sqrt{3}}$, $I_p = I_l$이므로 식 (2.95)는 다음과 같이 나타낼 수 있다.

$$
\begin{aligned}
P &= \sqrt{3}\,V_l I_l \cos\theta\,[\text{W}] \\
P_r &= \sqrt{3}\,V_l I_l \sin\theta\,[\text{Var}] \\
P_a &= \sqrt{3}\,V_l I_l\,[\text{VA}]
\end{aligned}
\tag{2.98}
$$

평형 3상회로의 역률과 무효율은 한 상의 복소 임피던스 $Z = R + jX$ 및 복소 전력 $P = P + jP_r$에 의해 다음과 같이 나타난다.

$$
\begin{cases}
\cos\theta = \dfrac{P}{P_a} = \dfrac{R}{Z} \\[2mm]
\sin\theta = \dfrac{P_r}{P_a} = \dfrac{X}{Z}
\end{cases}
\tag{2.99}
$$

예제 1 Y 결선된 대칭 3상 전원의 한 상의 전압이 $V_a = 110\angle 0°[\text{V}]$일 때, 각 선간전압을 구하여라.

풀이 | 선간전압 $V_{ab} = \sqrt{3}\ V_a \angle 30° = \sqrt{3}\,110\angle 30°[\text{V}]$, 다른 상의 선간전압은 V_{ab}를 기준으로 크기는 같고 위상이 120°, 240°씩 뒤지는 관계로 나타난다.
따라서, $V_{bc} = V_{ab}\angle -120° = \sqrt{3}\,110\angle -90°[\text{V}]$, $V_{ca} = V_{ab}\angle -240 = \sqrt{3}\,110°\angle -210°[\text{V}]$

예제 2 △ 결선된 3상회로의 선전류가 $I_a = 10\angle 20°[\text{A}]$일 때 각각의 상전류를 구하여라.

풀이 | 상전류 $I_{ab} = \dfrac{1}{\sqrt{3}}\ I_a \angle 30° = \dfrac{10}{\sqrt{3}}\angle 50°[\text{A}]$, 나머지 상전류는 I_{ab}를 기준으로 크기는 같고 위상이 120°, 240°씩 뒤지는 관계로 나타난다.
따라서, $I_{bc} = \dfrac{10}{\sqrt{3}}\angle -70°[\text{A}]$, $I_{ca} = \dfrac{10}{\sqrt{3}}\angle -190°[\text{A}]$

예제 3 선간전압이 $V_{ab} = 220\angle 0°[\text{V}]$인 대칭 3상 전원에 임피던스가 $Z = 8 + j6[\text{A}]$인 평형 3상 Y 결선 부하를 연결하였을 때 상전류 I_a를 구하여라.

풀이 | 상전압 V_a는 선간전압 V_{ab}보다 크기가 $\dfrac{1}{\sqrt{3}}$이고 위상이 30° 지연되므로,

$$V_a = \frac{1}{\sqrt{3}}\ V_{ab} \angle -30°[\text{V}] = \frac{220}{\sqrt{3}}\angle -30°[\text{V}],$$

상전류 I_a는 $\dfrac{I_a V_a}{Z} = \dfrac{\dfrac{220}{\sqrt{3}}\angle -30°}{10\angle \tan^{-1}\dfrac{3}{4}} = 12.7\angle -(66.87)°[\text{A}]$

예제 4 한 상의 임피던스가 $Z = 4 + j3[\Omega]$인 평형 3상 △ 부하에 선간전압 100[V]를 인가하였을 때, 유효전력, 무효전력, 피상전력을 구하여라.

풀이 | 평형 3상 △-회로에서 선간전압과 상전압의 크기는 동일하고($V_l = V_p$), 상전류의 크기(I_p)는 선전류 크기(I_l)의 $\dfrac{1}{\sqrt{3}}$이다. 임피던스의 크기는 $Z = 5[\Omega]$이고, $\cos\theta = 0.8$, $\sin\theta = 0.6$이므로 부하의 한 상에 흐르는 상전류의 크기는 $I_p = \dfrac{V_p}{Z} = \dfrac{100}{5} = 20[\text{A}]$이다.
따라서, 유효전력 $P = 3V_p I_p \cos\theta = 3 \times 100 \times 20 \times 0.8 = 4.8[\text{kW}]$
무효전력 $P_r = 3V_p I_p \sin\theta = 3 \times 100 \times 20 \times 0.6 = 3.6[\text{kVar}]$
피상전력 $P_a = 3V_p I_p = 3 \times 100 \times 20 = 6[\text{kVA}]$

연 습 문 제

01 1[kΩ]의 저항에 어떤 저항을 병렬로 접속하여 500[Ω]의 합성저항을 얻고자 한다. 이때 접속저항의 저항값은?

정답 $\dfrac{1}{R} = \dfrac{1}{R_1} + \dfrac{1}{R_2}$ 의 관계식에서 $R = 500[\Omega]$이고 $R_1 = 1[k\Omega]$이므로, $R_2 = 500[\Omega]$

02 동일한 저항값을 갖는 2개의 저항기를 직렬로 연결하는 경우는 병렬로 연결하는 경우에 비해 몇 배의 저항값을 갖는가?

정답 저항 R의 저항기 2개를 직렬연결하면 $2R$이고, 병렬연결하면 $\dfrac{R}{2}$가 되므로 4배가 된다.

03 4[μF]과 6[μF]의 커패시터를 직렬로 연결할 경우와 병렬로 연결할 경우, 각각에 대한 합성 정전용량은 얼마인가?

정답 직렬연결 : $\dfrac{1}{C} = \dfrac{1}{C_1} + \dfrac{1}{C_2}$ 관계식에서 $C = \dfrac{C_1 C_2}{C_1 + C_2} = \dfrac{4 \times 6}{4 + 6} = 2.4[\mu F]$

병렬연결 : $C = C_1 + C_2$ 관계식에서 $C = 10[\mu F]$

04 10[Ω]의 저항과 20[Ω]의 저항을 병렬로 연결하고 10[V]의 전압을 가할 때, 10[Ω]의 저항에 흐르는 전류는?

정답 R_1과 R_2의 병렬연결에서 R_1을 흐르는 전류 I_1은 전류분배법칙에 의해 $I_1 = \dfrac{R_2}{R_1 + R_2} I$

따라서, $I_1 = \dfrac{20}{10 + 20} \times 3 = 2[A]$

05 아래 그림의 회로에서 회로에 흐르는 전류 I를 구하여라.

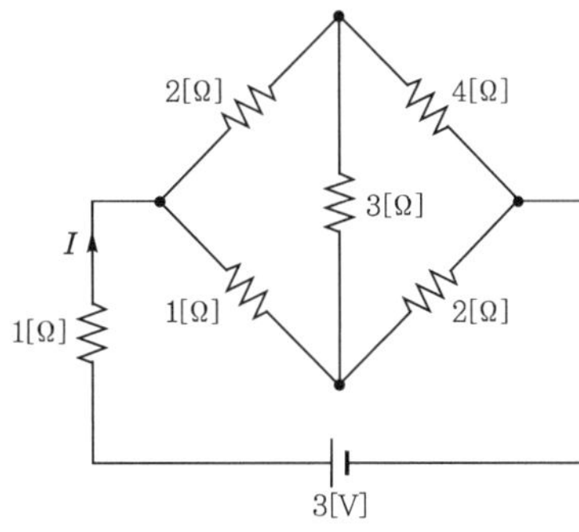

정답 브리지회로가 평형이 되어 3[Ω]의 저항으로는 전류가 흐르지 않는다. 따라서 전체 회로 저항은 1[Ω]+6[Ω]//3[Ω]=3[Ω]이 된다.

$I = \dfrac{V}{R} = \dfrac{3}{3} = 1[A]$

06 아래 그림에서 1[Ω]의 저항단자에 걸리는 전압을 구하여라.

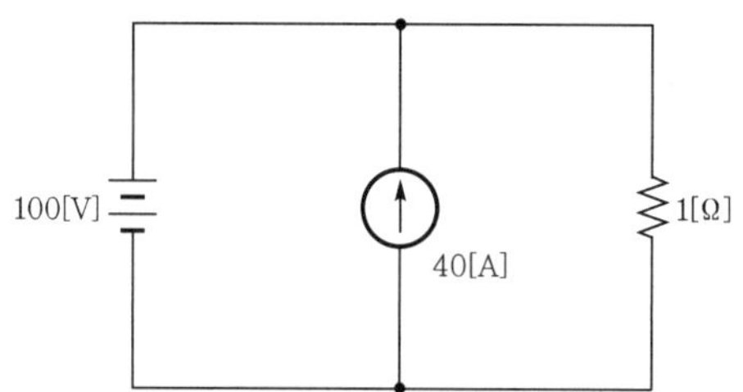

정답 중첩의 정리를 이용한다.
전류원을 제거한 상태에서 100[V] 전압원에 의한 저항단자에 걸리는 전압은 100[V], 전압원을 단락한 상태에서 40[A] 전류원에 의한 저항단자에 걸리는 전압은 0[V]이므로 100+0=100[V]이다.

07 어떤 전지로부터 2[A]의 전류가 흐를 때 단자전압이 1.4[V], 3[A]의 전류가 흐를 때 단자전압이 1.2[V]라고 한다. 이 전지의 기전력과 내부저항을 구하여라.

정답 기전력을 e, 내부저항을 r이라고 할 때 단자전압 V는 $e-rI=V$로 나타나므로, 2[A]가 흐를 때 $e-2r=1.4$와 3[A]가 흐를 때 $e-3r=1.2$의 연립방정식으로부터 $r=0.2[\Omega]$, $e=1.8[V]$

08 일정 전압 E의 전원에 r 및 r_1을 아래 그림과 같이 연결하였다. r에 흐르는 전류를 최소로 하기 위해 r_2는 r_1의 몇 배가 되어야 하는가?

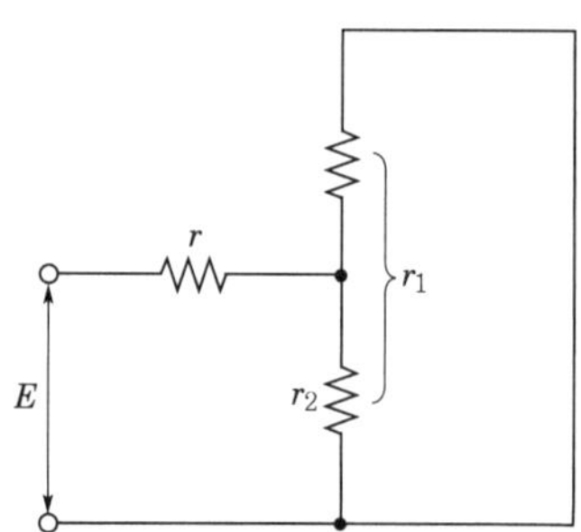

정답 r에 흐르는 전류가 최소가 되기 위해서는 r 우측의 합성저항이 최대가 되어야 한다. r_2 상단의 저항+$r_2=r_1$(일정) 조건에서 r 우측의 합성저항이 최대가 되기 위해서는 r_2 상단의 저항은 r_2와 동일해야 한다. 따라서 $r_2=\dfrac{1}{2}r_1$

09 정현파 전압 $v=100\sin\left(100\pi t-\dfrac{\pi}{3}\right)$[V]인 파형의 실효값, 평균값 및 주파수를 구하여라.

정답 실효값 $V=\dfrac{V_m}{\sqrt{2}}=0.707\times100=70.7[V]$

평균값 $V_{av}=\dfrac{2V_m}{\pi}=0.637\times V_m=0.637\times100\fallingdotseq63.7[V]$

주파수 $2\pi ft=100\pi t$로부터 $f=50[Hz]$

10 저항 3[Ω]과 유도성 리액턴스 4[Ω]의 직렬회로에서 교류전압 100[V]를 인가하였을 때, 회로에 흐르는 전류의 크기와 위상각을 구하여라.

> **정답** 회로의 임피던스 $Z = 3 + j4 = 5 \angle \tan^{-1}\left(\dfrac{4}{3}\right)$
>
> 전류 $I = \dfrac{V}{Z} = \dfrac{100 \angle 0^\circ}{5 \angle \tan^{-1}\left(\dfrac{4}{3}\right)} = 20 \angle -\tan^{-1}\left(\dfrac{4}{3}\right)$
>
> 따라서, 전류의 크기 $I = 20[A]$, 위상각 $\theta = -\tan^{-1}\left(\dfrac{4}{3}\right) = -53.1^\circ$

11 저항 3[Ω]과 용량성 리액턴스 4[Ω]의 직렬회로에 $V = 4 + j3[V]$의 전압을 인가하였을 때, 회로에 흐르는 전류의 크기와 위상각을 구하여라.

> **정답** 회로의 임피던스 $Z = 3 - j4 = 5 \angle -\tan^{-1}\left(\dfrac{4}{3}\right) = 5 \angle -53.1^\circ$
>
> 전압 $V = 4 + j3 = 5 \angle \tan^{-1}\left(\dfrac{3}{4}\right) = 5 \angle 36.9^\circ$
>
> 전류 $I = \dfrac{V}{Z} = \dfrac{5 \angle 36.9^\circ}{5 \angle -53.1} = 1 \angle 90^\circ$
>
> 따라서, 전류의 크기 $I = 1[A]$, 위상각 $\theta = 90^\circ$

12 $R = 3[\Omega]$, $X_L = 7[\Omega]$, $X_C = 4[\Omega]$인 $R - L - C$ 직렬회로의 합성 임피던스를 구하여라.

> **정답** $Z = R + j(X_L - X_C) = 3 + j(7 - 4) = 3 + j3[\Omega]$

13 아래 그림의 직·병렬회로에서 합성 임피던스를 구하여라.

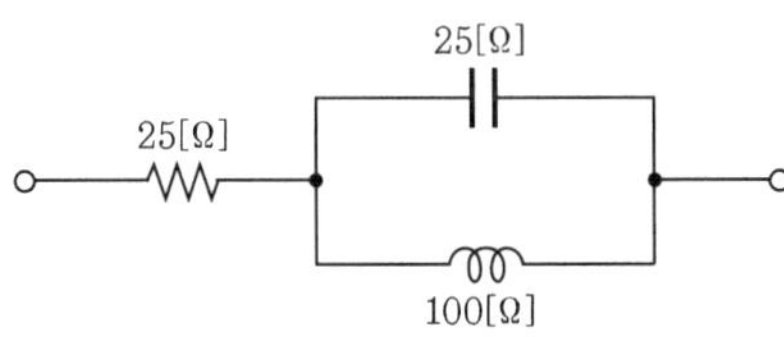

> **정답** 커패시터와 인덕터의 병렬회로 임피던스는 $\dfrac{j100 \times (-j25)}{j100 + (-j25)} = \dfrac{2500}{j75} = -j\dfrac{100}{3}$
>
> 따라서 전체 임피던스 Z는 $Z = 25 - j\dfrac{100}{3}[\Omega]$

14 $R - L - C$ 직렬회로에서 $R = 1[\Omega]$, $L = 1[mH]$, $C = 0.1[\mu F]$일 때, 공진주파수와 선택도 Q를 구하여라.

> **정답** 공진주파수 $f_r = \dfrac{1}{2\pi\sqrt{LC}}$ 로부터 $f_r = \dfrac{1}{2\pi\sqrt{10^{-3} \times 10^{-7}}} = \dfrac{10^5}{2\pi}[Hz]$
>
> 선택도 $Q = \dfrac{1}{R}\sqrt{\dfrac{L}{C}} = \dfrac{1}{1}\sqrt{\dfrac{10^{-3}}{10^{-7}}} = 100$

15 "어떤 $R-L-C$ 병렬회로가 공진되었을 때 합성전류는 최대가 된다"는 참인가 거짓인가? 답변에 대한 이유도 함께 설명하여라.

> **정답** 거짓 : 왜냐하면 공진 시 어드미턴스가 최소이고 임피던스는 최대가 되므로 전류는 최소가 되기 때문이다.

16 전압 $v=100\sqrt{2}\sin(100\pi t)$[V]가 인가된 회로에 전류 $i=10\sqrt{2}\sin(100\pi t-30°)$[A]가 흐를 때 소비전력[W]을 구하여라.

> **정답** 전압과 전류를 페이저 형태로 표기하면 $V=100\angle 0°$, $I=10\angle -30°$ 이므로
> 소비전력 $P=VI\cos\theta=100\times 10\times\cos 30°=500\sqrt{3}≒866$[W]

17 어떤 회로에 $V=100+j10$[V]인 전압을 가했을 때, $I=8+j6$[A]인 전류가 흘렀다. 이 회로의 소비전력[W]은?

> **정답** $PV=I$로부터, $P=(100+j10)(8-j6)=860-j520$
> 따라서 소비전력은 860[W]이다.

18 단상 100[V]의 교류전원에 1600[W]의 전동기를 접속했더니 20[A]의 전류가 흘렀다. 이때의 역률과 무효율을 구하여라.

> **정답** 역률 $pf=\dfrac{P}{P_a}=\cos\theta=\dfrac{1600}{2000}=0.8$
>
> 무효율 $rf=\dfrac{P_r}{P_a}=\sin\theta=\sqrt{(1-(\cos\theta)^2)}=0.6$

19 아래 그림에서 $V=110$[V], $C=15[\mu F]$, $f=100$[Hz]일 때, 부하에서 소비되는 전력이 최대가 되는 저항 R을 구하여라.

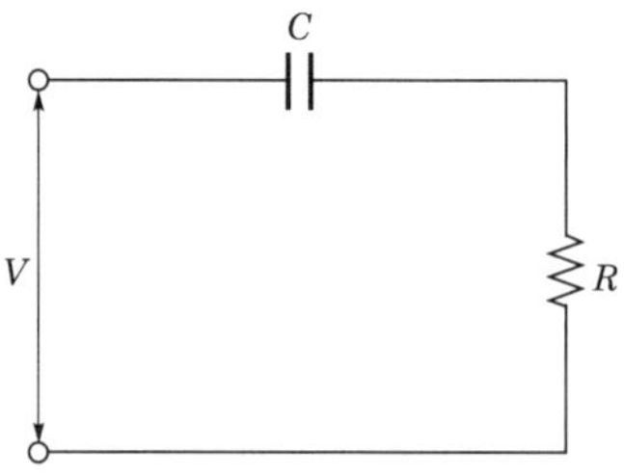

> **정답** 최대전력 조건에서 $R=X_C=\dfrac{1}{2\pi f C}=\dfrac{1}{2\pi\times 100\times 15\times 10^{-6}}=\dfrac{10^3}{3\pi}≒106[\Omega]$

20 역률이 0.8인 전동기에 3상 220[V]의 교류전압을 가했더니 10[A] 크기의 상전류가 흘렀다. 전동기의 소비전력을 구하여라.

> **정답** $P=\sqrt{3}\,VI\cos\theta=\sqrt{3}\times V\times I\times pf=\sqrt{3}\times 220\times 10\times 0.8≒3048$[W]

21 선간전압이 200[V]인 3상회로에서 10[Ω]의 전열선을 아래 그림과 같이 접속하였을 때, 선전류를 구하여라.

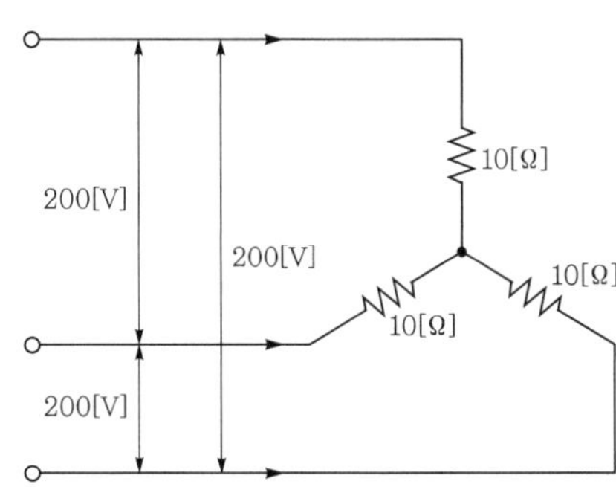

정답 선전류는 상전류와 동일하고 상전압은 선간전압보다 크기가 $\dfrac{1}{\sqrt{3}}$ 이므로

$$V_p = \frac{1}{\sqrt{3}}\, V_l = \frac{200}{\sqrt{3}}\,[\text{V}], \quad \text{상전류 } I_p = \frac{V_p}{Z} = \frac{20}{\sqrt{3}}\,[\text{A}]\text{이다.}$$

따라서, 선전류 $I_l = \dfrac{20}{\sqrt{3}}\,[\text{A}]$

Chapter 03

전기기기

01 직류전동기

1 직류전동기의 원리

직류전동기는 전기적인 에너지를 기계적인 에너지로 변화시키는 시스템으로 구조가 간단하고 일반적으로 속도제어에 매우 효과적이어서 자동차, 항공기, 소형 시스템에서 많이 사용되고 있다.

플레밍 법칙에는 발전기 원리를 위한 오른손법칙과 전동기 원리를 위한 왼손법칙이 있다. 플레밍의 오른손법칙에 의하면 자계 내에서 도선이 자계를 끊으면 도선에 전압이 유기되어 도선에 전류가 흐른다.

직류전동기는 플레밍의 왼손법칙의 일정 자속이 있는 자기장 내에서 전류가 흐르고 있는 도선에 자속을 끊으면 도선은 힘을 받는다는 원리를 이용한 것이다. 그 방향은 왼손 엄지는 도선이 힘을 받는 방향이고 두 번째 손가락은 자속 즉 자계의 방향이며 세 번째 손가락은 도선에 흐르는 전류의 방향을 가리킨다. 이때 도선이 받는 힘은 다음과 같다.

$$F = BIl\,[\text{N}] \quad\text{··}\quad (3.1)$$

여기서, B : 자속밀도$[\text{Wb/m}^2]$
l : 도선의 길이$[\text{m}]$
I : 도선에 흐르는 전류의 크기$[\text{A}]$

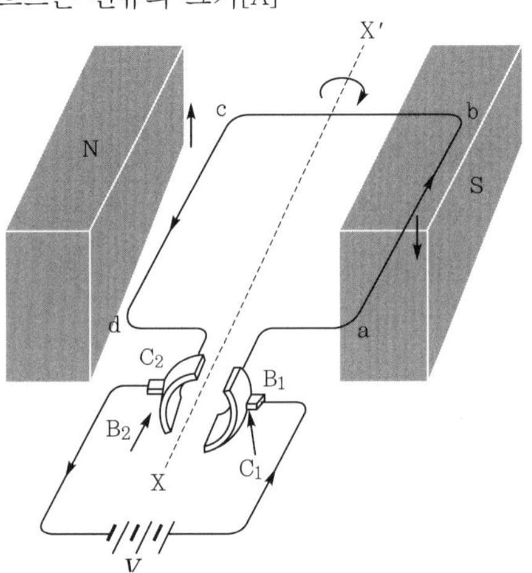

‖ 그림 3.1 직류전동기의 원리 ‖

그림 3.1에서와 같이 도선 abcd에 전류가 흐를 때 도선의 변 ab는 아래로, 변 cd는 윗 방향으로 힘을 받으며, 변 bc와 변 da는 힘을 받지 않아 결과적으로 도선 abcd는 시계 방향으로 힘을 받아 회전하게 된다. 이때 정류자 $C_1 C_2$와 도선은 같이 회전하며 브러시 $B_1 B_2$는 그대로 있어 도선의 전류의 방향은 바뀌지 않는다.

❷ 직류전동기의 구조

직류기는 직류전동기와 직류발전기로 구분할 수 있으며 그 구조는 거의 같다. 즉 직류 기의 구조는 전기자, 계자, 정류자, 브러시, 축과 베어링으로 구분된다.

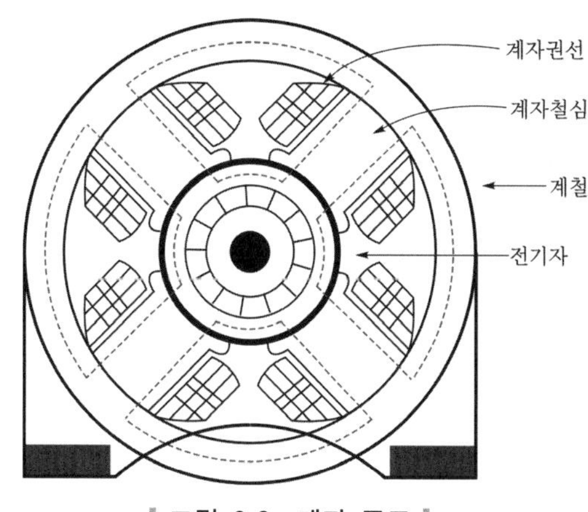

│ 그림 3.2 계자 구조 │

(1) 계자

계자는 자속을 생성하는 부분으로 계자권선, 계자철심, 자극편 및 계철로 구성된다. 계자권선은 일반적으로 계자철심을 감고 있어 계자권선에 전류가 흘러 자속을 발생시 킨다.

(2) 자극편

자극편은 계자극성을 나타내는 것과 자속의 변형을 보상하여 정류작용을 개선하기 위 해 자극 중간에 설치된 보극으로 구성되며 얇은 성층강판으로 형성된다.

(3) 전기자

전기자에는 슬롯이 있는 전기자철심에 전기자권선이 감겨 있으며 전기자철심은 정류 손실을 감소시키기 위해 일정한 두께의 얇은 성층 규소강판으로 되어 있다.

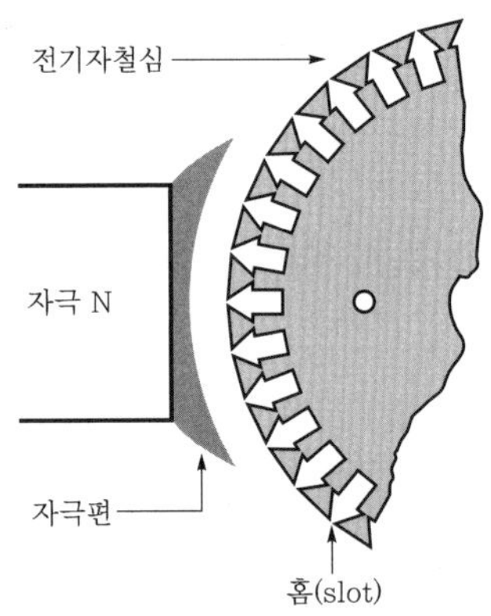

▌그림 3.3 전기자철심 ▌

(4) 정류자

정류자는 편간마이카, 정류자편, 정류자통으로 구성된다. 전기자권선과 정류자편은 접촉을 하는데, 중형 직류기에서는 정류자편의 라이저를 통해 연결되며 소형 정류기에서는 정류자편에 연결된다. 정류자는 브러시와 접촉되어 전기가 흐른다. 따라서 정류작용을 할 때 마찰로 온도가 높은 불꽃이 발생하므로 기계적으로나 전기적으로 견고하게 제작되어야 한다.

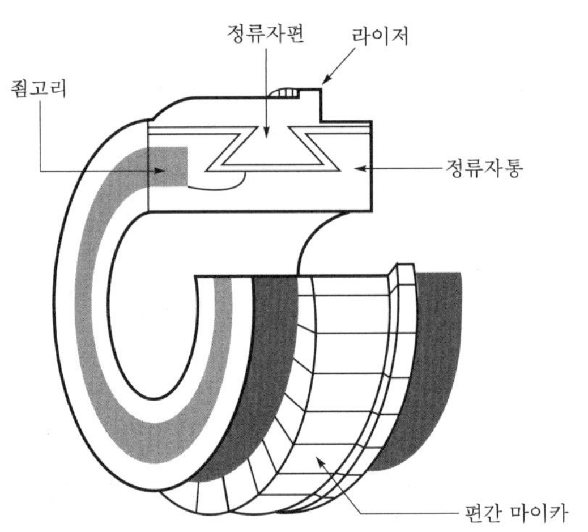

▌그림 3.4 정류자 단면도 ▌

(5) 브러시

브러시는 정류자와의 접촉을 통해 전기가 흐른다. 정류자편과 접촉 시에 일부 불균형한 정류작용으로 불꽃이 발생하므로 고속 전동기에서는 흑연이 사용되며 저속에서는 금속과 흑연이 배합된 브러시를 사용한다. 브러시는 정류자와 접촉하도록 스프링이 있는 브러시 홀더에 유지된다.

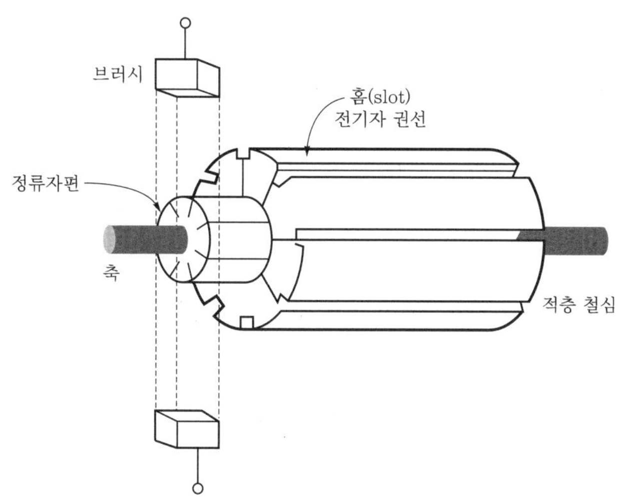

‖ 그림 3.5 정류자와 브러시 ‖

(6) 축과 공극

베어링으로 지지되는 축을 중심으로 전기자와 정류자가 연동되어 회전한다. 공극은 전기자철심과 자극편과의 거리를 말한다. 공극에 따라 직류기의 특성이 달라져 알맞은 공극을 유지하여야 한다.

３ 전기자권선방법

전기자권선방법은 여러 가지가 있으나 각 권선에 유도된 기전력이 합해지도록 해야 한다. 도체를 전기자 내부가 아닌 표면에만 감는 고상권과 내부와 외부를 통해 감는 환상권이 있다. 환상권은 철심을 감은 외부의 도체만이 자속을 쇄교하고 내부 도체는 자속을 쇄교하지 못한다. 또한 도체의 인덕턴스가 커서 정류가 쉽지 않고 도체를 손으로 감아야 하기 때문에 현재 거의 사용되지 않는다. 고상권은 환상권의 단점을 해결한 것으로 도체에서 발생한 기전력을 용이하게 사용할 수 있으며 브러시 단락 위치의 코일의 인덕턴스가 작아 정류에 유용하며 권선의 취급과 절연에 용이하다.

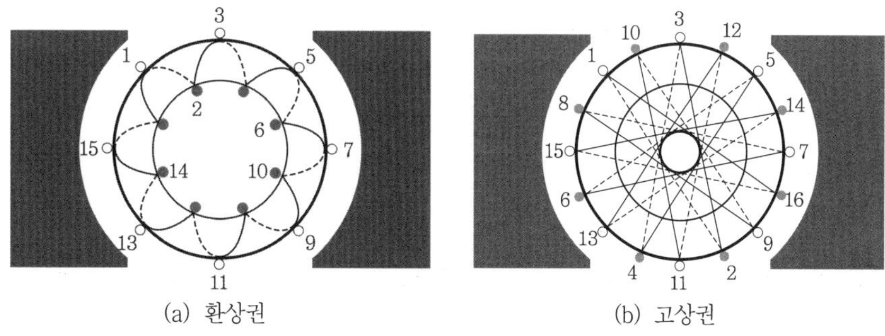

(a) 환상권　　　　　　　　　(b) 고상권

‖ 그림 3.6 환상권과 고상권 ‖

고상권은 전기자철편에 있는 슬롯에 감기는 코일변의 개수에 따라 1개 코일변이 지나는 단층권과 슬롯 상하에 2개의 코일변이 지나는 이층권이 있다. 또한 각 도체에에 발생되는 유도기전력이 합해지도록 코일을 접속하는 방법에 따라 중권과 파권으로도 구분된다.

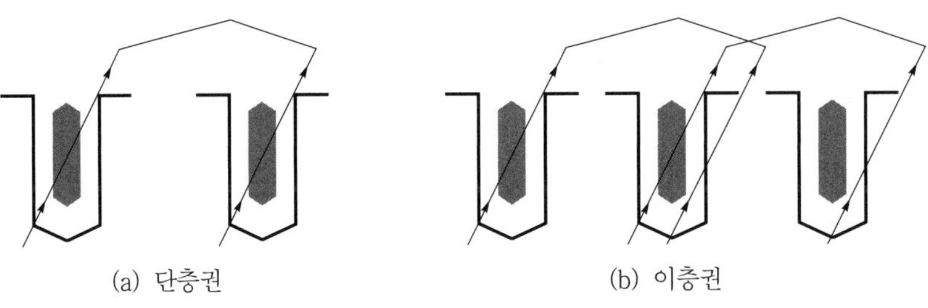

┃ 그림 3.7 단층권과 이층권 ┃

(1) 중권

코일 각 변 사이의 간격은 N과 S극 사이의 간격과 같다. 중권에서는 코일 한 변이 N극에 놓여 있다면 코일의 다른 변은 S극에 놓여있다. 코일의 전류 흐름을 고려하면 자극에 따른 전압의 극성은 반대이다. 또한 각 자극 밑에 같은 전압 극성의 코일변이 병렬로 놓여 브러시에서 전류가 합해져 전체로 다음과 같이 되며 전압은 병렬연결로 각 코일변의 전압과 같다.

$$I = k\,I_k \quad \cdots\cdots\cdots\cdots\cdots\cdots\cdots\cdots\cdots\cdots\cdots\cdots\cdots \quad (3.2)$$

여기서, k : 병렬코일변 수, I_k : 각 병렬코일변에 흐르는 전류

극수 p와 병렬 도체 변수는 $k = p$로 각 변에 흐르는 전류는 아래와 같이 된다. 즉 저전압, 고전류가 얻어진다.

$$I_k = \frac{I}{k} \quad \cdots\cdots\cdots\cdots\cdots\cdots\cdots\cdots\cdots\cdots\cdots\cdots\cdots \quad (3.3)$$

(2) 파권

그림 3.8과 같이 2개의 브러시를 사용하여 외부 출력 단자에 2개의 병렬 권선이 구성된다. 각 병렬 권선은 각 N, S 자극마다 직렬로 연결되어 전압은 합해지도록 코일이 연결되어 같은 방향의 기전력을 일으키도록 되어 있다. 코일의 전류는 다음과 같다.

$$I = 2\,I_2 \quad \cdots\cdots\cdots\cdots\cdots\cdots\cdots\cdots\cdots\cdots\cdots\cdots\cdots \quad (3.4)$$

여기서, I_2 : 2개 병렬코일변 중 1개 코일변에 흐르는 전류

각 병렬권선에 흐르는 전류는 아래와 같다. 즉 저전류, 고전압이 얻어진다.

$$I_2 = \frac{I}{2} \quad \cdots\cdots\cdots\cdots\cdots\cdots\cdots\cdots\cdots\cdots\cdots\cdots\cdots \quad (3.5)$$

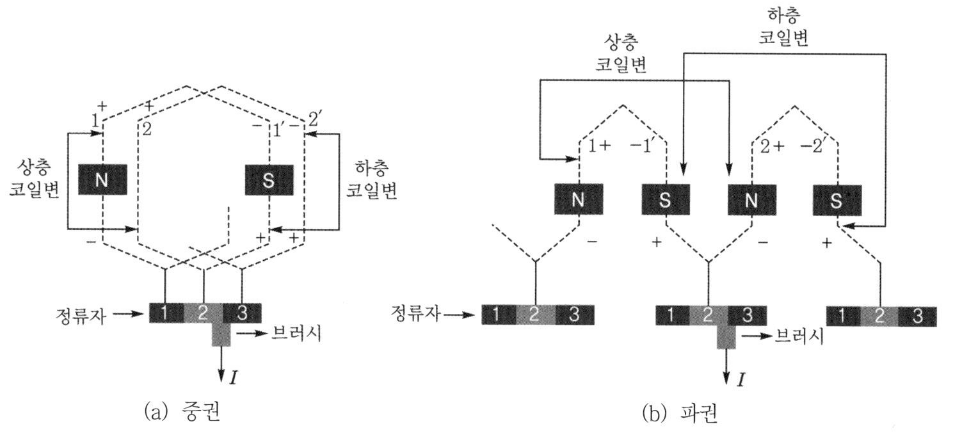

┃ 그림 3.8 중권과 파권 ┃

4 역기전력

전동기에서 도체가 회전할 때 자속을 끊는다. 이때 기전력이 유도되는데, 이 기전력은 전기자에 흐르는 전류의 흐름을 방해하기 때문에 역기전력이라 한다.

역기전력은 다음과 같다.

$$E_a = \frac{mQ}{q}\phi v \quad\cdots\cdots\cdots\cdots\cdots\cdots (3.6)$$

여기서, E_a : 기전력, m : 자극수, ϕ : 자속수/1극, Q : 전기자의 도체수,

v : 회전속도[rps], q : 전기자 병렬 회로수

전기자 전류(I_a)는 다음과 같다.

$$I_a = \frac{V - E_a}{R_a} \quad\cdots\cdots\cdots\cdots\cdots\cdots (3.7)$$

여기서, V : 전기자 공급전압, R_a : 전기자 저항, E_a : 기전력

전동기 속도 v는

$$v = \frac{E_a q}{mQ\phi} \quad\cdots\cdots\cdots\cdots\cdots\cdots (3.8)$$

전동기 토크는 식 (3.1)과 같다.

$$F = BIl\,[\text{N}]$$

전기자 반경이 r일 때 한 개 도체에 작용하는 회전력을 T_1이라 한다.

$$T_1 = Fr\,[\text{Nm}] \quad\cdots\cdots\cdots\cdots\cdots\cdots\cdots\cdots\cdots\cdots\cdots\cdots\cdots (3.9)$$

자속밀도와 전기자전류는 각각 다음과 같다.

$$B = \frac{m\phi}{2\pi rl}, \quad I = \frac{I_a}{q}$$

따라서 전체 토크 T는 다음과 같다.

$$T = QT_1 = QBIlr = Q\frac{m\phi}{2\pi rl}\frac{I_a}{q}lr = \frac{Qm\phi}{2\pi q}I_a = K_1\phi I_a \quad\cdots\cdots\cdots\cdots\cdots (3.10)$$

여기서, $K_1 : \dfrac{Qm}{2\pi q}$

전동기 속도와 토크, 전동기 출력 P는 식 (3.8)과 (3.10)에서 다음과 같다.

$$T = \frac{EI_a}{2\pi v} = \frac{P}{2\pi v} \quad\cdots\cdots\cdots\cdots\cdots\cdots\cdots\cdots\cdots\cdots\cdots\cdots (3.11)$$

5 직류전동기회로

일반적으로 직류전동기 등가회로는 그림 3.9와 같이 나타낸다.

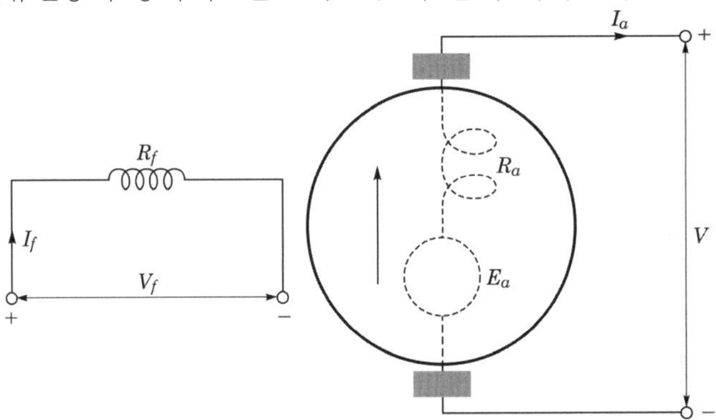

그림 3.9 직류전동기 등가회로

이때 계자측 인가전압 V_f는 다음과 같다.

$$V_f = I_f R_f \quad\cdots\cdots\cdots\cdots\cdots\cdots\cdots\cdots\cdots\cdots\cdots\cdots\cdots\cdots (3.12)$$

여기서, I_f : 계자전류, R_f : 계자저항

전동기 단자전압 V는 다음과 같다.

$$V = E_a + I_a R_a \quad\cdots\cdots\cdots\cdots\cdots\cdots\cdots\cdots\cdots\cdots\cdots\cdots (3.13)$$

여기서, I_a : 전기자전류, R_a : 전기자저항, E_a : 전기자 발생 기전력

$$E_a = k_a \phi \omega_m \quad\text{...} \quad (3.14)$$

여기서, k_a : 비례상수, ω_m : 전동기 각속도, ϕ : 발생가속수

전동기 토크 T는 다음과 같다.

$$T\omega_m = E_a I_a \quad\text{...} \quad (3.15)$$

$$T = \frac{E_a I_a}{\omega_m} = \frac{k_a \phi \omega_m I_a}{\omega_m} = k_a \phi I_a \quad\text{.....................} \quad (3.16)$$

자속과 계자전류는 비례관계로 다음과 같다.

$$\phi = k_f I_f \quad\text{...} \quad (3.17)$$

따라서 식 (3.14)에서 E_a는 다음과 같다.

$$E_a = k_a k_f I_f \omega_m = K I_f \omega_m \quad\text{.............................} \quad (3.18)$$

$K = k_a k_f$로 전동기 비례상수이다.

식 (3.16)에 의해 전동기 토크 T는 다음과 같다.

$$T = k_a \phi I_a = k_a k_f I_f I_a = K I_f I_a \quad\text{.....................} \quad (3.19)$$

6 직류전동기의 종류

직류전동기 종류는 계자권선 및 전기자권선 연결방법에 따라 다음과 같이 분류된다.
자여자 전동기는 전기자권선과 계자권선이 직렬로 연결된 직권전동기와 병렬로 연결된 분권전동기, 직권 계자코일이 전기자와 직렬로 연결되고 분권 계자코일이 전기자와 병렬로 연결되어 두 코일의 전류가 같은 방향인 가동 복권전동기 그리고 전류가 다른 방향인 차동 복권전동기로 구분된다.
타여자 전동기는 전기자와 계자 사이에 전기적으로 연결되지 않은 독립적인 관계의 구조로 구성된 전동기이다.

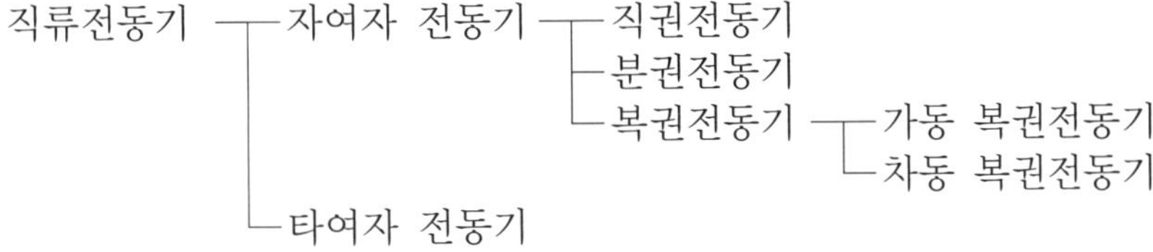

(1) 타여자 전동기

타여자 전동기는 전기자와 계자가 독립적인 관계로 계자전류에 의한 자속 Φ가 일정하다. 타여자 전동기 속도는 다음과 같다.

$$v = m_1 \frac{V - I_a R_a}{\phi} \, [\text{rpm}] \quad\cdots\cdots\cdots\cdots\cdots\cdots\cdots\cdots\cdots\cdots\cdots\cdots\cdots\cdots (3.20)$$

여기서, m_1 : 비례상수, I_a : 전기자전류, R_a : 전기자저항, ϕ : 자속, V : 전동기 단자 전압

계자에 인가된 전압이 다음과 같은 관계가 있다.

$$V_f = I_f R_f \quad\cdots\cdots\cdots\cdots\cdots\cdots\cdots\cdots\cdots\cdots\cdots\cdots\cdots\cdots\cdots\cdots\cdots (3.21)$$

여기서, I_f : 계자전류, R_f : 계자저항

직류전동기 속도 v는 계자전류 I_f와 자속 ϕ가 일정하므로 부하전류$(I = I_a)$가 증가하면 감소한다. 그러나 부하전류가 증가하면 자속이 그림 3.10과 같이 감소하여 토크 T가 증가하는 현상을 보인다.

타여자 전동기는 전기자전압을 변화시켜 정회전 및 역회전으로 속도변화를 할 수 있어 속도제어를 위한 분야에서 다양하게 사용된다. 토크 T는 다음과 같다.

$$T = k_a \phi I_a [\text{Nm}] \quad\cdots\cdots\cdots\cdots\cdots\cdots\cdots\cdots\cdots\cdots\cdots\cdots\cdots\cdots (3.22)$$

여기서, k_a : 비례상수, ϕ : 자속, I_a : 전기자전류

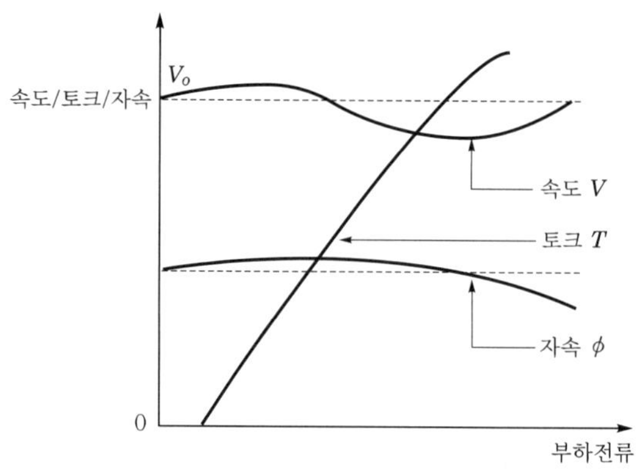

▌그림 3.10 타여자 전동기의 특성 ▌

(2) 분권전동기

직류전동기 속도의 식은 다음과 같다.

$$v = m_1 \frac{E_a}{\phi} = m \frac{V_f - I_a R_a}{\phi} \, [\text{rpm}] \quad\cdots\cdots\cdots\cdots\cdots\cdots\cdots\cdots\cdots\cdots (3.23)$$

여기서, m_1 : 비례상수, E_a : 유도기전력, V_f : 계자전압, I_a : 전기자전류,
　　　　R_a : 전기자저항, ϕ : 자속

여기서, E_a는 유도기전력으로 타여자 전동기와 같으며 다만 계자와 전기자가 병렬연결 되어 $I = I_a + I_f$ 관계가 된다.

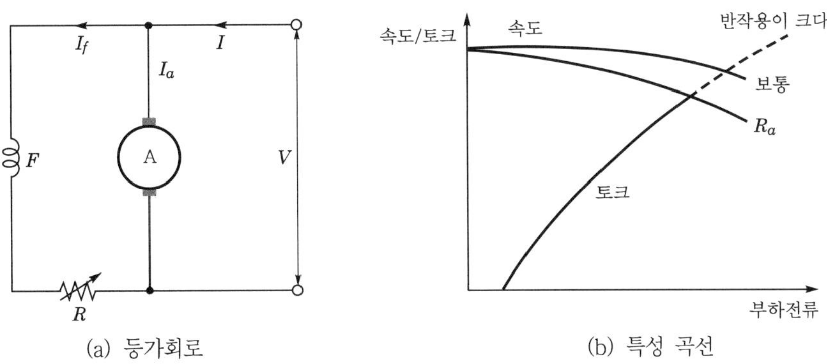

(a) 등가회로

(b) 특성 곡선

▌ 그림 3.11 분권전동기 ▐

계자전압 V_f가 점차 증가하여 일정 속도까지 증가하면 자기회로가 포화되어 자속 ϕ가 일정하게 될 때까지 I_f는 계속 증가한다. 따라서 무부하일 때에는 속도가 계속 상승하여 I_f는 매우 증가한다. 그러나 부하전류가 증가하면 V_f가 상승함에 따라 전기자에 반작용이 생겨 속도는 일정 크기만큼 상승한다.

토크 T는 식 (3.22)으로 타여자 전동기와 마찬가지로 전기자전류에 비례하나 부하 전류가 증가하면 반작용으로 자속이 감소되어 토크 T도 감소함을 보인다.

분권전동기는 계자저항을 통한 계자전류의 조정으로 속도를 쉽게 조절할 수 있어 공작기계나 연마기 등에서 사용되나 실제로는 같은 특성의 3상 유도전동기가 주로 사용된다.

(3) 직권전동기

직권전동기는 계자저항과 전기자저항이 직렬로 되어있다. 따라서 속도는 다음과 같다.

$$v = m_1 \frac{V - (R_a + R_f)I_a}{\phi} \, [\text{rpm}] \quad \cdots\cdots\cdots (3.24)$$

여기서, m_1 : 비례상수, V : 전압, R_a : 전기자저항, R_f : 계자저항, I_a : 전기자전류,

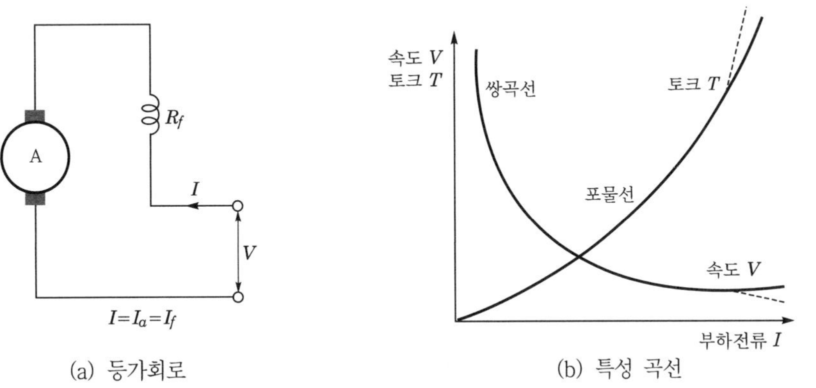

(a) 등가회로

(b) 특성 곡선

▌ 그림 3.12 직권전동기 ▐

계자전류와 전기자전류가 같다. 즉, $I_a = I_f = I$ 이다. 자기회로가 포화되어 계자전류 I_f 가 일정한 상태에 이르면 자속 ϕ도 일정하게 되어 속도는 일정하게 된다. 그러나 부하가 증가함에 따라 속도가 급속히 감소하는 특성이 있다. 따라서 동작할 때 무부하 상태가 되지 않도록 해야 한다. 부하전류가 증가하면 자속은 포화되고 결국 토크는 전류와 비례한다.

(4) 복권전동기

복권전동기는 직권계자와 분권계자의 기전력이 더해지는 가동 복권전동기와 감해지는 차동 복권전동기가 있다.

가동 복권전동기는 분권계자권선이 있어 무부하 때에 속도가 급격히 증가하는 현상을 막을 수 있고, 직권 계자권선으로 기동할 때에 큰 토크를 낼 수 있는 장점이 있다. 차동 복권전동기는 부하전류가 증가할 때 상쇄자속의 영향으로 속도가 떨어지는 것을 방지해 준다. 그러나 반대로 과부하 때에 속도가 크게 증가하는 위험이 있다. 가동 복권전동기는 엘리베이터, 공작기계 등에 사용되며 차동 복권전동기는 특수한 경우에만 사용된다.

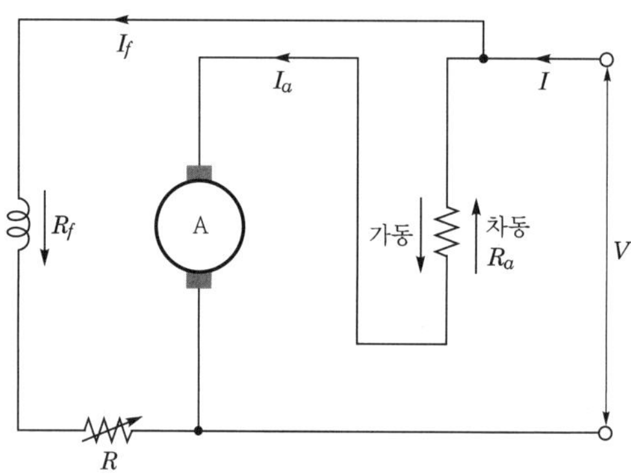

| 그림 3.13 복권전동기 |

예제 60[Hz] 분권전동기 출력은 실효치 100[V]–10[kW]이며 계자저항 10[Ω], 전기자저항 0.01[Ω]이다. $K=0.1$[V · sec/A · rad]이다. 전동기의 속도 v를 구하시오.

풀이 | $IV = 10$[kW]

$$I = \frac{10 \times 1000}{100} = 100[A]$$

$$I_f = \frac{100}{10[\Omega]} = 10[A]$$

$$I_a = I - I_f = 100 - 10 = 90[A]$$

$$E_a = V_a - I_a R_a = 100 - 90 \times 0.01 = 99.1[V]$$

$$\omega_m = \frac{2\pi v}{60}\,[\text{rad/sec}]$$

$$E_a = KI_f \omega_m$$

$$\omega_m = \frac{2\pi v}{60} = \frac{E_a}{KI_f}$$

$$v = \frac{E_a \times 60}{2\pi KI_f} = \frac{99.1 \times 60}{2\pi \times 0.1 \times 10} = 946.3[\text{rpm}]$$

7 직류전동기 제어

(1) 제어 방법

전동기를 처음 기동하기 위해서 전압을 인가하면 전기자저항이 아주 작아 전류가 급격히 흐른다. 이 때문에 갑자기 회전력이 커져 전동기에 무리한 영향을 줄 수가 있으며 불꽃에 의해 정류자나 브러시가 손상을 입을 수 있다. 이를 방지하기 위하여 전류를 조절해 주어야 한다. 직류전동기 전류는 아래와 같이 전기자저항 R_a가 작으면 전류가 급격히 흐른다.

$$I_a = \frac{V - E_a}{R_a} \quad\cdots\cdots\cdots\cdots\cdots\cdots\cdots\cdots\cdots\cdots\cdots\cdots\cdots\cdots\cdots\cdots\cdots \text{(3.25)}$$

여기서, I_a : 전기자전류, R_a : 전기자저항, E_a : 유도기전력, V : 전동기전압

① **타여자 전동기** : 전동기의 기동전류를 작게 하기 위해 전기자와 직렬로 조정 저항 R_a를 삽입한다. 반면에 회전력을 크게하기 위하여 분권 계자권선의 저항은 회전력을 증가시키기 위해 저항값을 0으로 한다.

② **직권 및 복권전동기의 기동** : 전기자의 전류를 제어하기 위해서 전기자와 직렬로 저항을 연결한다. 차동 복권전동기에서는 직권 계자권선이 역으로 작용하여 반대로 회전할 수 있고 초기 기동력이 작아질 수 있기에 처음에 단락시켜 분권전동기로 가동시킨 후 일정 속도에 도달하면 직권계자에 전류를 흐르게 한다.

(2) 속도제어

부하에 따라 직류전동기의 속도를 제어하는 방법은 식 (3.20)에서 전동기 속도는 $v = m_1 \dfrac{V - I_a R_a}{\phi}$로 전기자저항 R_a를 제어하거나 V 또는 자속 ϕ를 제어한다.

① **저항제어** : 가장 쉬운 방법으로 전동기 속도를 조절하기 위해서 전기자에 직렬로 저항 R_a를 넣어서 전기자전류를 제어한다. 이때 열손실 $I_a^2 R_a$가 발생하여 효율이 나빠져 속도의 변화율이 크다는 단점이 있다.

② **계자제어** : 계자의 저항 R_f를 조정하여 자속 ϕ를 변화시키는 방법이다. 계자전류는 전기자전류보다 작아서 손실이 작고 적은 양으로 넓은 범위의 속도를 조절할 수 있다. 그러나 계자권선이 포화할 때 전류에 비례하는 속도의 직선성이 떨어진다. 또한 인덕터 성분이 큰 권선의 특성으로 반응속도가 느리다는 단점이 있다. 계자제어방법은 타여자 전동기나 복권전동기에 적용할 수 있다.

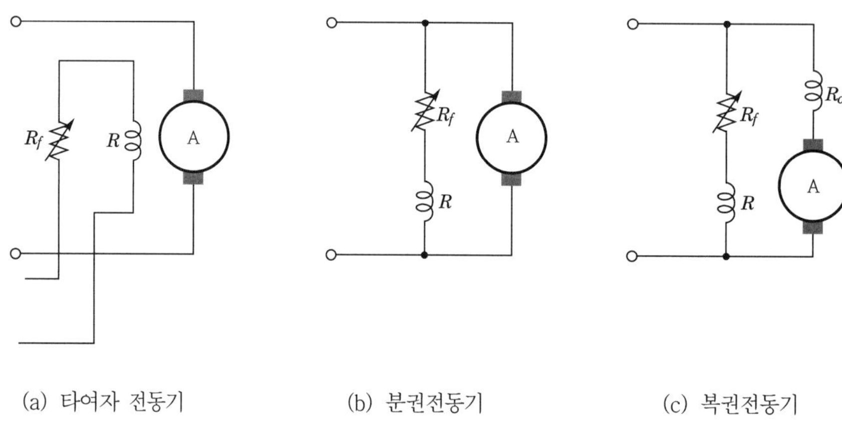

<table>
<tr><td>(a) 타여자 전동기</td><td>(b) 분권전동기</td><td>(c) 복권전동기</td></tr>
</table>

그림 3.14 계자제어

③ **전압제어** : 이는 전기자에 인가되는 전압을 조절하여 직류전동기의 속도를 제어하는 방법이다. 대표적으로는 워드-레오나드방식(Ward-Leonard System)이 있다. 이는 타여자 발전기 G를 이용하여 전동기 M에 가해지는 전압을 조정한다. 발전 계자저항으로 타여자 발전기 G는 조정된다. 발전기를 구동하는 전동기는 유도전동기가 주로 사용된다. 워드-레오나드방식은 넓은 범위의 속도 조정이 가능하고 정회전 및 역회전 제어가 가능하다. 최근에는 사이리스터 소자를 이용하여 정회전 및 역회전 제어가 가능하고 회생전력이 가능한 정지 레오나드방식이 사용되고 있다.

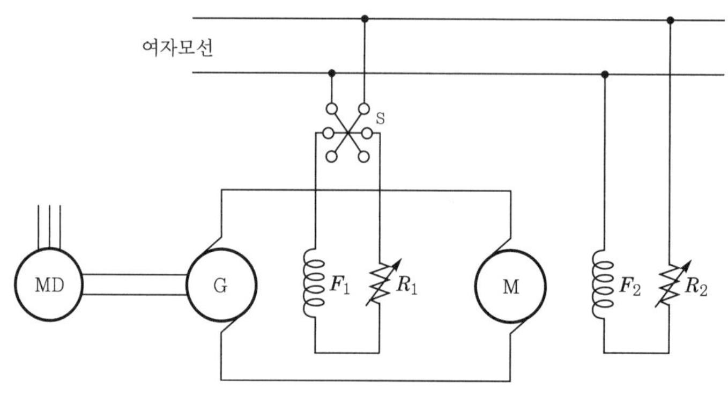

여기서, M : 주 직류전동기 MD : 구동용 전동기 G : 직류발전기

그림 3.15 전압제어

(3) 정지제어

회전하는 전동기는 회전력의 관성으로 쉽게 정지되지 않는다. 이를 쉽게 정지시키기 위한 방법으로 브레이크를 사용하여 기계적 마찰을 크게 하기도 하지만 전기적 에너지를 이용하는 방법도 있다.

① **발전제동** : 전동기의 전원을 차단하면 전동기는 발전기로 작동하여 역기전력이 발생한다. 이때 전기자에 저항을 병렬로 연결하여 제동전압이 저항을 통해서 인가되어 전동기의 속도가 떨어져 제동된다.

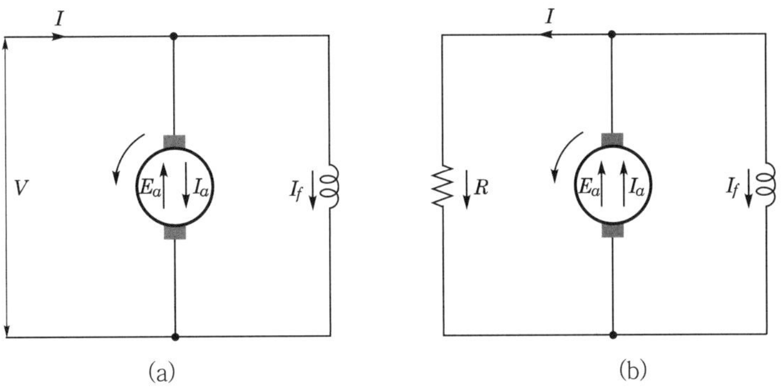

┃ **그림 3.16 분권전동기의 발전제동** ┃

② **역전제동** : 전동기에 역회전 전원을 가하여 전동기 회전을 정지시키는 방법으로 정지할 때 계속해서 역회전이 발생하지 않도록 기계적 마찰을 이용한다.

③ **회생제동** : 전동기가 가속되어 운동에너지가 커지면 가해진 전압보다 큰 역기전력이 생긴다. 즉, 이는 운동에너지가 전기에너지로 변한 상태로 전동기는 발전기로 작동된다. 따라서 발전기는 부하로 작동해 계자저항을 감소시키면 자속이 증가하여 더 빨리 감소된다. 이때 계자에 흐르는 전류를 회생전류라고 한다.

8 직류전동기의 측정 비율

(1) 효율

전동기의 입력값과 출력값을 측정하여 산출한 값으로 실측효율이라 한다.

$$\eta(\text{실측효율}) = \frac{\text{출력측정값}}{\text{입력측정값}} \times 100\,[\%] \quad\text{━━━━━ (3.26)}$$

그러나 기계적 동력의 손실은 측정하기 어려워 전동기 입력전력으로 측정 가능한 손실을 고려하여 측정한 효율을 규약효율이라 한다.

$$\eta(\text{규약효율}) = \frac{\text{입력} - \text{출력}}{\text{입력}} \times 100\,[\%]$$

(2) 속도변동률

계자저항을 조정하여 무부하 때의 정격전압 회전속도 v_o, 정격부하일 때 회전속도 v_s일 때 다음 속도의 비율을 속도변동률(ε)이라고 한다.

$$\varepsilon = \frac{v_o - v_s}{v_s} \times 100\,[\%] \quad\text{.. (3.27)}$$

> **예제** 직류 분권전동기가 100[V], 50[A] 외부회로에서 공급되고 있다. 자계권선저항 $R_f = 40\,[\Omega]$, 전기자 권선저항 $R_a = 0.1\,[\Omega]$이다. 정격전압 속도에서 기계의 손실이 400[W]라 할 때 전동기 효율을 구하시오.
>
> **풀이** | 입력전력 $P = 100 \times 50 = 5000\,[\text{W}]$
>
> 자계권선의 손실 $P_f = 100 \times \dfrac{100}{40} = 250\,[\text{W}]$
>
> 분권계자전류 $I_f = \dfrac{100}{40} = 2.5\,[\text{A}]$
>
> 전기자손 : $(50 - 2.5)^2 \times 0.1 = 225.625\,[\text{W}]$
>
> 효율 $\eta = \dfrac{5000 - 250 - 225.625 - 400}{5000} \times 100 = 82.5\,[\%]$

02 변압기 원리

1 전자유도

Faraday는 철심에 코일을 감고 그림 3.17과 같이 스위치, 코일, 검류계를 연결하여 스위치를 On/Off 할 때 검류계의 바늘이 움직이는 것을 관찰하였다. 즉 스위치를 On 시키는 순간, 전류의 방향과 반대 방향으로 즉, 자속을 감소시키는 방향으로 검류계의 바늘이 움직이고 스위치를 Off할 때는 흐르던 전류는 감소하는데, 이때 전류를 증가시키는 방향, 자속을 증가시키는 방향으로 검류계의 바늘이 움직이는 것을 관찰하였다.

플레밍의 오른손법칙에 의하면 전지를 연결한 코일에서 발생한 자속이 다른 폐회로를 관통하여 전류를 흐르게 한다. 이는 자계를 시간적으로 변화시킬 때 전원을 연결하지 않은 폐회로에 전류를 흐르게 하는 기전력에 의한 것으로 이를 유도기전력이라 한다.

Faraday 법칙에 의한 유도기전력은 식 (3.28)과 같다. 이때 1차코일 의한 자속이 2차코일과 쇄교할 뿐 아니라 1차코일과도 쇄교하여 1차코일에도 기전력이 유기된다. 1차코일의 권선수가 N_1, 2차코일의 권선수가 N_2일 때 1차코일에 의한 자기유도 기전력은 다음과 같다.

$$e = -N_1 \frac{d\phi}{dt}\,[\text{V}] \quad\text{.. (3.28)}$$

여기서, ϕ : 쇄교자속, N : 1차코일 권선수

2차코일에 유도되는 상호유도 기전력은 다음과 같다.

$$e = -N_2 \frac{d\phi}{dt} \text{[V]} \quad\cdots\cdots\cdots\cdots\cdots\cdots (3.29)$$

여기서, N_2 : 2차코일 권선수, ϕ : 쇄교자속

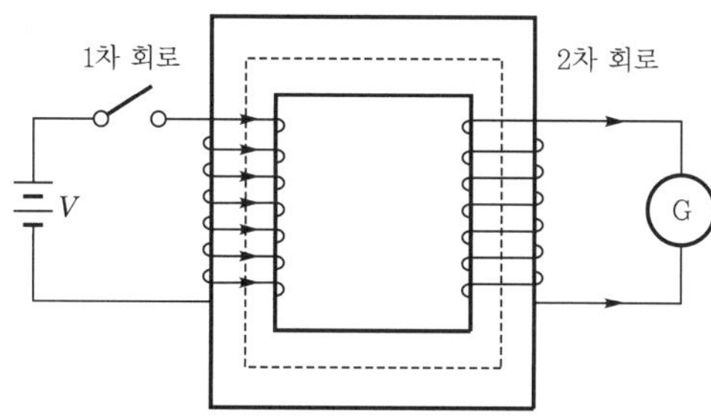

| 그림 3.17 전자유도 실험 |

2 이상 변압기

(1) 변압기의 전류와 전압

변압기는 전류 i와 전압 v의 관계식이 임피던스 Z로 나타나는 교류소자이다.

$$v = Zi \quad\cdots\cdots\cdots\cdots\cdots\cdots\cdots (3.30)$$

변압기는 그림 3.18과 같이 강자성체 코어에 코일을 감은 것으로 강자성체의 폐회로 자속이 코일을 쇄교한다.

$$N_1 i_1 - N_2 i_2 = K\phi \quad\cdots\cdots\cdots\cdots\cdots\cdots (3.31)$$

여기서, N_1, i_1 : 1차측의 코일의 권선수와 전류

N_2, i_2 : 1차측의 코일의 권선수와 전류

K : 자기회로의 릴럭턴스(reluctance)로 자기저항이라고도 하며 강자성체의 투자율 에 반비례한다.

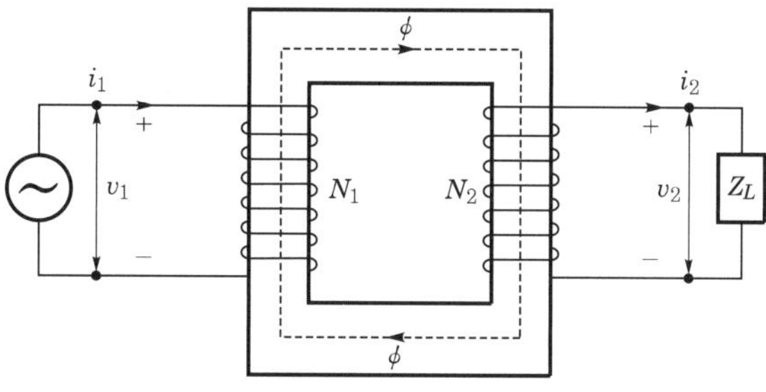

| 그림 3.18 이상 변압기 |

이때, 렌츠의 법칙에 의해 2차측의 유도 기전력은 1차측 전류에 의해 발생한 자속의 방향과 반대 방향의 자속이 생기도록 전류가 흐른다.

강자성체의 자기포화나 철심의 손실이 없어 누설자속이 없다면 투자율 $\mu = \infty$, 릴럭턴스 $K = 0$으로 다음과 같다.

$$\frac{i_1}{i_2} = \frac{N_2}{N_1} \quad \cdots\cdots\cdots\cdots (3.32)$$

이상적 변압기는 1차측과 2차측의 전류는 코일의 권선수에 반비례한다. 1차측에 교류 전류가 인가되었을 때 1차측과 쇄교하는 자속 ϕ가 2차측과도 쇄교한다고 하면 각각 쇄교하는 자속은 코일의 권선수에 비례한다. 따라서 1차측과 2차측 유도기전력의 비는 다음과 같다.

$$\frac{v_1}{v_2} = \frac{N_1}{N_2} = a \quad \cdots\cdots\cdots\cdots (3.33)$$

따라서 이상적 변압기의 1차측과 2차측의 전압은 코일의 권선수에 비례한다.
이상적 변압기의 전류와 전압의 관계식은 다음과 같다.

$$\frac{v_1}{v_2} = \frac{N_1}{N_2} = \frac{i_2}{i_1} \quad \cdots\cdots\cdots\cdots (3.34)$$

또한 이상적인 변압기의 1차측 전력 p_1과 2차측 전력 p_2의 관계식은 다음과 같다.

$$p_1 = v_1 i_1 = v_2 i_2 = p_2 \quad \cdots\cdots\cdots\cdots (3.35)$$

(2) 변압기 입력저항(with Z_L)

2차측에 부하 Z_L이 연결되었을 때 1차측에서 바라본 입력 임피던스는 다음과 같다.

$$Z_i = \frac{v_1}{i_1} = \frac{\dfrac{N_1}{N_2} v_2}{\dfrac{N_2}{N_1} i_2} = \left(\frac{N_1}{N_2}\right)^2 Z_L \quad \cdots\cdots\cdots\cdots (3.36)$$

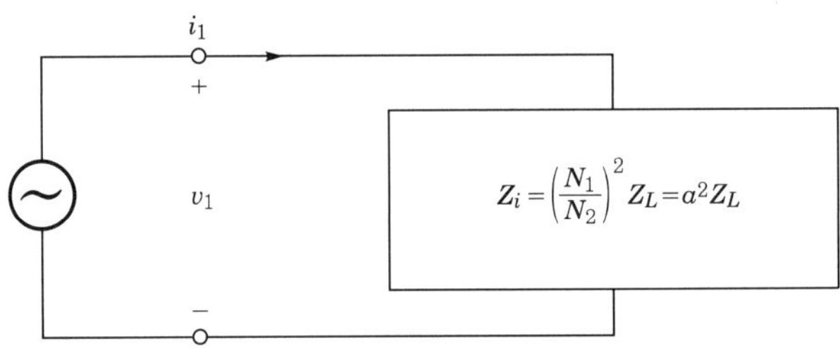

그림 3.19 1차측에서 바라본 변압기 입력 임피던스

또한 부하의 임피던스가 전원 내부 임피던스 Z_s와 다르면 최대 전력전송을 위해 회로 사이에 이상 변압기를 사용하여 다음과 같이 되게 하여 최대전력을 전송한다.

$$Z_s = \left(\frac{N_1}{N_2}\right)^2 Z_L = a^2 Z_L \quad\text{.. (3.37)}$$

또한 철심을 감은 변압기는 전압을 승압시키는 데 사용되며 통신에서는 임피던스 변화를 위해 주로 사용된다. 따라서 전력을 송전하기 위해서 전선의 전력 손실은 $P = vi = Ri^2$로 손실을 적게 하기 위해서 전류를 작게 하고 전압을 승압하여 전송한다.

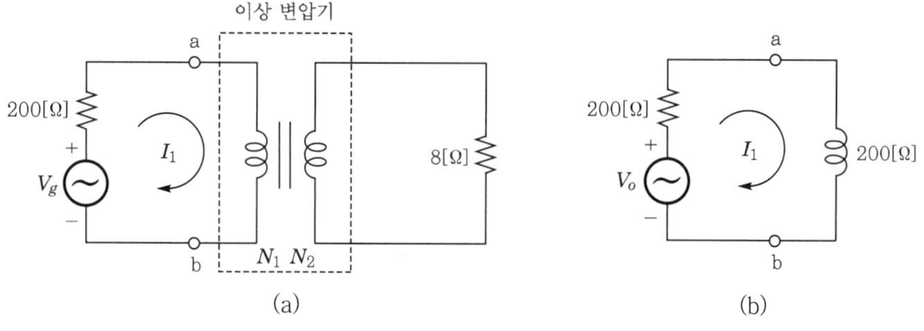

▎그림 3.20 변압기 회로와 등가회로 ▎

예제 1

이상 변압기에서 1차측 코일의 권선수 $N_1 = 500$, 2차측 코일의 권선수 $N_2 = 800$이다. 전원은 $v_1 = 220\sin(120\pi t)\,[\text{V}]$, 2차측 역률 0.8로 부하 $R_L = 100\,[\Omega]$에 최대값 2[A]의 전류가 흐른다. 이때 1차측 전류 i_1, 부하에서 소비되는 전력 p_L을 구하시오. 또한 1차측에서 바라본 입력저항 R_i를 구하시오.

풀이 | $a = \dfrac{N_1}{N_2} = \dfrac{500}{800} = 0.625$

$i_1 = i_2 \times \dfrac{1}{a} = \dfrac{2}{0.625} = 3.2\,[\text{A}]$

$v_2 = v_1 \times \dfrac{1}{a} = \dfrac{220}{0.625} = 352\,[\text{V}]$

$p_L = \dfrac{i_2}{\sqrt{2}}\dfrac{v_2}{\sqrt{2}}\cos(\phi) = \dfrac{2}{\sqrt{2}}\dfrac{352}{\sqrt{2}} \times 0.8 = 281.6\,[\text{W}]$

$R_i = \dfrac{v_1}{i_1} = \dfrac{\dfrac{N_1}{N_2}v_2}{\dfrac{N_2}{N_1}i_2} = \left(\dfrac{N_1}{N_2}\right)^2 R_L = \dfrac{500}{800} \times 100 = 62.5\,[\Omega]$

예제 2 그림 3.20에서 전원의 V_g의 실효값이 100[V], 내부저항이 200[Ω]일 때 8[Ω]인 스피커를 직접 연결하였다.

(a) 스피커에 전달되는 전력은?

(b) 최대전력이 전달되게 하기 위해서 이상변압기를 연결하였을 때의 변압기의 권선비를 구하고 전력의 효율을 구하시오.

풀이 | (a) 부하전류 $I = \dfrac{V_g}{200+8} = \dfrac{100}{208} = 0.481\,[\text{A}]$

부하전력 $P = 8 \times I^2 = 8 \times 0.481^2 = 1.850\,[\text{W}]$

효율 $\eta = \dfrac{출력전력}{입력전력} = \dfrac{P}{V_g I} = \dfrac{8 \times \left(\dfrac{V_g}{208}\right)^2}{V_g \times \left(\dfrac{V_g}{208}\right)} = 0.038$

(b) 최대전력을 전달하기 위해서 내부저항과 부하의 저항이 같게 이상변압기를 연결한다.

$\left(\dfrac{N_1}{N_2}\right)^2 \times 8 = 200$이 되게 하기 위해서 코일의 권선비는 $N_1 : N_2 = 5 : 1$ 되게 한다. 임피던스가 정합될 때

부하전류 $I = \dfrac{V_g}{2 \times 200} = \dfrac{100}{400} = 0.25\,[\text{A}]$

부하전력 $P = 200 \times I^2 = 200 \times 0.25^2 = 12.5\,[\text{W}]$

따라서, 직접 연결할 때와 비교하여 이상변압기를 연결할 때 전력이 6.76배 더 스피커로 공급된다. 이때

효율 $\eta = \dfrac{출력전력}{입력전력} = \dfrac{P}{V_g I} = \dfrac{200 \times \left(\dfrac{V_g}{400}\right)^2}{V_g \times \left(\dfrac{V_g}{400}\right)} = 0.5$가 된다.

(3) 기전력과 교번 자속

아래 그림 3.21과 같이 이상변압기에서 1차측에 코일의 권선수 N_1, 자기 인덕턴스 L_1이고 2차측 코일의 권선수 N_2, 자기 인덕턴스 L_2이다. 강자성체의 단면적 $A\,[\text{m}^2]$, 강자성체의 길이 $l\,[\text{m}]$, 투자율 μ일 때 자기 인덕턴스 관계는 다음과 같다.

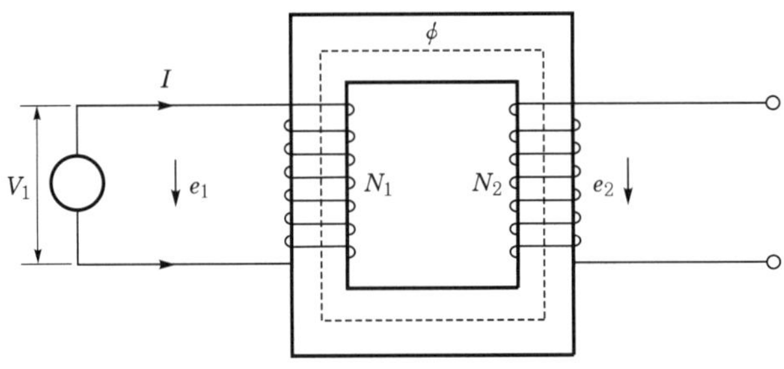

그림 3.21 유도기전력

$$L_1 = \frac{\mu N_1^2 A}{l}[\text{H}], \quad L_2 = \frac{\mu N_2^2 A}{l}[\text{H}] \quad\text{(3.38)}$$

이때 2차측을 개방하고 정현파 전압 $v_1 = V_1\sin(\omega t)[\text{V}]$를 공급하여 1차측 전류는 페이저로 나타내면

$$i_1 = \frac{v_1}{j\omega L_1} \quad\text{(3.39)}$$

으로

$$i_1 = \frac{V_1}{\omega L_1}\sin\left(\omega t - \frac{\pi}{2}\right) = I_0\sin\left(\omega t - \frac{\pi}{2}\right) \quad\text{(3.40)}$$

이며 I_0를 여자전류라 한다. 따라서 1차측 전류는 공급전압 v_1보다 위상이 $\frac{\pi}{2}$ 늦다. 한편 교번 자속(ϕ)은 다음과 같다.

$$\phi = \frac{\text{기자력}}{\text{자기저항}} = \frac{N_1 i_1}{\dfrac{l}{\mu A}} \quad\text{(3.41)}$$

그리고 L_1식을 이용하면 다음과 같다.

$$\phi = \frac{N_1 \mu A}{l} \cdot \frac{V_1}{\omega L_1}\sin\left(\omega t - \frac{\pi}{2}\right) = \frac{V_1}{\omega N_1}\sin\left(\omega t - \frac{\pi}{2}\right)$$

$$= \phi_m\sin\left(\omega t - \frac{\pi}{2}\right)[\text{Wb}] \quad\text{(3.42)}$$

여기서

$$\phi_m = \frac{V_1}{\omega N_1} \quad\text{(3.43)}$$

1차측 자속 ϕ에 의한 1차측 기전력은 아래와 같다.

$$e_1 = -N_1\frac{d\phi}{dt} = -N_1\phi_m\omega\cos\left(\omega t - \frac{\pi}{2}\right) = 2\pi f N_1\phi_m\sin(\omega t - \pi)$$

$$= E_{m1}\sin(\omega t - \pi) \quad\text{(3.44)}$$

이를 실효값으로 나타내면 다음과 같다.

$$E_1 = \frac{E_{m1}}{\sqrt{2}} = 4.44 f N_1 \phi_m \,[\text{V}] \quad\cdots\cdots\cdots\cdots\cdots\cdots\cdots\cdots\cdots\cdots\cdots \quad (3.45)$$

마찬가지로 2차측 유도기전력은 다음과 같다.

$$e_2 = -N_2 \frac{d\phi}{dt} = 2\pi f N_2 \phi_m \sin(\omega t - \pi) = E_{m2}\sin(\omega t - \pi) \quad\cdots\cdots\cdots \quad (3.46)$$

실효값으로 나타내면 다음과 같다.

$$E_2 = \frac{E_{m2}}{\sqrt{2}} = 4.44 f N_2 \phi_m \,[\text{V}] \quad\cdots\cdots\cdots\cdots\cdots\cdots\cdots\cdots\cdots\cdots \quad (3.47)$$

1차측 기전력과 2차측 유도기전력의 비는 다음과 같다.

$$\frac{E_1}{E_2} = \frac{4.44 f N_1 \phi_m}{4.44 f N_2 \phi_m} = \frac{N_1}{N_2} = a \quad\cdots\cdots\cdots\cdots\cdots\cdots\cdots\cdots \quad (3.48)$$

전압, 전류, 자속 관계의 그림을 벡터로 표시하면 그림 3.22와 같다.

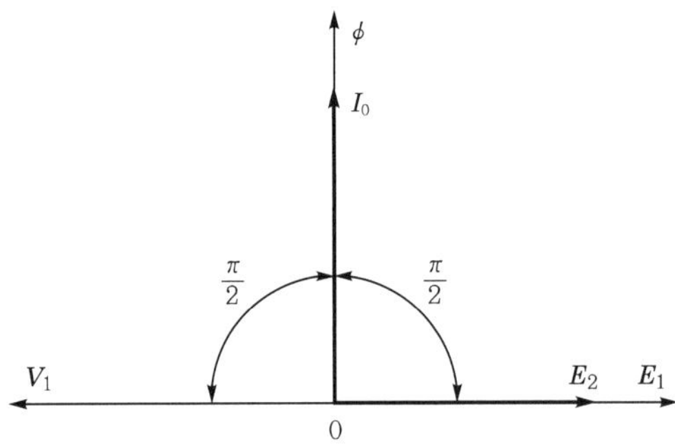

┃ 그림 3.22 전류, 전압, 자속의 벡터 그림 ┃

(4) 부하전류

변압기에 부하 임피던스 Z_L을 연결한다. 전류, 전압, 전속의 크기는 실효치로 표시한다. 그러면 2차측에 흐르는 전류는 아래와 같다.

$$I_2 = \frac{E_2}{Z} = \frac{E_2}{R + jX} \quad\cdots\cdots\cdots\cdots\cdots\cdots\cdots\cdots\cdots\cdots\cdots \quad (3.49)$$

> **예제** 주파수 60[Hz]의 1차측 전압의 실효값 $E_1 = 3300[V]$, 2차측 전압의 실효값 $E_2 = 220[V]$ 이고 2차측 코일의 권선수 1000회였다. 변압기의 최대 자속을 구하시오.
>
> **풀이** | $\dfrac{E_1}{E_2} = \dfrac{N_1}{N_2} = \dfrac{3300}{220} = 15$
>
> $N_1 = \dfrac{E_1}{E_2} \times N_2 = 15 \times 1000 = 15000$
>
> $\phi_m = \dfrac{E_1}{4.44fN_1} = \dfrac{3300}{4.44 \times 60 \times 15000} = 0.001\,[\text{Wb}]$

부하 전류로 말미암아 2차측에 I_2N_2에 해당되는 기자력의 변화가 생긴다. 이것에 의해 1차측에 기전력 변화가 생겨 보상하고자 하는 새로운 전류 I_1'이 평형을 유지하려 한다. 1차측에 공급한 전압 V_1이 일정하다면 E_1은 일정해야 한다.

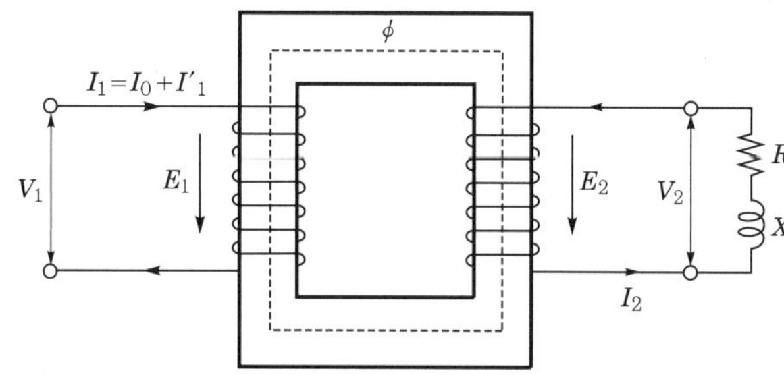

┃ 그림 3.23 부하가 있는 이상 변압기 ┃

$E_1 = 4.44fN_1\phi_m$으로 자속 ϕ_m이 일정해야 한다. 따라서 새로운 부하를 연결하였을 때 N_2I_2를 상쇄시키는 전류 I_1'이 1차측에 새로 흘러서 부하전류 N_2I_2를 상쇄시킨다. 즉 $N_1I_1' + N_2I_2 = 0$으로 다음과 같다.

$$I_1' = -\frac{N_2}{N_1}I_2 = -\frac{1}{a}I_2 \quad\text{.....................} \quad (3.50)$$

I_1'을 부하전류라 하며 1차측 전류 I_1은 여자전류 I_o와 합한다.

$$I_1 = I_0 + I_1' = I_0 - \frac{N_2}{N_1}I_2 \quad\text{.....................} \quad (3.51)$$

1차측 유기기전력은 1차측에서 공급한 전압 V_1과 크기가 같고, 방향은 반대로 E_1과 V_1이 평형을 이루기 위해 아주 작은 미소전류만 흐른다. 따라서 부하전류가 클 경우 I_0는 무시할 수 있다. 그러므로 다음과 같다.

$$I_1' \approx -\frac{N_2}{N_1}I_2 \quad\text{.....................} \quad (3.52)$$

부하 전류 I_2와 방향이 반대이며 크기는 다음과 같다.

$$\frac{|I_1|}{|I_2|} = \frac{N_2}{N_1} = \frac{1}{a} \quad \cdots\cdots\cdots\cdots\cdots\cdots\cdots\cdots\cdots\cdots\cdots\cdots\cdots\cdots\cdots \text{(3.53)}$$

3 상호 인덕턴스

(1) 변압기 인덕턴스

지금까지는 누설 자속이 없는 이상변압기에 대하여 다루었다. 실제 변압기는 1, 2차 코일에 저항이 있어 전압강하가 있으며 자속이 1, 2차 코일 내부를 모두 통과하지 않는 누설 자속이 있어 이것이 누설 리액턴스로 작용하여 전압강하가 발생한다. 그림 3.24에서와 같이 1차측 회로에 전류 i_1이 흐르면 그 주위에 자속이 생기고 일부가 2차코일과 쇄교한다. 즉, 시간적으로 변하는 전류 i_1에 의해 시간적으로 변화하는 자속이 2차측에 쇄교하여 전류 변화가 생긴다. 2차측에 부하를 연결하면 마찬가지로 2차측 전류에 의한 자속이 1차측과 쇄교한다. 즉 1, 2차측에 상호 유도작용에 의한 유도 결합으로 상호 인덕턴스를 고려하여 회로해석을 해야 한다.

전류 i_1으로 발생한 자속 중 1차코일과 쇄교를 하나 2차코일과 쇄교하지 않는 성분을 ϕ_{11}으로 표시하고 1, 2차 코일 모두 쇄교하는 자속을 ϕ_{21}라 하자. ϕ_{11}은 누설자속이라 하며 ϕ_{21}를 상호자속이라 한다. 마찬가지로 2차측 전류에 의한 자속 중 2차코일과 쇄교하는 누설전류 성분을 ϕ_{22}, 1, 2차 코일에 다같이 쇄교하는 성분을 ϕ_{12}로 표시한다.

$$\begin{cases} \phi_1 = \phi_{11} + \phi_{21} \\ \phi_2 = \phi_{22} + \phi_{12} \end{cases} \quad \cdots\cdots\cdots\cdots\cdots\cdots\cdots\cdots\cdots\cdots\cdots \text{(3.54)}$$

각각의 코일의 권선수 N_1, N_2일 때 전류 i_1에 의하여 1차코일과 쇄교하는 자속수인 자기 인덕턴스는 다음과 같다.

$$L_1 = \frac{N_1 \phi_{11}}{i_1} \quad \cdots\cdots\cdots\cdots\cdots\cdots\cdots\cdots\cdots\cdots\cdots\cdots\cdots\cdots\cdots \text{(3.55)}$$

전류 i_1에 의하여 2차코일과 쇄교에 의한 상호 인덕턴스는 다음과 같다.

$$M_{21} = \frac{N_2 \phi_{21}}{i_1} \quad \cdots\cdots\cdots\cdots\cdots\cdots\cdots\cdots\cdots\cdots\cdots\cdots\cdots\cdots \text{(3.56)}$$

마찬가지로 전류 i_2에 의하여 2차코일과 쇄교에 의한 자속수인 자기 인덕턴스는 다음과 같다.

$$L_2 = \frac{N_2\phi_{22}}{i_2} \quad\text{(3.57)}$$

전류 i_2에 의하여 1차코일과 쇄교에 의한 자속수인 상호 인덕턴스는 다음과 같다.

$$M_{12} = \frac{N_1\phi_{12}}{i_2} \quad\text{(3.58)}$$

매질의 투자율이 같으면 다음과 같다.

$$M_{12} = M_{21} = M \quad\text{(3.59)}$$

각 전류에 의해 생기는 1차측 코일과 쇄교하는 전체 쇄교자속수는 아래와 같다.

$$\gamma_1 = N_1(\phi_{11} + \phi_{21} \pm \phi_{12}) = L_1 i_1 \pm M_{12} i_2 \quad\text{(3.60)}$$

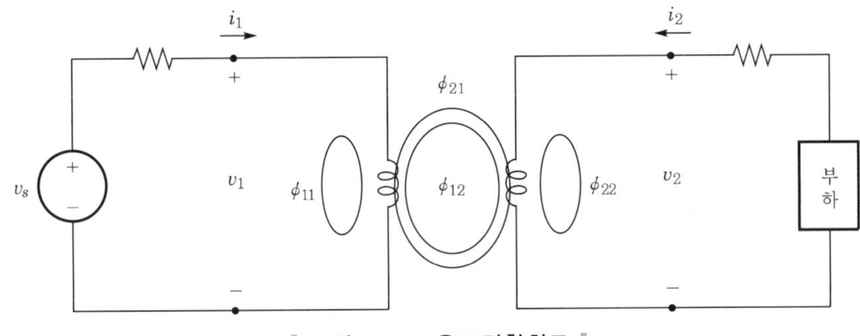

┃ 그림 3.24 유도결합회로 ┃

으로 (+)기호는 두 전류에 생기는 자속이 같은 방향일 때, (−)기호는 반대 방향일 때이다. 1차코일의 기전력은 Faraday 법칙에 의해 다음과 같다.

$$v_1 = \frac{d\gamma_1}{dt} = L_1\frac{di_1}{dt} \pm M_{12}\frac{di_2}{dt} \quad\text{(3.61)}$$

마찬가지로 2차측 코일과 쇄교하는 전체 쇄교자속 수와 기전력은 다음과 같다.

$$\gamma_2 = N_2(\phi_{22} + \phi_{12} \pm \phi_{21}) = L_2 i_2 \pm M_{21} i_1 \quad\text{(3.62)}$$

$$v_2 = \frac{d\gamma_2}{dt} = L_2\frac{di_2}{dt} \pm M_{21}\frac{di_1}{dt} \quad\text{(3.63)}$$

(2) 변압기 전류−전압 표시

유도결합된 변압기의 코일의 극성 표시는 유입된 전류에 의해 같은 방향의 자속이 되도록 점을 표시한다. 상호 인덕턴스 M의 부호 표시는 점이 있는 곳으로 전류가 유입되

면 (+), 전류가 유출되면 (−) 방향을 취한다. 그림 3.25에서 점이 있는 곳으로의 전류 방향에 따라 다음의 전류−전압의 관계식을 나타내고 있다.

그림 3.25 (a)와 (b)에서 $v_1 = L_1\dfrac{di_1}{dt} + M\dfrac{di_2}{dt}, \quad v_2 = L_2\dfrac{di_2}{dt} + M\dfrac{di_1}{dt}$

그림 3.25 (c)와 (d)에서 $v_1 = L_1\dfrac{di_1}{dt} - M\dfrac{di_2}{dt}, \quad v_2 = L_2\dfrac{di_2}{dt} - M\dfrac{di_1}{dt}$

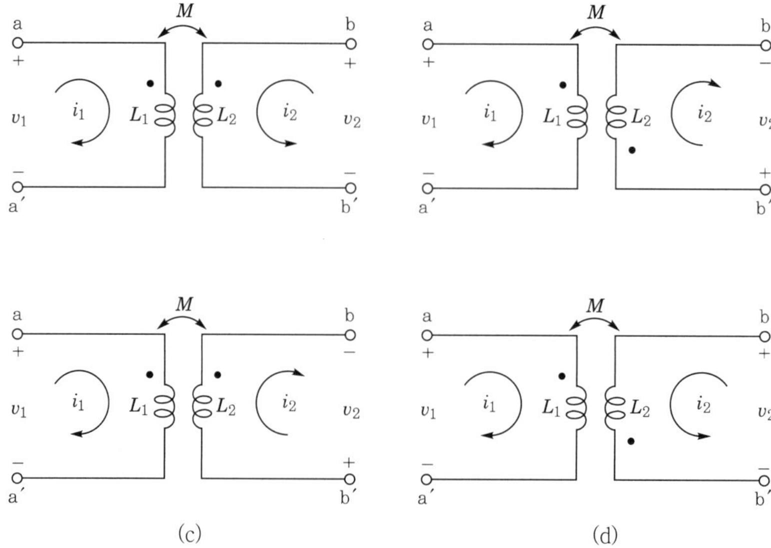

그림 3.25 변압기 1, 2차 전류−전압

(3) 직렬 결합 변압기

다음과 같은 그림 3.26에서 두 개의 코일의 인덕턴스가 L_1, L_2 상호 인덕턴스가 M으로 연결된 회로를 고려하자.

그림 3.26 (b)는 코일이 직렬로 연결된 개방회로 변압기를 나타낸다. 1차측 코일의 전류는 점이 있는 코일 쪽으로 전류가 흘러들어 가고 2차측 코일에서는 점이 있는 곳으로부터 전류가 흘러나온다. 따라서 다음과 같이 표현된다.

$$\begin{cases} v_1 = L_1\dfrac{di_1}{dt} - M\dfrac{di_2}{dt} \\[2mm] v_2 = L_2\dfrac{di_2}{dt} - M\dfrac{di_1}{dt} \end{cases} \quad\text{.............................} \quad (3.64)$$

그림 (b)에서 단자 1과 단자 2 사이의 전압 v_{12}는 다음과 같다.

$$v_{12} = v_1 + v_2 = (L_1 + L_2 - 2M)\dfrac{di}{dt} \quad\text{.............................}\quad (3.65)$$

그림 (c)에서는 각 코일의 점이 있는 곳으로 전류가 흘러들어간다.

$$\begin{cases} v_1 = L_1 \dfrac{di_1}{dt} + M \dfrac{di_2}{dt} \\ v_2 = L_2 \dfrac{di_2}{dt} + M \dfrac{di_1}{dt} \end{cases} \quad\cdots\cdots\cdots\cdots (3.66)$$

그림 (c)에서 단자 1과 단자 2 사이의 전압 v_{12}는 다음과 같다.

$$v_{12} = v_1 + v_2 = (L_1 + L_2 + 2M)\dfrac{di}{dt} \quad\cdots\cdots\cdots\cdots (3.67)$$

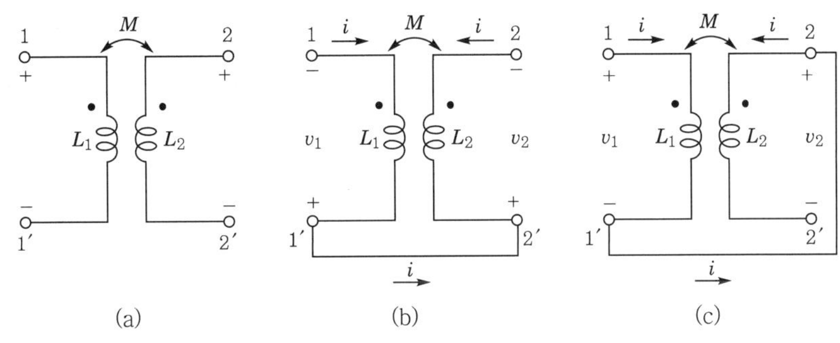

(a)　　　　　(b)　　　　　(c)

그림 3.26 직렬 결합 변압기

(4) 변압기의 등가회로

정현파 입력에 대한 미분은 $\dfrac{d}{dt} \to j\omega$로 표시되며 전류, 전압의 복소 페이저 전압 V_1, V_2와 전류 I_1, I_2일 때 T형의 변압기에 대하여 고려해보자. 그림 3.27에서 (a)에 대한 전류–전압식은 다음과 같다.

$$\begin{cases} V_1 = j\omega L_1 I_1 + j\omega M I_2 \\ V_2 = j\omega L_2 I_2 + j\omega M I_1 \end{cases} \quad\cdots\cdots\cdots\cdots (3.68)$$

점으로 전류가 흘러들어 갈 때 그림 (a)에 대하여는 그림 (b)와 같이 T형의 변압기로 표현할 수 있다. 따라서 다음과 같이 표현된다.

$$\begin{cases} V_1 = j\omega (L_1 - M)I_1 + j\omega M(I_1 + I_2) \\ V_2 = j\omega (L_2 - M)I_2 + j\omega M(I_1 + I_2) \end{cases} \quad\cdots\cdots\cdots\cdots (3.69)$$

또한 그림 (c)에서와 같이 점의 위치가 틀릴 때의 (d)의 T형 변압기 형태는 다음과 같다.

$$\begin{cases} V_1 = j\omega (L_1 + M)I_1 - j\omega M(I_1 + I_2) \\ V_2 = j\omega (L_2 + M)I_2 - j\omega M(I_1 + I_2) \end{cases} \quad\cdots\cdots\cdots\cdots (3.70)$$

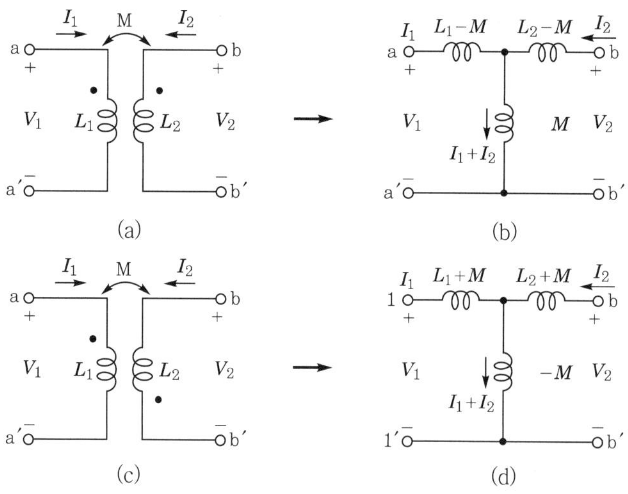

그림 3.27 변압기 T-등가회로

(5) 결합계수

결합계수는 1, 2차 코일의 유도결합 정도를 나타내는 양이다.

$$\lambda = \frac{\phi_{21}}{\phi_1} = \frac{\phi_{12}}{\phi_2} \quad\cdots\cdots (3.71)$$

결합계수 λ는 한 쪽 코일에서 발생한 총자속에 대한 다른 코일과 결합하는 자속수의 비율로 다음과 같이 표현할 수 있다.

$$\lambda = \frac{M}{\sqrt{L_1 L_2}} \quad\cdots\cdots (3.72)$$

누설자속이 없는 이상 변압기에서 $\lambda = 1$이다.

4 실제 변압기

(1) 변압기 구조

변압기는 두 개의 권선의 결합도를 증가시키고 누설자속을 최대로 작게 하기 위하여 다양한 철심과 권선 구조를 가진다. 대부분 자속이 권선과 일정한 방향으로 쇄교하도록 강자성체의 철심을 사용한다. 또한 와류에 의한 손실을 줄이기 위해 얇은 박막의 다층구조를 가진다.

① 내철형과 외철형 변압기 : 변압기는 구조적인 차이에 따라 내철형 변압기와 외철형 변압기로 구분한다. 내철형 변압기는 두 개 고리형태의 1, 2차코일이 하나의 자성체 철심으로 둘러싸인 형태의 변압기이다. 외철형 변압기는 반대로 하나의 원형 고리 형태의 1, 2차코일 주변에 자성체 철심이 둘러싸인 형태의 변압기를 나타낸다.

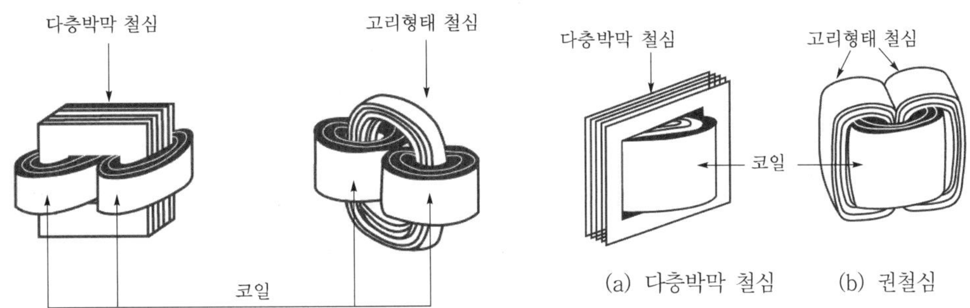

| 그림 3.28 내철형 변압기 | 그림 3.29 외철형 변압기 |

② **변압기의 철심** : 변압기의 철심은 얇은 박막의 다층구조를 가진다. 철심 내부로 자속의 방향을 일정하게 하기 위하여 방향성 자성체의 재료가 사용된다. 철심은 시간적으로 변화하는 와류에 의해 내부에 열이 발생하여 열로 인한 손실을 작게 하고 자속의 히스테리 손실도 작으며 높은 투자율과 높은 전기저항을 가지는 규소강판이 주로 사용된다. 일반적으로 전력형 변압기의 철심은 얇은 박막의 다층 구조나 권선테이프 형태이며 통신용 변압기의 철심은 압축파우더 형태의 강자성 합금이 사용된다.

변압기의 내부는 열이 발생한다. 열에 의한 절연파괴를 방지하기 위해 여러 가지 열을 방지하기 위한 방식이 사용된다. 철심과 코일 표면으로부터 대류작용에 의한 냉각방식으로 냉각하는 공랭식이 있으며 일부는 질소를 충전시키기도 한다. 산업용 전력변압기는 절연기름 형태의 절연유로 철심을 냉각시키거나 절연 시키기도 한다. 절연유는 일반적으로 대류작용에 의해 열을 방열시킨다. 대규모 전력변압기는 탱크 내에 절연유를 채우고 강제 순환시키거나 송풍기로 공기를 순환시켜 냉각하기도 한다. 또한 압축가스로 절연하여 절연유를 강제 순환시키 는 방식을 사용하기도 한다.

변압기에 사용되는 절연유는 절연 내구력이 크며, 냉각효과를 크게 하기 위해 비열이 크다. 또한 응고점이 낮고 화재예방을 위해 인화점이 높으며, 철심과 권 선과의 접촉에서 화학작용에 의한 부식이 없고, 온도 상승에 따른 산화 적출물 이 많이 생기지 않아야 한다.

③ **변압기의 종류** : 변압기는 사용에 따라 다양하게 구분된다.

　㉠ 주파수에 의한 분류 : 사용되는 주파수에 따라 60[Hz]와 같이 고정 주파수를 사용하는 전력변압기와 오디오용으로 사용하는 초고주파변압기, 통신용으로 사용하는 광대역과 협대역 주파수변압기, 그리고 펄스변압기로 구분된다.

　㉡ 위상에 의한 분류 : 단상변압기는 교류의 위상이 하나인 변압기이며 다상변압 기는 입력신호가 여러 개의 위상인 변압기로 3상 변압기는 3개의 권선에 서 로 다른 위상의 입력이 공급된다 결선방법은 Y 결선과 △ 결선 방법이 있다.

ⓒ 권선 전압에 의한 분류 : 권선에 고압의 전압이 공급되는 고압권선 변압기와 저압의 전압이 공급되는 저압권선 변압기가 있다.

ⓔ 정격에 의한 분류 : 전력시스템 송배전용 변압기는 수 [kVA]에서 수백 [MVA]까지 높은 정격용량의 변압기이며, 계기용 변압기는 작은 [VA] 정격으로 사용된다. 또한 승압 변압기는 1차측에 저압권선을 사용하고 2차측에는 고압권선을 사용한다. 반대로 강압 변압기는 1차측이 고압권선, 2차측은 저압권선을 사용한다.

④ **변압기의 규격**

변압기는 전압에 의해 철심에서 그리고 코일 동선에 흐르는 전류에 의해 손실이 발생한다. 그 결과 변압기는 온도가 상승하는데 이 손실은 전류와 전압의 곱으로 나타난다. 따라서 제조사마다 변압기의 정격용량 또는 정격규격을 정한다. 정격규격은 정격전압, 정격전류, 정격역률, 정격주파수가 있다.

㉠ 정격전압 : 정격전압은 변압기의 2차측 출력에서 얻는 전압의 실효치를 나타낸다. 3상 변압기는 선로 단자 사이에 실효치 전압이 나타난다.

㉡ 정격전류 : 정격전류는 1, 2차 모두 피상전력 즉, 단자 사이에 전력으로 [VA], [kVA], [MVA] 등으로 나타낸 전력이 될 때의 전류를 나타낸다.

㉢ 정격역률 : 정격역률은 변압기에 설계된 지정 역률을 나타낸다.

㉣ 정격주파수 : 정격주파수는 사용 변압기 교류의 주파수를 나타낸다.

⑤ **전압변동률**

전압변동률은 지정 역률의 부하를 걸었을 때 2차측 정격전압 V_2에 대한 $V_{20} - V_2$의 비를 나타낸다. V_{20}는 같은 1차측 전압이 V_1에 대해서 무부하 때의 전압 V_{20}를 뺀 전압을 나타낸다.

$$\text{전압변동률}[\%] = \frac{V_{20} - V_2}{V_2} \times 100 \quad\cdots\cdots\cdots\cdots (3.73)$$

> **예제** 2차측 정격전압 V_2가 212[V]이다. 무부하 때의 전압 V_{20}이 220[V]일 때 전압변동률을 구하시오.
>
> 풀이 | $\text{전압변동률}[\%] = \dfrac{V_{20} - V_2}{V_2} \times 100 = \dfrac{220 - 212}{212} \times 100 = 3.77[\%]$

⑥ **변압기 손실**

변압기 손실은 크게 무부하손실과 부하손실로 구분한다. 무부하손실은 여자전류에 의한 저항손실, 절연유 전체에 의한 손실, 철손에 의한 손실을 말한다. 이 중 철손에 의한 것이 가장 크며 히스테리시스손실과 와류손실이 있다.

$$\text{히스테리시스에 의한 손실 } L_h = k_h f B_{\max}^{(1.6 \sim 2)} [\text{Wb/kg}] \quad\cdots\cdots\cdots\cdots\cdots\cdots (3.74)$$

여기서, k_h : 철심 재료에 의한 상수

f : 주파수

$B_{\max}$: 최대 자속밀도

$$B_{\max} = \begin{cases} B_{\max}^{1.6} : & 1[\text{Wb/m}^2] \text{ 이하} \\ B_{\max}^{2} : & 1[\text{Wb/m}^2] \text{ 이상} \end{cases}$$

$$\text{와류손실 } L_e = k_e (f d w_e B_{\max})^2 [\text{Wb/kg}] \quad\cdots\cdots\cdots\cdots\cdots\cdots (3.75)$$

여기서, k_e : 재료에 의한 상수

f : 주파수

d : 철심 두께

w_e : 파형률

$B_{\max}$: 최대 자속밀도

와류손실을 줄이기 위해서는 두께가 얇은 철심을 사용한다. 부하손실은 부하전류에 의한 저항손실과 측정하기 어려운 부하전류에 의한 누설자속과 관련된 기타손실로 구분할 수 있다.

(2) 실제 변압기 회로

① 이상변압기와 실제 변압기 비교 : 이상 변압기는 1, 2차측 코일의 저항이 없을 때이다. 그러나 실제 변압기는 코일에 약간의 저항이 있다. 실제 변압기는 철심 내부로 자속이 통과하도록 되어 있으나 실제로 자속이 철심 밖으로 나온 누설자속이 있다. 코일과 쇄교하는 자속은 상호자속과 각각의 코일에만 쇄교하는 자속이 있는데, 누설자속에 의한 것은 누설 리액턴스로 작용하여 유도기전력의 전압강하로 나타난다. 이상적인 변압기와 실제 변압기는 다음 그림과 같으며 1차측 권선에 $z_1 = r_1 + jx_1$이 2차측에는 $z_2 = r_2 + jx_2$로 직렬로 연결된 등가회로를 나타낸다.

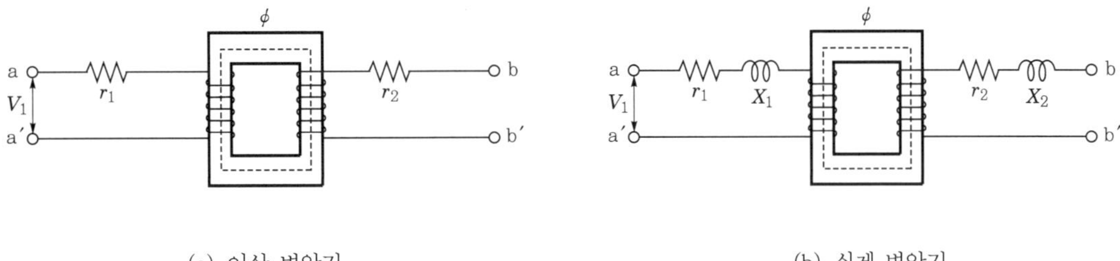

(a) 이상 변압기　　　　　　　　　(b) 실제 변압기

┃ 그림 3.30 이상 변압기와 실제 변압기 ┃

저항과 누설 리액턴스, 철선을 고려한 실제 변압기 회로는 그림 3.31과 같다.

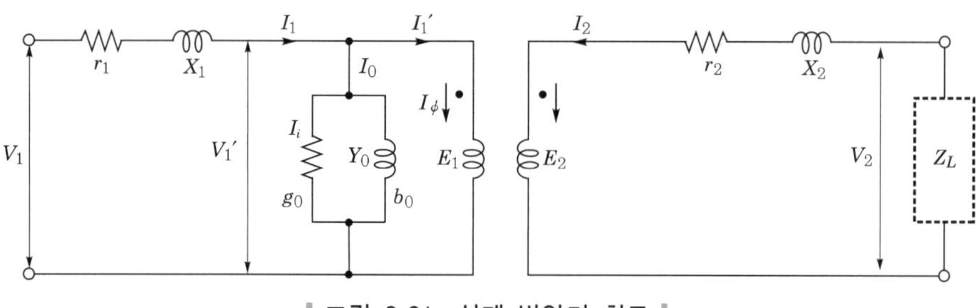

그림 3.31 실제 변압기 회로

그림에서 I_o는 무부하 때의 여자전류를 나타낸다.

② **실제 변압기의 해석**

1차측과 2차측은 분리되어 있으며 전자유도 작용에 의한 효과를 이용해 결합하여 회로해석을 하면 편리하다. 어느 측이나 전달되는 전력이 권선비를 이용하여도 같아진다는 사실을 이용한다.

㉠ 1차측을 기준하였을 때 : 변압기의 권선비가 $\dfrac{N_1}{N_2} = a$일 때 1차측과 2차측 전력이 같아지기 위해서 2차측 임피던스는 a^2배가 되며 2차측으로 흘러들어가는 전류는 $I_1' = \dfrac{I_2}{a}$가 되고 부하전압은 aE_2가 된다.

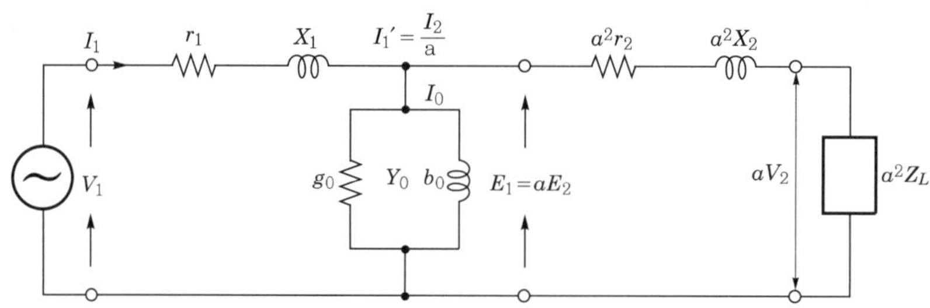

그림 3.32 1차측을 기준으로 2차측을 계산한 등가회로

㉡ 2차측을 기준하였을 때 : 변압기의 권선비가 $\dfrac{N_1}{N_2} = a$일 때 1차측과 2차측 전력이 같아지기 위해서 1차측 임피던스는 $\dfrac{1}{a^2}$배가 되며 2차측으로 흘러들어가는 전류는 $aI_1' = I_2$가 되고 입력전압은 $\dfrac{1}{a}E_1$이 된다.

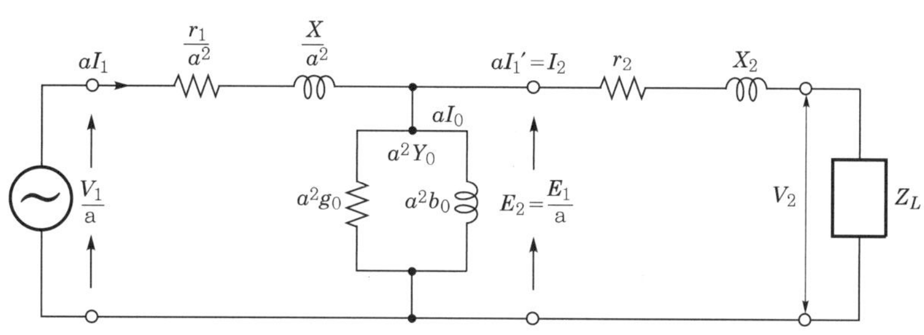

그림 3.33 2차측을 기준으로 1차측을 계산한 등가회로

예제 1[KVA] 변압기의 권선비 $\dfrac{N_1}{N_2}=10$이다. $Z_1=r_1+jx_1=5+j4$, $Z_2=r_2+jx_2=3+2j$일 때 2차측을 기준으로 하였을 때 임피던스 Z_{12}과 1차측을 기준으로 하였을 때 임피던스 Z_{21}를 구하시오.

풀이 | $Z_{12}=\dfrac{r_1}{a^2}+j\dfrac{x_1}{a^2}=\dfrac{5}{100}+j\dfrac{4}{100}$

$\qquad Z_{21}=r_2a^2+jx_2a^2=300+j200$

03 유도전동기

유도전동기는 산업용과 가정용 동력전달기로 많이 사용되고 있다. 소형의 유도전동기는 가정용 선풍기, 냉장고, 에어컨 등에서 사용되며 농업용으로 단상 유도전동기가 사용된다. 산업용으로 큰 동력이 요구되는 곳에서는 3상 유도전동기가 사용된다. 3상 유도전동기는 교류 전원으로 쉽게 가동되며 가격이 저렴할 뿐만 아니라 취급이 용이하고 구조도 간단하여 널리 사용되고 있다.

1 유도전동기 원리

(1) 아라고 원판 실험

유도전동기는 변압기의 원리와 같다. 즉 변압기는 1차 권선에 흐르는 전류에 의해 발생한 자속이 2차 권선과 쇄교하여 2차 권선에 전압이 유도된다. 유도전동기는 1차 고정자 권선에 전류를 흘려 회전 자계를 만들어 주면 회전자속이 2차 권선인 전기자 권선과 쇄교하여 전압이 유도되고 2차 권선인 전기자 권선에 흐르는 전류와 1차 고정자 권선에 의해 만들어진 회전 자계 사이의 전기자기력에 의해 회전력이 발생하여 전동기가 회전한다. 따라서 고정자를 1차측이라고 하며 회전자측을 2차측이라 한다.

유도전동기의 원리는 1824년 D. F. Arago의 아라고 원판 실험을 근거로 한다.

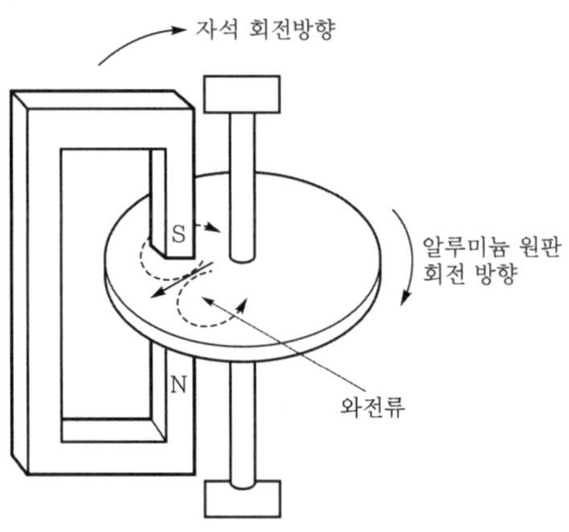

┃ 그림 3.34 아라고 원판 원리 ┃

아라고 원판 실험의 원리는 일정한 자속 내에서 도체가 자속을 끊으면 도체에 기전력이 발생한다는 플레밍의 오른손법칙과 일정 자속 내에서 전류가 흐르고 있는 도체를 이동시키면 전류가 흐르고 있는 도체는 힘을 받는다는 플레밍의 왼손법칙의 조합 현상에 대한 실험이다. 그림 3.34와 같이 N과 S극의 일정한 자속 사이에 알루미늄 원판이 있고, 이때 자석을 회전시키면 플레밍의 오른손법칙에 의해 알루미늄 원판 위에 기전력이 발생하여 원판 밖에서 중심으로 와전류가 흐른다. 그러면 다시 플레밍의 왼손법칙에 의해서 원판은 힘을 받아 시계방향으로 회전한다. 이때 회전하는 자속의 속도는 알루미늄 원판이 회전하는 속도보다 크다. 같은 속도이면 상대적으로 기전력이 발생하지 않아 와전류가 흐르지 않는다.

원통 회전자를 그림 3.35와 같이 자석 N–S를 N_s 속도로 회전시키고 회전자 원판 표면에 회전자 자계와 직각으로 전류가 흐르면 회전자는 시계방향으로 회전력을 받아 회전한다. 기본 조건은 다음과 같다.

$$N_s > M_p \qquad\qquad\qquad\qquad (3.76)$$

여기서, N_s : 자석의 회전속도
M_p : 원판의 속도

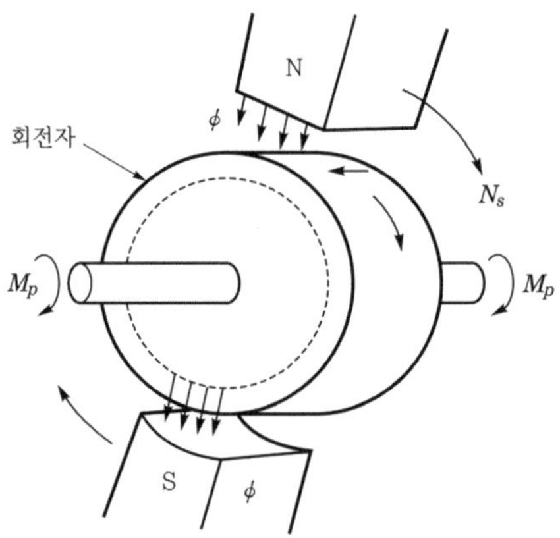

┃ 그림 3.35 원통 회전자와 회전 자계의 원리 ┃

(2) 회전 자계 발생

위에서 고정자석을 회전시키는 대신에 철심형 고정자에 3상 교류전압을 인가하여 각 상에 3상 교류전류를 흘려 회전하는 자계를 얻을 수 있다. 즉 그림 3.36과 같이 Y 결선으로 aa', bb', cc' 3개 코일에 크기는 같고 120° 위상차가 있는 3상 교류전원을 인가하고 $a'b'c'$는 서로 접속한다.

이때 각 상의 전류 i_a, i_b, i_c에 의해 시간적으로 변화하는 회전 자계가 형성된다. 3상 교류에 의해 1주기 동안 자계는 1회전 한다.

교류전압의 주파수가 f일 때 회전 자계의 주파수는 같다. 즉 회전 자계는 f번 회전한다. 분당 회전 자계 회전수는 다음과 같다.

$$N_s = f \times 60\,[\text{rpm}] \quad\text{...} \quad (3.77)$$

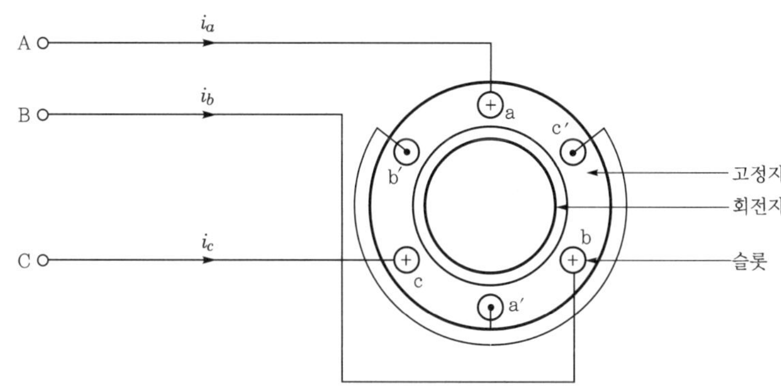

‖ 그림 3.36 회전 자계 발생을 위한 3상 교류전원의 코일 구성 ‖

고정자 슬롯은 3개조 6개 a, a', b, b', c, c'이나 실제 슬롯수는 24개, 36개가 되며 N-S극은 4극, 6극, 8극 등 다극의 고정자 권선을 형성할 수 있다. 회전 자계의 극수가 m개일 때 회전 자계는 1주기 교류전압의 $\dfrac{2}{m}$ 회전을 한다. 따라서 고정자 내의 회전 자계의 회전수는 다음과 같다.

$$N_s = \frac{2}{m} \times f \times 60\,[\text{rpm}] \quad\text{.................................} \quad (3.78)$$

회전 자계의 회전수를 동기속도라고도 한다. 회전 자계 발생 원리는 그림 3.37과 같다.

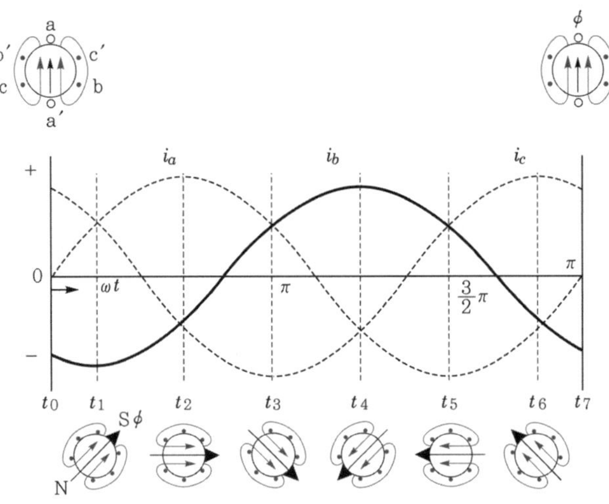

그림 3.37 3상 교류의 회전 자계

(3) 회전 자계의 수식적 표현

회전 자계를 그림 3.38을 이용하여 수식으로 표현해 보자.

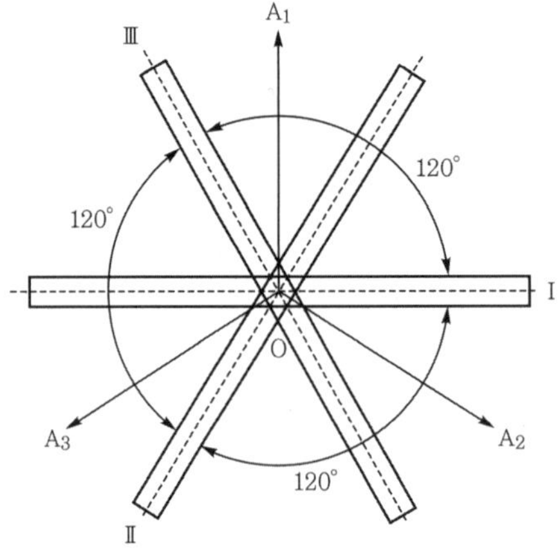

그림 3.38 회전 자계도

3개의 고정자의 코일 I, II, III이 $\dfrac{2}{3}\pi$ 위상의 간격으로 $I_m \sin(\omega t)$를 I에, $I_m \sin\left(\omega t - \dfrac{2}{3}\pi\right)$를 II에, $I_m \sin\left(\omega t - \dfrac{4}{3}\pi\right)$를 III에 흘린다.

자계는 $H = \dfrac{I}{2\pi r}$으로 $I_m \sin(\omega t)$에 의해 $\mathrm{OA_1}$방향으로 $H_m \sin(\omega t)$ 자계가 형성되며 $I_m \sin\left(\omega t - \dfrac{2}{3}\pi\right)$에 의해 $\mathrm{OA_2}$방향으로 $H_m \sin\left(\omega t - \dfrac{2}{3}\pi\right)$자계가, 마찬가지로 $I_m \sin\left(\omega t - \dfrac{4}{3}\pi\right)$에 의해 $\mathrm{OA_3}$방향으로 $H_m \sin\left(\omega t - \dfrac{4}{3}\pi\right)$ 자계가 형성된다.

합성자계는 y축(종축) 방향으로는 다음과 같다.

$$H_m\sin(\omega t)-H_m\sin\left(\omega t-\frac{2}{3}\pi\right)\cos\left(\frac{\pi}{3}\right)-H_m\sin\left(\omega t-\frac{4}{3}\pi\right)\cos\left(\frac{\pi}{3}\right)$$
$$=\frac{3}{2}H_m\sin(\omega t) \quad\cdots\cdots\cdots\cdots\cdots (3.79)$$

x축(횡축) 방향으로는 다음과 같다.

$$H_m\sin\left(\omega t-\frac{2}{3}\pi\right)\cos\left(\frac{\pi}{3}\right)-H_m\sin\left(\omega t-\frac{4}{3}\pi\right)\cos\left(\frac{\pi}{3}\right)$$
$$=-\frac{3}{2}H_m\cos(\omega t) \quad\cdots\cdots\cdots\cdots\cdots (3.80)$$

합성자계 방향은 다음과 같다.

$$\sqrt{\left(\frac{3}{2}H_m\sin(\omega t)\right)^2+\left(\frac{3}{2}H_m\cos(\omega t)\right)^2}=\frac{3}{2}H_m \quad\cdots\cdots\cdots\cdots (3.81)$$

합성자계의 크기는 일정하며 시간의 함수가 아니다. 합성자계 위상은 다음과 같다.

$$\theta=\tan^{-1}\left(\frac{\dfrac{3}{2}H_m\sin(\omega t)}{-\dfrac{3}{2}H_m\cos(\omega t)}\right)=-\tan^{-1}(\tan(\omega t))=-\omega t \quad\cdots\cdots\cdots (3.82)$$

따라서 자계는 3상 전류의 주기와 동일한 속도로 시계방향으로 회전하며 크기는 $\frac{3}{2}H_m$으로 일정하다.

(4) 유도전동기와 슬립

유도전동기의 회전 자계의 속도와 회전 자계(N_s)와 회전자 전류로 발생한 토크에 의한 회전자 속도 즉, 전동기 속도 M_p와의 관계는 다음과 같다.

$$N_s > M_p \quad\cdots\cdots\cdots\cdots\cdots\cdots\cdots\cdots\cdots\cdots\cdots\cdots (3.83)$$

회전 자계와의 회전수(동기속도)와 전동기 속도와의 회전 정도를 슬립(s)이라 한다.

$$s=\frac{N_s-M_p}{N_s} \quad\cdots\cdots\cdots\cdots\cdots\cdots\cdots\cdots\cdots (3.84)$$

$s=1$ 이면 $M_p=0$으로 전동기는 중지 상태이며, $s=0$ 이면 $N_s=M_p$로 무부하 운전 상태를 나타낸다. 또한 $0<s<1$ 이면 부하 운전 상태를 나타낸다. 최대부하 때 $s=0.03\sim0.04$ 의 값이다.

(5) 유도기전력

① 정지 회전자일 때

회전자가 정지함은 전동기가 정지할 때를 나타낸다. 유도전동기는 변압기의 원리와 같이 고정자의 1차 권선수가 N_1일 때, 유도되는 기전력은 다음과 같다.

$$E_1 = 4.4 k_1 f_1 N_1 \phi [\text{V}] \quad\cdots\cdots\cdots (3.85)$$

여기서, k_1 : 고정자 권선계수

f_1 : 교류 주파수

N_1 : 고정자의 1차 권선수

ϕ : 극당 자속수[Wb]

회전자가 정지할 때, 같은 속도와 크기의 회전 자계가 회전자의 1차권선과 2차권선에 동일하게 쇄교한다. 따라서 회전자 2차권선에 유도되는 기전력은 같다. 즉 2차측 유도기전력은 아래와 같다.

$$E_2 = 4.4 k_2 f_2 N_2 \phi [\text{V}] \quad\cdots\cdots\cdots (3.86)$$

회전자가 정지할 때 $f = f_1 = f_2$이며, 다음과 같은 관계가 있으며 b를 권수비라 한다.

$$\frac{E_1}{E_2} = \frac{k_1 N_1}{k_2 N_2} = b \quad\cdots\cdots\cdots (3.87)$$

② 회전 회전자일 때

회전자가 회전함은 전동기가 회전하고 있다는 것이다. 회전 자계의 속도 N_s와 회전자 속도 M_p를 슬립으로 표시한 상대속도는 $N_s(1-s) = M_p$ 로 표현된다. 따라서 2차권선 회전자의 유도기전력은 회전하지 않을 때의 기전력의 s배가 된다. 회전자의 유도기전력은 $E_{s2} = sE_2$이고 $f_{s2} = sf_1$의 관계가 된다. f_{s2}를 슬립주파수라 한다.

③ 토크

정지 때 회전자 권선의 자기 리액턴스가 L일 때 회전자의 리액턴스는 $X_2 = 2\pi f L = 2\pi f_1 L$로 회전자가 회전할 때 회전자 2차권선의 리액턴스는 sX_2가 되며 임피던스는 다음과 같다.

$$Z_{s2} = R_2 + jsX_2 \quad\cdots\cdots\cdots (3.88)$$

이때 회전자 권선에 흐르는 전류는 아래와 같다.

$$I_2 = \frac{E_{s2}}{Z_{s2}} = \frac{sE_2}{\sqrt{R_2^2 + (sX_2)^2}} [\text{A}] \quad\cdots\cdots\cdots (3.89)$$

여기서, 역률 : $\cos(\theta_2) = \dfrac{R_2}{\sqrt{R_2^2 + (sX_2)^2}}$, 위상각 : $\theta_2 = \angle\left(\dfrac{R_2}{\sqrt{R_2^2 + (sX_2)^2}}\right)$

회전자 1상의 전력은 다음과 같다.

$$P = P_o - I_2^2 R_2 = E_2 I_2 \cos(\theta_2) - I_2^2 R_2 \quad\cdots\cdots\cdots\cdots\cdots (3.90)$$

여기서, P_o : 고정자에서 회전자에 전달되는 1상의 전력

$s = \dfrac{N_s - M_p}{N_s}$ 사용하여 회전자 1상의 전력은 다음과 같다.

$$P = E_2 I_2 \cos(\theta_2) - s E_2 I_2 \cos(\theta_2) = (1-s)E_2 I_2 \cos(\theta_2)[\text{W}] \quad\cdots\cdots\cdots (3.91)$$

1상의 토크 $T[\text{Nm}]$는 초당 회전자의 회전수 M_p일 때 아래와 같다.

$$T = \frac{P}{2\pi M_p} \quad\cdots\cdots\cdots\cdots\cdots\cdots\cdots\cdots\cdots\cdots\cdots (3.92)$$

$M_p = N_s(1-s)$을 이용한 1상의 토크 $T[\text{Nm}]$는 다음과 같다.

$$T = \frac{P}{2\pi M_p} - \frac{(1-s)E_2 I_2 \cos(\theta_2)}{2\pi(1-s)N_s} - \frac{E_2 I_2 \cos(\theta_2)}{2\pi N_s}$$

$$= \frac{E_2}{2\pi N_s} \cdot \frac{sE_2}{\sqrt{R_2^2 + (sX)^2}} \cdot \frac{R_2}{\sqrt{R_2^2 + (sX)^2}}$$

$$T = \frac{E_2^2}{2\pi N_s} \cdot \frac{sR_2}{R_2^2 + (sX)^2} \quad\cdots\cdots\cdots\cdots\cdots\cdots\cdots (3.93)$$

따라서 토크 T는 회전자의 기전력 E_2^2에 비례한다. 유도전동기의 속도와 토크 T와의 관계식을 나타내면 최대 토크는 $\dfrac{dT}{ds} = 0$을 이용하면 $s = \dfrac{R_2}{X_2}$일 때

$$T_{\max} = \frac{1}{2\pi N_s} \cdot \frac{E_2^2}{2X_2} \quad\cdots\cdots\cdots\cdots\cdots\cdots\cdots (3.94)$$

이다. 최대 토크일 때 슬립값은 다음과 같다.

$$s_{\max} = \frac{R_2}{X_2} \quad\cdots\cdots\cdots\cdots\cdots\cdots\cdots\cdots\cdots\cdots\cdots\cdots (3.95)$$

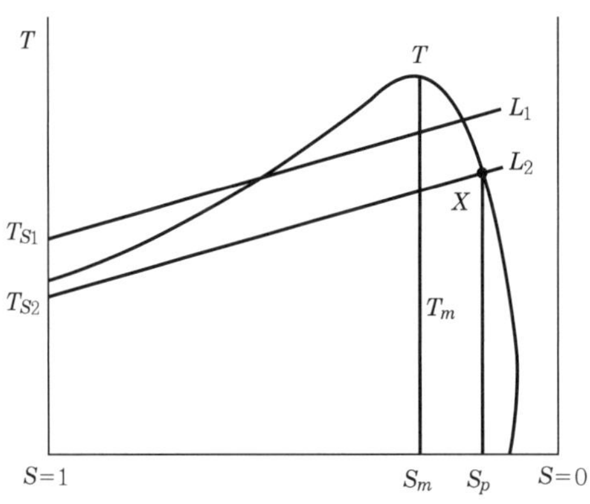

그림 3.39 토크와 슬립

식 (3.93)을 이용한 토크와 슬립 관계의 특성 곡선은 그림 3.39와 같다. 부하 속도와 토크선이 L_1일 때 $s=1$의 값에서 T_{s1}은 기동토크 T_s보다 커서 기동할 수 없어 잘못된 운전이며, 부하 속도와 토크선이 L_2일 때 $s=1$의 값에서 T_{s2}는 기동토크 T_s보다 작아 안전운전이 된다.

예제 1 교류전압이 60[Hz]일 때 6극 유도전동기의 회전 자계의 속도 N_s[rpm]는 얼마인가?

풀이 | $N_s = \dfrac{2}{6} \times 60 \times 60 = 1200\,[\text{rpm}]$

예제 2 60[Hz] 8극인 유도전동기에서 정지 때 2차측 유도전압이 800[V]이다. 슬립이 4[%]일 때 2차측 전압은?

풀이 | $E_2 = 800\,[\text{V}]$, $s = 0.04$
$E_{s2} = sE_2 = 0.04 \times 800 = 32\,[\text{V}]$

예제 3 60[Hz] 8극인 유도전동기에서 정지 시 2차측 유도전압이 220[V]이다. 2차권선의 임피던스 $Z_2 = 0.5 + j10\,[\Omega]$, 슬립이 4[%]일 때 2차측 전류 I_2를 구하시오.

풀이 | $I_2 = \dfrac{sE_2}{\sqrt{R_2^2 + (sX_2)^2}} = \dfrac{0.04 \times 220}{\sqrt{0.5^2 + (0.04 \times 10)^2}} = 13.74\,[\text{A}]$

2 유도전동기의 구조

유도전동기의 주요 구성요소는 고정자와 회전자이다. 일반적인 구조는 그림 3.40과 같다.

(1) 고정자
고정자는 3상 교류회로를 이용하여 회전 자계를 발생시키는 부분으로 크게 고정자 프레임, 고정자 철심과 고정자 권선으로 구성된다. 고정자 프레임은 전동기 전체를 지지해

주는 틀로 내부에 고정자 철심이 부착된다. 고정자 철심은 성층 규소강판으로 제작되며 각각의 규소강판의 두께는 0.35~0.5mm 정도이다. 그림 3.41과 같이 고정 홈이 있어 홈에 고정자 권선을 감는다. 고정자 권선은 3상 권선으로 단층권 대신 홈에 보통 2개의 코일변을 넣는 2층권이 사용되며 극수는 보통 4극으로 결선방법은 Y 결선과 △ 결선 방법이 있다.

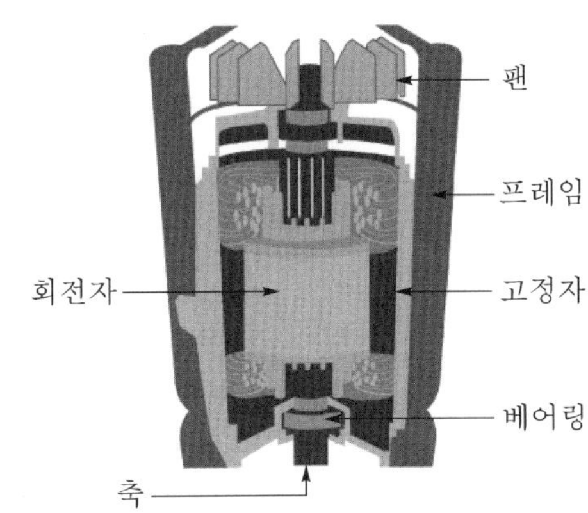

┃ 그림 3.40 유도전동기 구조 ┃

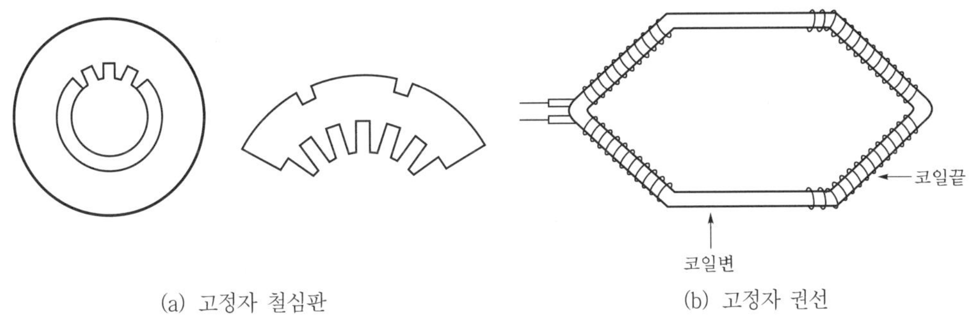

(a) 고정자 철심판

(b) 고정자 권선

┃ 그림 3.41 고정자 철심판과 고정자 권선 ┃

(2) 회전자

3상 유도전동기의 회전자는 회전자 축에 규소강판으로 성층된 회전자 철심과 회전자 코일로 구성되어 있다. 회전자는 구조에 따라 크게 농형 회전자와 권선형 회전자로 구분된다.

① **농형 회전자** : 농형 회전자는 철심 홈을 만들어 그 속에 동봉을 넣어 연결된 둥근 판으로 전기적으로 접속으로 되어 있다. 통상 홈은 축 방향에 약간 경사지게 만들어 회전할 때 소음을 방지하도록 제작된다. 농형 회전자를 가진 유도전동기는 간단한 구조로 성능이 좋으나 기동할 때 기동전류가 크다는 것이 단점이다.

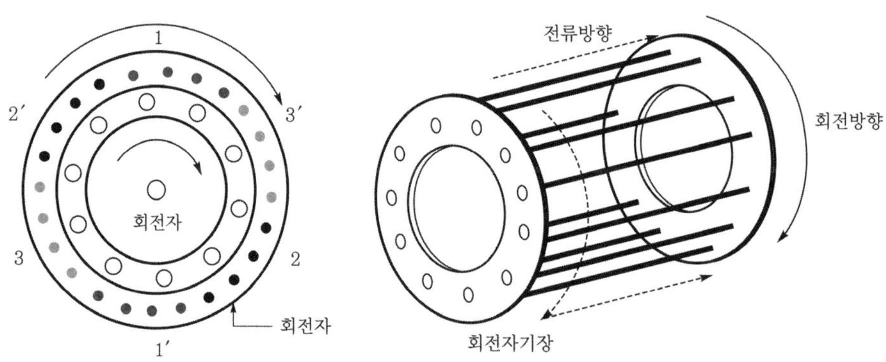

┃ 그림 3.42 농형 회전자 도체 ┃

② **권선형 회전자** : 권선형 회전자는 농형 회전자의 구조와 비슷하나 동봉 대신 고정자 철심과 같은 방법으로 회전자는 회전자 축에 규소강판으로 성층되어 있으며 각각의 둥근 철심원판 둘레에는 슬롯이 있다. 이 슬롯 홈에 2층권으로 도체를 넣어 3상 결선을 한다. 권선 결선은 보통 Y 결선으로 3개의 3상 권선, 한쪽은 3개의 슬립링에 접속되어 있다. 슬립링에는 브러시가 연결되며 브러시는 기동저항기와 연결되어 있다.

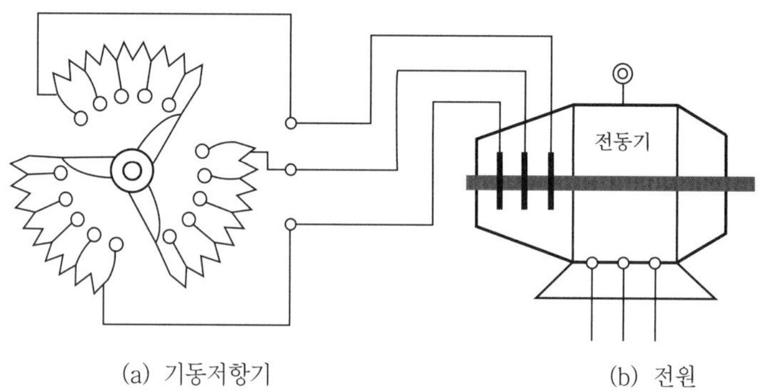

┃ 그림 3.43 슬립링 ┃

권선형 회전자를 가진 유도전동기는 기동전류가 적고 속도 조절이 용이하나 구조가 복잡하다는 단점이 있다.

■3 3상 유도전동기 기동방법

유도전동기의 기동 특성은 변압기와 같이 회전자가 2차측으로 작용한다는 것이다. 따라서 바로 정격전압을 인가하면 갑자기 큰 기동전류가 흘러 권선에 영향을 줄 수 있어 기동전류를 제한하는 장치를 사용하여야 한다.

(1) 농형 유도전동기의 기동

① **정격전압 기동** : 정격전압을 바로 인가하는 방법으로 소형 유도전동기(5[kW] 이하)에서 사용되며 기동할 때 전류가 많이 흐른다.

② **Y-△ 변환 기동** : 이는 처음 기동할 때 Y 결선의 고정자 권선을 사용하다가 정격속도가 되면 △ 결선으로 스위치를 전환하는 기동방법이다. 처음 기동할 때는 Y 결선으로 고정자 권선 각 상마다 정격전압의 $\dfrac{1}{\sqrt{3}}$배 작아지고 기동전류도 작아진다. 속도가 정격속도가 되면 △ 결선으로 정격전압을 인가하는 방법이다. Y 결선의 전류는 $I_Y = \dfrac{V}{\sqrt{3}\,Z}$, △ 결선의 전류는 $I_\triangle = \dfrac{\sqrt{3}\,V}{Z}$으로 전류값의 비는 다음과 같다.

$$\frac{I_Y}{I_\triangle} = \frac{\dfrac{V}{\sqrt{3}\,Z}}{\dfrac{\sqrt{3}\,V}{Z}} = \frac{1}{3} \qquad \cdots\cdots\cdots\cdots\cdots\cdots\cdots\cdots\cdots \text{(3.96)}$$

기동 토크는 각 상의 전압 제곱에 비례하므로 $\dfrac{1}{3}$로 감소한다. 이 방법은 5~15[kW] 농형 유도전동기에서 주로 사용된다.

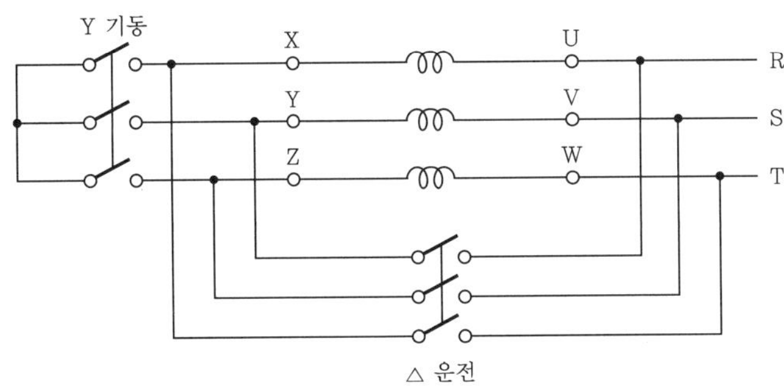

┃ **그림 3.44 Y-△ 기동** ┃

③ **보상 기동** : 기동전류를 제한하기 위해서 3상 단권변압기를 사용한다. 처음에는 기동측에 스위치를 연결하고 가속이 된 다음에는 운전측으로 스위치를 옮겨 준다. 이러한 방법을 사용하여 고정자 공급전압을 감소시키며 여러 탭을 사용하여 정격전압의 40~80[%]의 전압을 공급한다. 그러나 스위치를 기동에서 운전으로 옮기는 순간 접점이 떨어져 많은 전류가 흐른다.

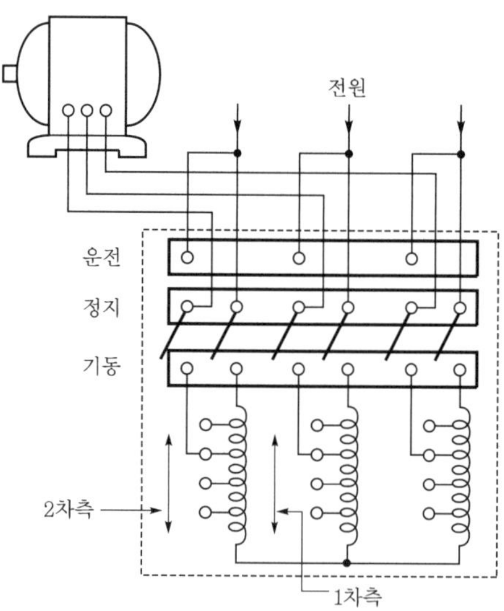

┃ 그림 3.45 보상 기동회로 ┃

④ **리액터를 이용한 기동** : 이를 보강하기 위해서 다음과 같은 리액터를 이용하여 기동하는 것으로 콘돌퍼(korndorfer) 기동이라고도 한다. 이는 각 상마다 철심형 리액터를 연결하여 처음에 스위치 S_1, S_2를 닫고 기동시킨 후 리액터를 감소시켜 정격전압을 인가하기 위하여 스위치 S_1을 열고 스위치 S_3를 닫는다.

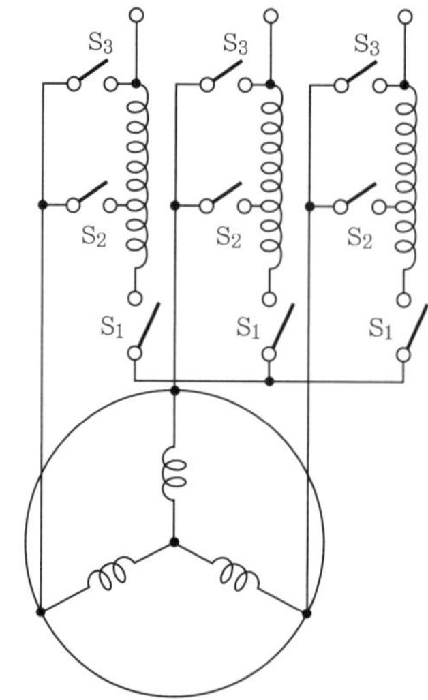

┃ 그림 3.46 콘돌퍼 기동회로 ┃

(2) 권선형 유도전동기 기동

기동전류를 조절하면 기동토크가 줄어드는데, 이를 보완하기 위해서 전동기 2차측에 알맞는 기동 저항기를 슬립링에 장착하여 연결하여 기동전류를 제한시켜 기동토크를 크게 한다. 즉, 처음에 저항을 최대로 하고 전동기가 가속되면 기동 저항기의 저항을 돌려 저항값을 작게 해준다.

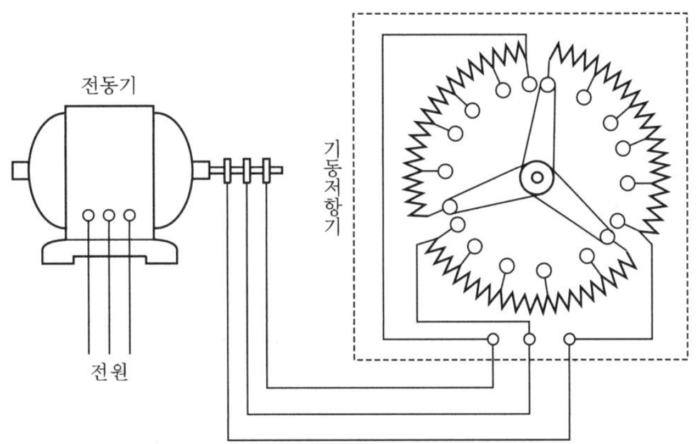

그림 3.47 권선형 유도전동기 기동회로

4 유도전동기 속도제어

유도전동기의 속도와 관련한 식은 다음과 같다.

$$M_p = (1-s)N_s, \quad N_s = \frac{120f}{P} \quad \cdots\cdots\cdots\cdots\cdots\cdots\cdots (3.97)$$

여기서, N_s : 자석의 회전속도, M_p : 전동기 속도, f : 주파수, s : 슬립, P : 극수

따라서 유도전동기 속도는 주파수, 극수, 슬립 중 하나를 조절하여 속도제어를 한다.

(1) 극수 변환

농형 유도전동기에서는 자계 회전자 동기속도는 극수에 반비례하므로 고정자 극수를 조정하여 속도를 조절한다. 극수를 조절하는 방법은 같은 권선으로 고정자 1차권선의 결선을 바꾸거나 2개의 다른 독립 권선으로 같은 고정자 홈에 감는 방법이 있다. 이는 속도를 자주 변환하는 공작기계나 단계적인 속도 조절에 사용되는 엘리베이터, 송풍기 등의 장비에 주로 사용한다. 접속방법은 그림 3.48의 (a)와 같이 1개의 직렬 권선으로 N-S 8개 극을 만드는 방법과 그림 (b)와 같이 전류는 C에서 A, B 병렬을 통해 D로 흘러나와 N-S 4개 극을 만드는 방법이 있다.

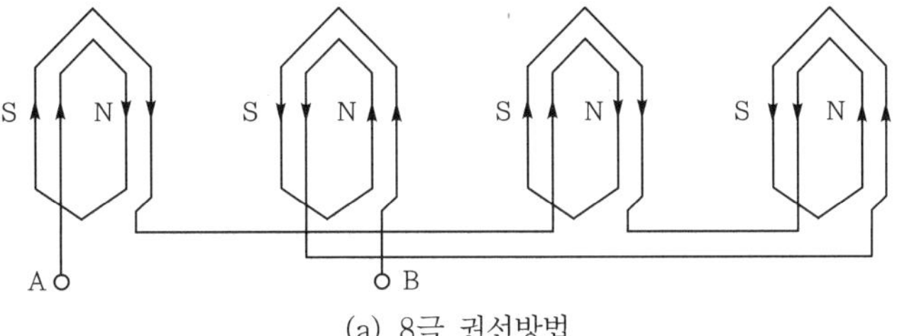

(a) 8극 권선방법

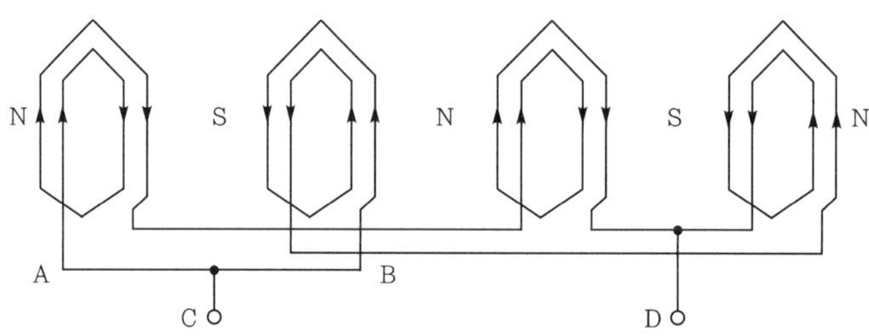

(b) 4극 권선방법

그림 3.48 극수 변환방법

(2) 주파수 변환

유도전동기의 동기속도는 주파수에 비례한다. 고정자 1차 기전력은 $E_1 = 4.4k_1fN_1\phi$[V], k_1은 고정자 권선 계수, f는 교류 주파수, N_1은 고정자 권선 횟수, ϕ[Wb]는 극당 자속 수로, 주파수에 비례하고 회전자 기전력도 마찬가지로 $E_2 = 4.4k_2sfN_2\phi$[V]이다. 여기서 k_2는 회전자 권선 계수, s는 슬립, f는 교류 주파수, N_2는 회전자 권선 횟수, ϕ[Wb]는 극당 자속수로 회전자 기전력도 주파수에 비례한다. 따라서 3상 유도전동기 속도는 주파수에 비례한다.

슬립을 안정하게 하면 회전자 속도는 고정자 1차의 주파수에 비례한다. 최근에는 주파수 변환기로 사이리스터를 이용한다. 교류전원을 RST 단자에 인가하면 순변환부에서 교류를 직류로 바꾸어 역변환부로 흐른다. 역변환부는 다른 주파수를 이용하여 직류를 다른 주파수의 교류로 바꾸어 전동기에 인가하여 줌으로써 속도를 조절한다. 또한 실제 값과 기준값을 비교하여 속도차에 의해 위상을 변화하여 전압을 제어한다.

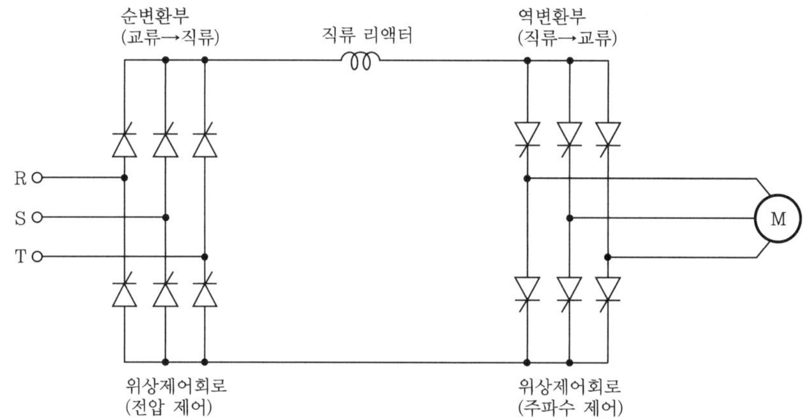

그림 3.49 주파수 변환회로

(3) 1차 전압 제어

유도전동기의 회전력 즉 토크는 전압의 자승에 비례한다. 이는 부하가 있을 때 슬립과 전동기 회전자의 회전력과 1차측 전압의 관계를 이용하여 속도를 제어하는 방법이다. 그림 3.50에서 1차측의 전압이 V_a일 때 슬립이 s_a이다. V_a에서 전압을 V_b로 바꾸었을 때 부하의 회전력과 만나는 점 T_b에서 슬립은 s_b이다. 슬립과 단자 전압과의 관계는 다음과 같다.

$$\frac{s_b}{s_a} = \frac{V_a^2}{V_b^2} \quad\cdots\cdots (3.98)$$

따라서 슬립의 값은 커지고 이때 회전력은 T_a에서 T_b로 감소한다.

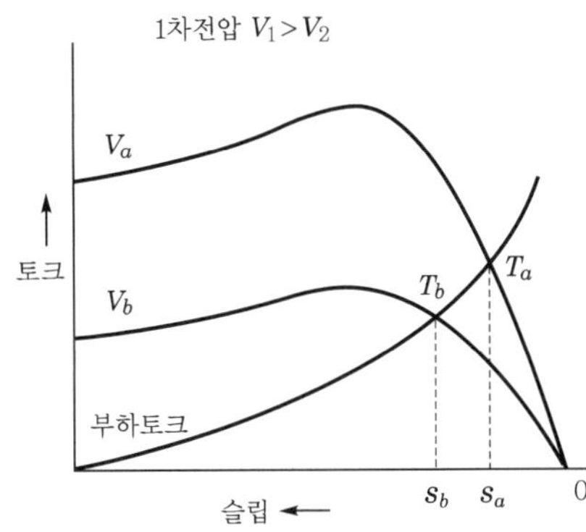

그림 3.50 토크와 슬립(전압 제어)

(4) 2차 저항 변환

권선형 유도전동기에서만 사용하는 방법으로 2차회로에 슬립링과 연결된 가변저항기로 속도를 제어하는 방법이다.

그림 3.51과 같이 처음에 3상 유도전동기가 2차측 권선의 임피던스의 저항 R_1값에서 가동하였다. 이때 가변저항기를 이용하여 R_1에서 R_2로 바뀌면 토크는 곡선 A에서 B로 바뀌고 부하 토크와 만나는 슬립 s_2값에서 운전한다. 따라서 3상 유도전동기의 슬립은 $s = \dfrac{N_s - M_p}{N_s}$ 로 바뀌고 회전속도는 M_p로 바뀐다.

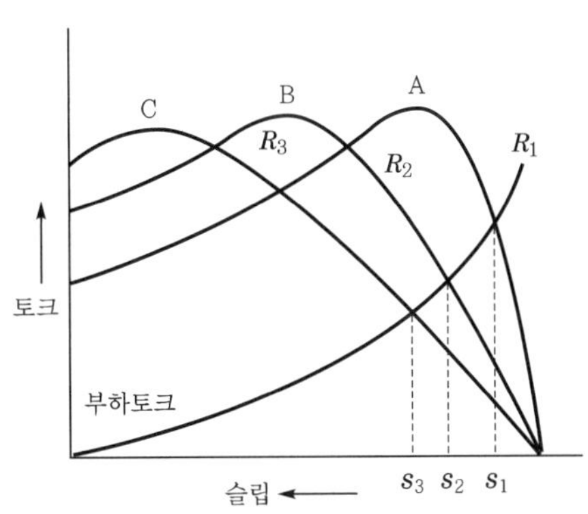

그림 3.51 토크와 슬립(저항 제어)

5 유도전동기 제동

전동기는 전원을 차단하여도 바로 정지하지 않고 계속 회전하다가 일정 시간이 지나서 정지한다. 전동기는 전동기의 속도가 여러 가지 요인으로 과속이 될 때도 정지시킬 수 있어야 한다. 유도전동기를 제동시키는 방법에는 발전제동, 역전제동, 회생제동이 있다.

(1) 발전제동

운전 중인 유도전동기의 전원을 차단시켜 발전기로 변환하여 제동시키는 방법이다.
즉 전동기의 전원을 분리하고 대신 직류전압을 인가하면 회전 자계가 아닌 고정 자극이
생겨 전기자가 회전하는 교류발전기가 된다. 이때 발생한 교류 전력을 2차측에 연결한
저항기에서 열로 발산하여 제동시킨다.

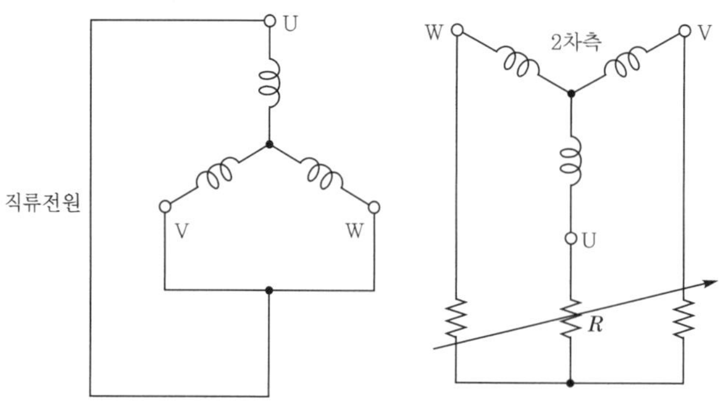

┃ 그림 3.52 발전제동 ┃

(2) 역전제동

유도전동기는 1차측의 3상의 임의의 2선을 바꾸면 1차권선의 전류 위상이 바뀐다. 따
라서 회전 자계의 방향이 바뀌어 유도전동기가 역회전하므로 제동된다.

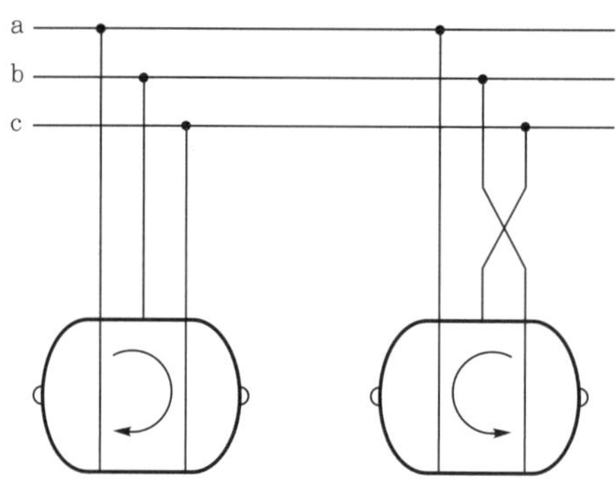

┃ 그림 3.53 역전제동 ┃

(3) 회생제동

유도전동기가 정격 동기속도 이상 가속하면 발전기가 되어 전력을 회생하여 제동시키
는 방법이다. 농형 유도전동기나 권선형 유도전동기에서 모두 사용되며 기중기 등에서
무거운 물건을 들고 감아 내릴 때, 정격속도 이상이 될 때 전력을 회생하여 기중기를 제
동시킨다.

6 단상 유도전동기

(1) 단상 유도전동기의 개요

단상 유도전동기의 권선은 단상 권선으로 3상 농형 유도전동기와 같은 회전자 구조를
가지고 있다. 3상 유도전동기는 회전 자계가 없으면 회전하지 않는다.

　그러나 3상 유도전동기가 회전하고 있을 때 입력 1차측 3상에서 한 개의 선을 전원에서 분리하여 단상을 공급하여도 전동기는 회전한다. 이처럼 단상 유도전동기 1차측에 전원을 공급하고 회전자를 돌려주면 그 방향으로 토크가 발생하여 단상 유도전동기는 회전한다. 단상 유도전동기는 3상 유도전동기와 비교하여 성능도 떨어지고 무겁고 가격도 비싸지만 단상 교류를 이용하므로 편리하고 가정용, 농업용 100[W], 200[W], 400[W] 등 소규모 출력용으로 널리 사용된다.

　단상 교류에 의해 자속은 크기가 일정하고 방향이 반대인 교번자계가 발생하고 기동토크가 상쇄되어 기동할 수 없다. 이를 그림으로 나타내면 그림 3.54와 같다.

　정지되었을 때 교번자계를 $H_m \cos(\omega t)$로, H_m으로 회전 자계를 $H_1 = \dfrac{H_m}{2}$, $H_2 = \dfrac{H_m}{2}$ 으로 나눌 수 있다. 이때 x 방향의 합성자계는 다음과 같다.

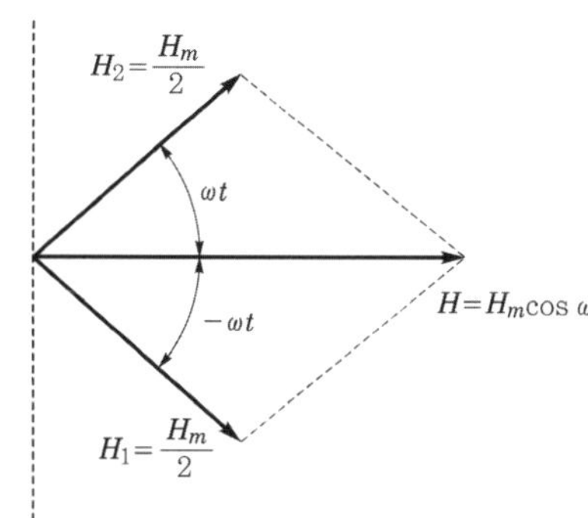

▌ 그림 3.54 단상 교류의 교번자계 ▌

$$H_x = H_1 \cos(\omega t) + H_2 \cos(-\omega t) = \frac{H_m}{2}\cos(\omega t) + \frac{H_m}{2}\cos(-\omega t)$$
$$= H_m \cos(\omega t) = H \quad\cdots\cdots\cdots\cdots\cdots\cdots\cdots\cdots\cdots\cdots\cdots\cdots\cdots \text{(3.99)}$$

y 방향의 합성자계는 다음과 같다.

$$H_y = \frac{H_m}{2}\sin(\omega t) - \frac{H_m}{2}\sin(-\omega t) = 0 \quad\cdots\cdots\cdots\cdots\cdots\cdots \text{(3.100)}$$

따라서 교번자계를 $H_m \cos(\omega t)$으로 위·아래로 회전하는 회전 자계로 나뉜다.

$$H_1 = \frac{H_m}{2}, \quad H_2 = \frac{H_m}{2} \quad\cdots\cdots\cdots\cdots\cdots\cdots\cdots\cdots\cdots\cdots\cdots \text{(3.101)}$$

(2) 단상 유도전동기의 기동장치

자계가 회전축 위·아래로 형성되어 단상 유도전동기는 기동 회전력을 만들어 주어야 회전한다. 그러나 한 번 회전하면 회전력을 얻어 단상 유도전압으로 계속 작동한다.

① 분상 기동형 : 분상 기동형 단상 유도전동기는 아래 그림 3.55와 같이 주권선 M과 위상이 $\dfrac{\pi}{2}$[rad] 차이가 있는 기동권선 A로 구성되어 있다. 기동권선은 저항을 크게 하기 위하여 가는 코일로 권선수를 작게 한다. 즉, 주권선 M은 리액턴스 성분이 크고 저항 성분이 작으며 보조 권선인 기동권선은 리액턴스 성분이 작고 저항 성분이 크다. 주권선의 임피던스가 $Z = R_M + j\omega L_M = R_M + jX_M$일 때 전류는 $I_M = \dfrac{V}{Z}$ 이고, 위상은 $\beta = \tan^{-1}\left(\dfrac{X_M}{R_M}\right)$로 공급 전압 V보다 위상이 많이 뒤진 전류가 흐른다. 기동전선에 흐르는 전류 I_A는 저항 성분이 크고 작은 리액턴스 성분으로 주 전류 I_M보다 위상이 작아 θ의 위상 차이를 가진다. 역회전을 하기 위해서는 주권선과 기동권선을 반대로 접속하면 된다. I_M과 I_A 위상차 θ로 말미암아 타원형 회전 자계가 형성되어 기동 회전력이 발생한다. 이와 같이 단상 전압원으로 위상이 다른 전류를 분상(split phase)전류라 한다. 속도가 동기속도의 60~80[%]가 되면 보조권선의 스위치를 열어 손실을 줄인다.

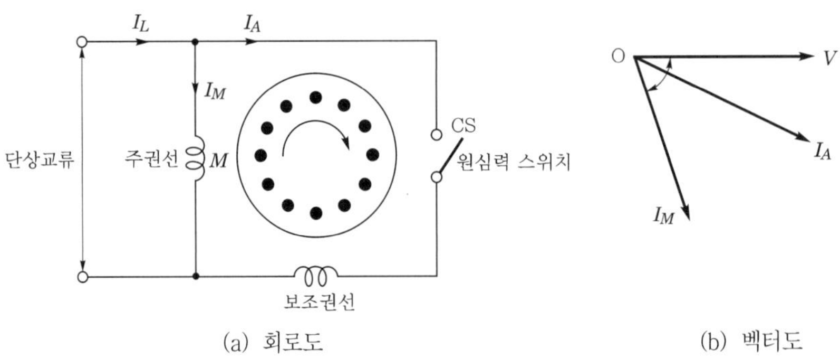

그림 3.55 단상 유도전동기(분상기동형)

② 콘덴서 기동형 : 콘덴서를 이용한 단상 유도전동기는 기동전선에 콘덴서를 연결하여 단상교류로 기동한다. 콘덴서와 직렬로 연결된 기동전선에 의한 전류는 I_A이고 주권선 M에 의한 전류는 I_M이다.

주권선 전류 I_M은 인가전압 V보다 위상이 늦고 I_A는 위상이 앞서 두 전류 사이의 위상차가 θ로 리액턴스 성분이 작고 저항 성분이 큰 기동권선 A와 콘덴서 리액턴스에 의한 위상은 $\omega L_A - \dfrac{1}{\omega C}$로 위상을 $\dfrac{\pi}{2}$[rad]까지 조정할 수 있다. 따라서 거의 원형의 회전 자계로 기동특성이 좋아진다.

콘덴서 기동형은 기동전류가 작고 기동력이 커서 소형 송풍기, 공작기계 등에 많이 사용된다.

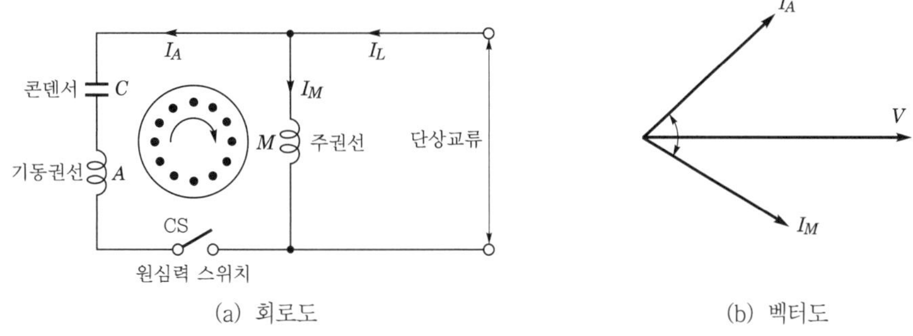

┃ 그림 3.56 단상 유도전동기(콘덴서 기동형) ┃

연습문제

01 1차전압이 3300[V]이고 2차전압이 220[V]인 단상 변압기의 권선비를 구하시오.

정답 $\dfrac{220}{3300} = \dfrac{11}{165} = \dfrac{N_2}{N_1}$

02 1차전압이 6600[V]이고 1차측과 2차측의 권선비 $N_1 : N_2 = 10 : 1$일 때 2차측의 단상 변압기의 전압은 얼마인가?

정답 $\dfrac{x}{6600} = \dfrac{10}{1}$

따라서 1차측 전압(x)은 66000[V]

03 10[kVA] 변압기의 권선비 $\dfrac{N_1}{N_2} = 15$이다. $Z_1 = r_1 + jx_1 = 3 + 50j$, $Z_2 = r_{21} + jx_2 = 5 + 100j$일 때 2차측을 기준하였을 때 임피던스 Z_{12}과 1차측을 기준하였을 때 임피던스 Z_{21}를 구하시오.

정답 $Z_{12} = \dfrac{r_1}{a^2} + j\dfrac{x_1}{a^2} = \dfrac{3}{225} + j\dfrac{50}{225} = \dfrac{1}{75} + j\dfrac{2}{9}\,[\Omega]$

$Z_{21} = r_2 a^2 + jx_2 a^2 = 5 \times 225 + j100 \times 225 = 1125 + j2250\,[\Omega]$

04 분권전동기의 규격은 60[Hz] 220[V]−10[kW]이다. 이때 계자저항과 전기자저항값이 각각 22[Ω], 0.3[Ω]이다. $K = 0.15$[V · sec/A · rad]일 때 전동기 속도를 구하시오.

정답 $I = \dfrac{10 \times 1000}{220} = 45.455\,[\text{A}]$, $I_f = \dfrac{220[\text{V}]}{22[\Omega]} = 10\,[\text{A}]$

$I_a = I - I_f = 45.455 - 10 = 35.455\,[\text{A}]$

$E_a = V - I_a R_a = 220 - 35.455 \times 0.3 = 209.364\,[\text{V}]$

$\omega_m = \dfrac{2\pi v}{60}$, $E_a = kI_f \omega_m$, $\omega_m = \dfrac{2\pi n}{60} = \dfrac{E_a}{kI_f}$

$v = \dfrac{E_a \times 60}{2\pi kI_f} = \dfrac{209.364 \times 60}{2\pi \times 0.15 \times 10} = 1332.853\,[\text{rpm}]$

05 직류 분권전동기가 220[V], 50[A] 외부회로에서 공급되고 있다. 자계 권선저항 $R_f = 25[\Omega]$, 전기자 권선저항 $R_a = 0.2[\Omega]$이다. 전동기 효율이 85[%]일 때 정격전압 속도에서 기계의 손실은 얼마인가?

정답 입력전력 $P = 220 \times 50 = 11000\,[\text{W}]$

자계권선의 손실 $P_f = 100 \times \dfrac{220}{25} = 880\,[\text{W}]$

분권계자전류 $I_f = \dfrac{220}{25} = 8.8\,[\text{A}]$

전기자손 $(50 - 8.8)^2 \times 0.2 = 339.49\,[\text{W}]$

효율 $\eta = \dfrac{11000 - 880 - 339.49 - x}{11000} \times 100 = 85\,[\%]$

$\therefore$ 기계손실$(x) = 510.51\,[\text{W}]$

06 직류전동기를 무부하운전할 때 회전수는 1800[rpm]이고 정격부하의 속도는 1750[rpm]이다. 속도변동률을 구하시오.

정답 최대회전수＝1800[rpm], 정격부하일 때 1750[rpm]이므로

$$\varepsilon = \frac{v_o - v_s}{v_s} \times 100 = \frac{1800 - 1750}{1750} \times 100 = 2.9\,[\%]$$

07 출력이 3[KW]인 DC 전동기의 토크가 10[Nm]이다. 회전속도를 구하시오.

정답 $T = \dfrac{P}{2\pi v}$, $v = \dfrac{P}{2\pi \times 10} = \dfrac{3000}{20\pi} = 47.746$

$47.746 \times 60/1\text{min} = 2864.76\,[\text{rpm}]$

08 교류전압의 주파수가 60[Hz]이고 자석의 극수가 8개일 때 회전 자계의 회전수 [rpm]를 구하시오.

정답 $N_s = 60 \times \dfrac{2f}{m} = \dfrac{120 \times 60}{4} = 1800\,[\text{rpm}]$

09 3상 농형 유도전동기의 규격은 정격출력이 5[kW], 주파수 60[Hz], 4극, 속도는 전부하 때 1800[rpm]이다. 토크를 구하시오.

정답 $T = \dfrac{60 \times P_o}{2\pi v} = \dfrac{60 \times 5000}{2\pi \times 1800} = 26\,[\text{Nm}]$

10 4극의 유도전동기가 60[Hz] 입력신호로 전부하 때 회전속도가 775[rpm]이다. 슬립을 구하시오.

정답 $N_s = 60 \times \dfrac{2f}{m} = \dfrac{120 \times 60}{4} = 1800\,[\text{rpm}]$

$s = \dfrac{N_s - N}{N_s} \times 100 = \dfrac{1800 - 1775}{1800} \times 100 = 1.4\,[\%]$

11 다음에 대하여 설명하시오.

(a) 유도전동기 동기속도
(b) 슬립 주파수
(c) 회전 자계

정답 앞의 본문 내용 참고

MEMO

Chapter 04

전기설비

현대 문명의 생활을 유지하기 위해 가장 기본적인 것은 전기이다. 전기를 이용하여 교통, 통신, 산업생산설비, 주거 및 각종 가정용 전기기기 등을 움직이고 가동시켜 현대 문화생활을 유지시킨다. 전기는 수력, 화력, 원자력 등의 발전 설비를 이용하여 생산한다. 따라서 이 장에서는 다양한 발전설비와 생산된 전기를 승압하여 전송하는 송전계통과 산업시설, 공장, 가정 등으로 배분하는 배전계통에 대하여 다룬다.

01 발 전

플레밍의 오른손법칙에 의하면 일정 자계 내에서 회전하는 도체 또는 도선이 자속을 끊을 때 도선에 전기가 흐른다. 그림 4.1에서와 같이 코일이 회전하면서 자속을 끊으면 끊어진 자속의 양에 따라 전압이 유기되어 교류전류가 흐르게 된다.

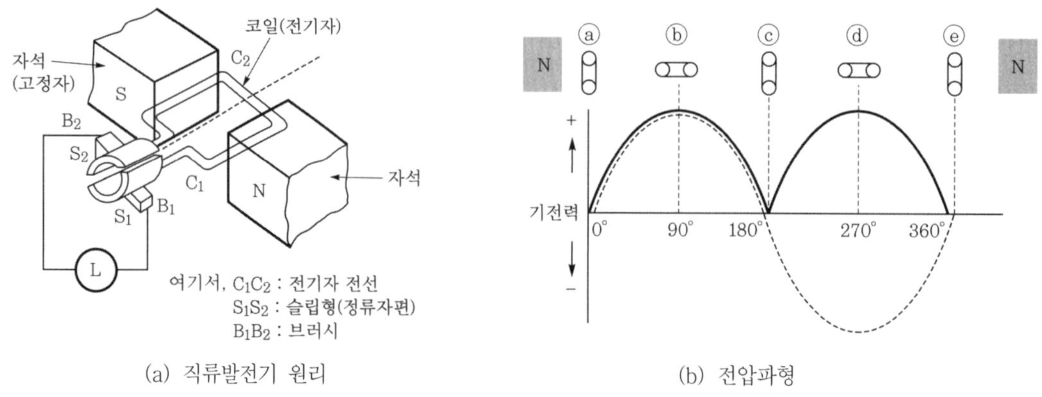

(a) 직류발전기 원리
(b) 전압파형

┃ 그림 4.1 직류발전기 ┃

대전력을 생산하는 발전소는 코일은 고정되어 있으며 터빈을 돌려 발전기의 회전자속을 회전시킨다. 그림 4.2에서 AA', BB', CC'의 코일이 120° 간격으로 배치되어 3상 교류가 생성된다.

회전자속을 회전시키는 터빈을 가동하는 방식에 따라 수력발전, 화력발전 및 원자력발전으로 구분한다. 회전 자극수에 따라 일정한 주파수의 교류전기가 생성되는데, 이를 동기발전기라 한다.

대형 발전소에서는 단상 교류보다 3상의 교류를 생성한다. 3상 교류방식은 임의의

2개선을 택하여 단상 교류로 사용할 수 있을 뿐 아니라 3상 교류전압이 단상 교류전압의 크기보다 $\sqrt{3}$ 배 크고 전력도 $\sqrt{3}$ 배로 증가되어 효율도 좋고 전송에도 매우 경제적이기 때문이다.

발전은 크게 수력발전, 화력발전, 원자력발전, 태양광발전, 풍력발전으로 구분된다.

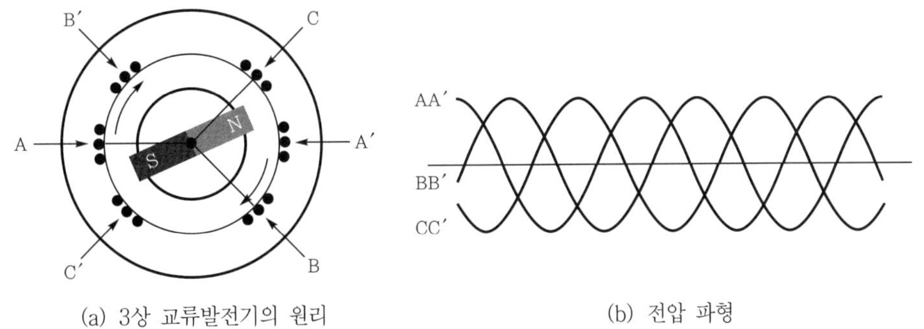

(a) 3상 교류발전기의 원리   (b) 전압 파형

▌ 그림 4.2 3상 교류발전기 ▌

1 수력발전

수력발전은 높은 곳에 있는 물을 고도 사이가 큰 낮은 지역에 떨어뜨려 발전기와 연결된 수차(water turbine)를 돌려 위치에너지를 전기에너지로 바꾸어 전기를 생성하는 방식이다.

이론적인 수력발전의 전력은 다음과 같이 얻을 수 있다.

$$P = 9.8\eta_g\eta_t h Q[\text{kW}] \quad \cdots\cdots\cdots\cdots\cdots\cdots\cdots\cdots\cdots\cdots\cdots \quad (4.1)$$

여기서, η_g : 발전기 효율, η_t : 수차 효율, h : 높이, Q : 유량$[\text{m}^3/\text{sec}]$

따라서 수력발전은 낙차가 크고 관로에 유입되는 유량이 많을수록 큰 출력을 얻을 수 있다. 수력발전의 종류는 물을 취수하는 방법과 운영방식에 따라 댐식, 댐수로식, 유역변경식 등으로 구분한다.

(1) 댐식 및 댐수로식

물이 풍부한 강이나 하천 상류부에 댐을 높이 쌓고 발전기를 낮은 곳에 설치하여 낙차를 이용하는 방식이 댐식이며, 댐수로식은 강이나 하천의 상부에 댐을 쌓아 낙차가 큰 지역까지 수로를 연결하여 발전하는 방식이다.

우리나라에서는 청평 발전소, 소양강 발전소, 팔당 발전소 등이 댐식 발전소이며 대표적인 댐수로식 발전소는 강릉 발전소로 대관령 고지대에서 동해안까지 터널 수로를 만들어 큰 낙차를 이용하여 발전한다. 화천 발전소도 댐수로식 발전소이다.

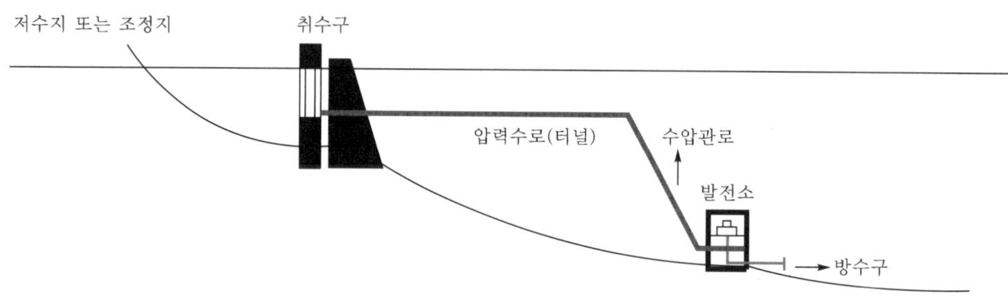

그림 4.3 댐수로식 발전

(2) 유역변경식

두 개 이상의 하천이 인접해 있으나 고도의 차이가 있어 두 하천 사이를 수로로 연결해 낙차를 이용하여 발전하는 방식이다.

(3) 양수식

전력 사용량이 시간 또는 시기에 따라 차이가 있을 때 소비 전력량이 적은 시기에 남은 전기를 이용하여 펌프로 하부 저수지의 물을 상부 저수지로 양수하여 저장해 두고 전력 수요가 많은 시간에 상부의 저장된 물을 이용하여 발전하는 방식이다. 종류로는 별치식과 펌프수차식이 있다.

별치식은 펌프와 전동기로 구성된 양수설비와 수차 및 발전기의 발전설비가 별도 설치되어 운영하는 방식이다.

펌프수차식은 수차 발전기를 역회전하여 전동 펌프를 사용해 물을 상부 저수지로 양수하는 방식이다. 우리나라에서는 청평, 양양, 무주, 청송 발전소가 이에 속한다.

(4) 조력식

조력식 발전은 조수간만의 차를 이용하여 밀물 때 바닷물을 저장하여 두었다가 썰물 때 바다로 낙차시켜 발전하는 방식이다. 이를 '낙조식'이라 한다. 우리나라 경기도 시화 방조제 조력발전은 세계 최대시설로 밀물 때 수차를 돌려 발전한다. 썰물 때 시화호 호수와 바다 수면이 3[m] 차이가 나면 수문을 닫고 밀물 때 호수와 바다 수면의 차이가 2[m]가 되면 수문을 열어 밀려오는 바닷물의 힘으로 수차를 돌려 발전하는 방식이다. 현재 연간 552.7[GWh](2020년 8월)의 전력을 생산하고 있다.

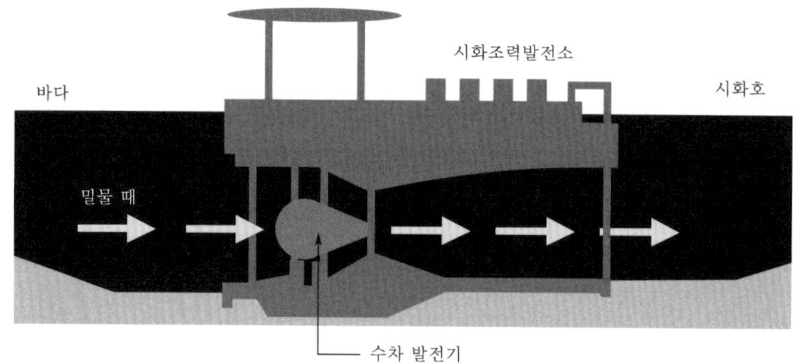

그림 4.4 조력발전(시화호)

2 화력발전

화력발전은 증기의 힘으로 터빈과 발전기를 돌려 전기를 발생시키는 방법으로 원료로는 석유, 석탄 등을 이용한다. 종류로는 에너지를 이용하는 방식에 따라 기력발전, 내연력발전, 가스터빈발전, 복합가스터빈발전, 열병합발전 등이 있다.

(1) 기력발전

기력발전은 증기터빈을 사용하는 화력발전으로 주요 설비로는 연소장치, 터빈 및 발전 설비, 급수설비, 송배전설비 등으로 구성된다.

먼저 보일러에서 물을 끓여 가열가압 과정을 거쳐 증기를 얻고, 얻은 증기는 다시 보일러의 과열기로 가 과열기에서 얻은 고온 고압의 증기로 터빈을 돌려 발전한다. 터빈을 돌리고 난 저온저압의 증기는 물이 되어 복수기로 보내진다. 복수기의 물은 펌프를 이용하여 보일러 가열기에 보내져 사용된다. 연료와 혼합하기 위한 외부 공기는 보일러에서 연료를 태우고 난 배기가스 즉 절탄기에서 예열된 후, 연료와 혼합되어 보일러에 보내진다. 연소가스는 다시 한번 과열기를 통해 정화되어 외부로 송출된다.

기력발전은 발열량이 높은 연료가 필요하다. 기체연료로는 LNG, 액체연료로는 중유, 고체연료로는 무연탄, 갈탄, 역청탄, 석탄 등이 사용된다.

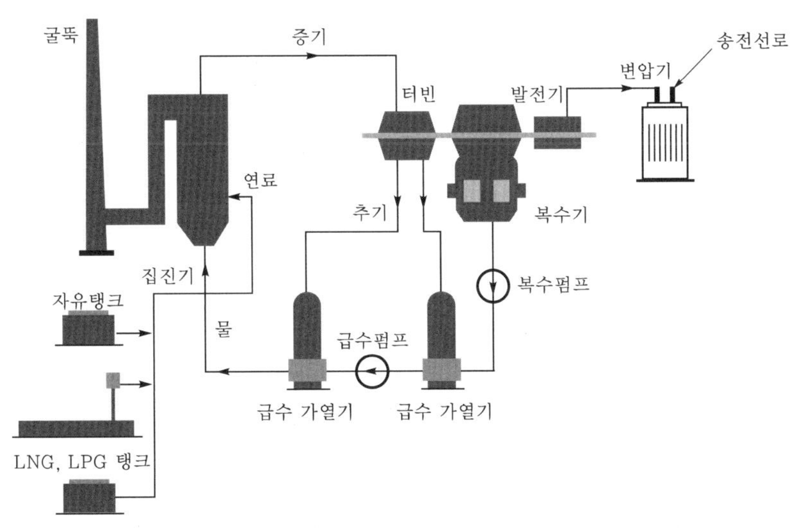

┃ 그림 4.5 기력발전 ┃

(2) 내연력발전

내연력발전은 증기를 이용하는 기력발전과 달리 디젤엔진이나 가스터빈을 이용하여 발전하는 방식이다.

　　가스터빈발전은 공기혼합연료를 고온고압하여 팽창시킨 가스로 직접 가스터빈을 구동하여 발전하는 방식이다. 보일러 설비가 없어 가설기간이 짧고 운전이 용이하며 주로 액화 천연가스와 같은 청정연료를 사용해야하므로 공기오염을 줄일 수 있다. 그러나 높은 가스 온도와 공기 압축에 따른 고압으로 고온고압의 내열성 구조로 구성해야 한다.

　　디젤발전은 기화된 공기혼합연료를 실린더에서 흡입, 압축, 폭발, 배기 사이클을 거쳐 왕복운동을 회전운동으로 바꾸어 발전기를 회전시켜 발전하는 방식이다.

(3) 복합 가스터빈발전

　　열효율을 증대시키기 위해 40~50[%]의 열효율의 증기터빈과 가스터빈을 병행하여 사용한다. 먼저 가스터빈을 가동하여 발전하고 남은 고온고압의 배기가스를 증기터빈 보일러 연소실에 보내 증기를 발생시키는데 활용하여 증기터빈을 발전을 하는 방식으로 열효율을 증가시킨다.

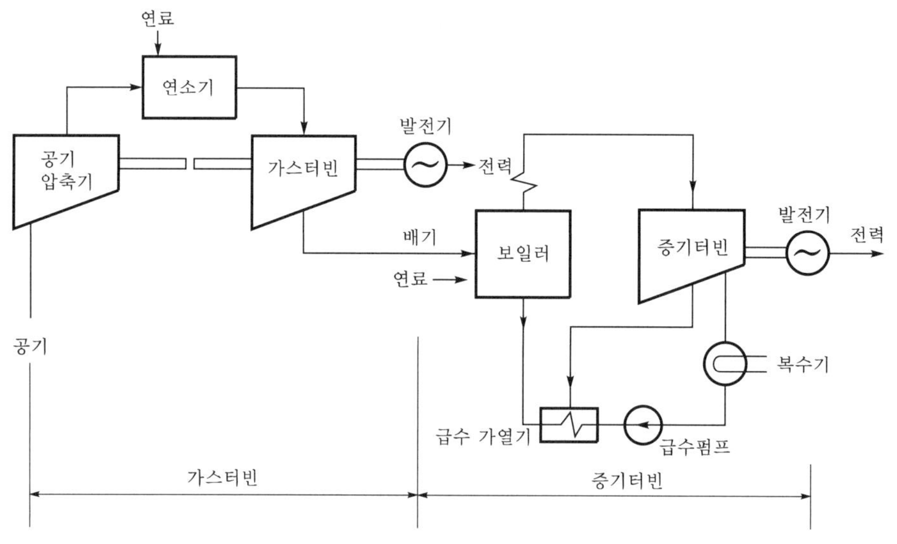

그림 4.6　복합 가스터빈발전

(4) 열병합발전

　　열병합발전은 먼저 석유나 천연가스 등을 연소시켜 가스터빈을 돌려 발전하고 이때 남은 열과 배기가스를 활용하여 주변 아파트의 냉 · 난방 시설에 이용하거나 온수를 공급하여 열효율을 30~40[%]에서 70~80[%]까지 증대시킬 수 있는 발전방식이다.

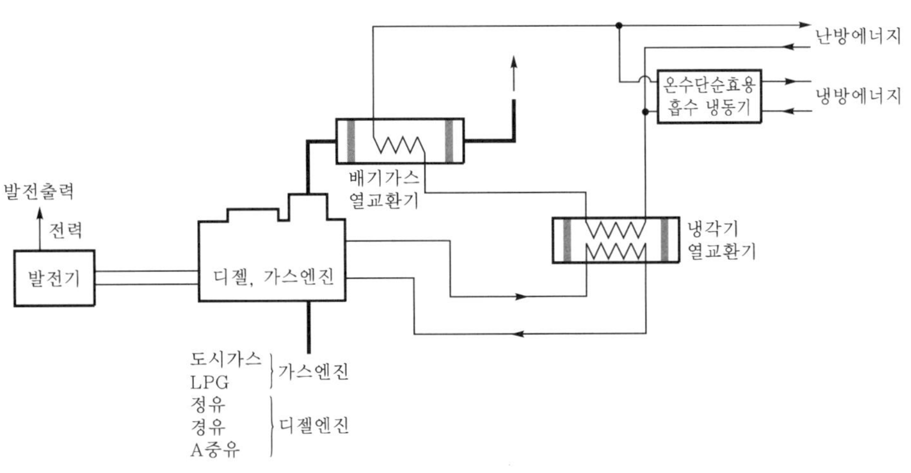

┃ 그림 4.7 열병합발전(디젤/가스) ┃

3 원자력발전

원자력발전은 우라늄 등의 핵 원료를 사용하여 핵분열 때 발생한 열로 증기터빈을 회전시켜 전기를 발생하는 방식으로 기력발전의 일종이라 할 수 있다. 원자력발전의 원료인 우라늄은 1[g]으로 석탄 3[톤]을 태우는 열량과 비슷하며 원자력 발전기는 통상 1500~1800[rpm]으로 회전한다.

우리나라 발전원료와 발전량을 비교하면 표 4.1과 같다.

┃ 표 4.1 우리나라 발전 현황 ┃

(2019년)

원자력	수 력	석 탄	유 류	가 스	신재생	기 타	총 계[GWh]
145,910	3,458	227,384	3,292	144,355	36,392	2,249	563,040

(1) 원자로 구조

원자력발전의 원자로는 핵 원료, 감속재, 방수재, 제어봉, 반사체, 차폐체로 구성된다. 아인슈타인의 상대성 원리에 의해 핵분열 때 질량이 줄어드는데, 줄어든 질량의 원료에서는 다음과 같이 에너지가 발생한다.

$$E = mc^2 [\text{J}] \quad\cdots\cdots\cdots\cdots\cdots\cdots\cdots\cdots\cdots\cdots\cdots\cdots\cdots\cdots\cdots\cdots\cdots\cdots\cdots\cdots\cdots \quad (4.2)$$

여기서, m : 질량 c : 광속(3×10^8[m/sec])

이때 핵분열로 방출된 중성자는 다른 원자핵과 충돌하여 다시 여러 개의 중성자가 발생하며 이러한 현상이 반복되어 고속의 연쇄반응으로 많은 에너지가 일시에 발생한다. 따라서 원자력발전으로 사용하기 위해서는 감속재를 사용하여 핵분열의 속도를 조절해야 한다.

원자력발전에 사용되는 원료로는 천연 우라늄을 농축한 $_{92}U^{235}$를 사용하며 중성자를 조절하기 위한 감속재는 경수(H_2O), 중수(D_2O), 흑연 등이 사용된다.

원자로에서 일정한 에너지를 방출하기 위해서 중성자 수는 일정해야 하는데 이는 제어봉을 통해서 조절된다. 제어봉의 재료로는 카드뮴, 붕소, 하프늄이나 합금재료가 사용된다.

핵분열로 발생한 열은 아주 고온이어서 원자로를 녹이는 상태(melt down)가 되지 않게 하기 위해서 냉각재로 냉각해주어야 한다.

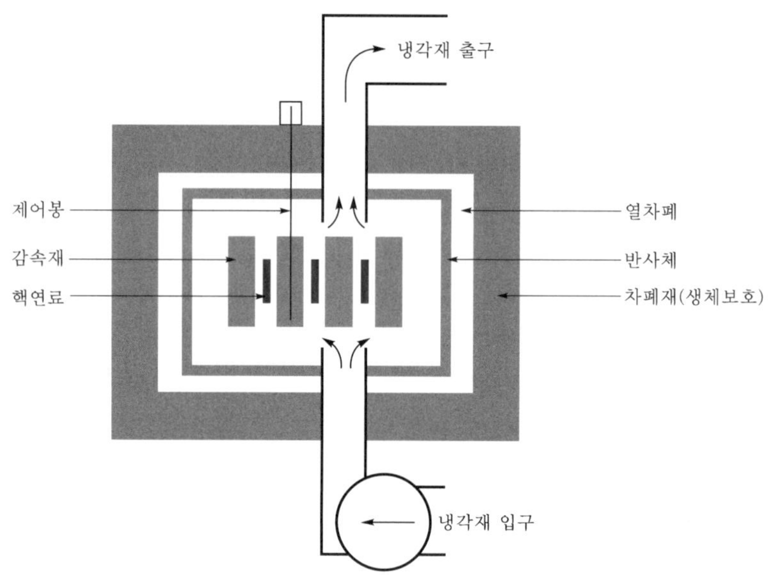

▌그림 4.8 열중성자 원자로 구조 ▌

냉각재로는 감속재와 같은 경수, 중수, 흑연 등이 사용되나 주로 값이 싼 경수가 사용된다.

반사체는 핵분열로 발생한 고속의 중성자가 외부로 방출되는 것을 방지하기 위하여 원자로 안으로 반사시키는 것으로 재료로는 경수, 중수, 흑연 등이 사용된다.

핵분열 때 γ선 등이 발생하는데 차폐체는 이들 방사선이 외부로 노출되는 것을 방지한다. 인체에 해가되지 않도록 외부에는 콘크리트, 납 등이 사용된다.

(2) 원자력발전의 구분

발전용 원자력발전은 주로 사용되는 핵심부품인 감속재나 냉각재 또는 에너지 이용 방식에 따라 구분되며 크게 열중성자로와 고속증식로(FBR)로 구분되며 열중성자로는 경수로(가압경수로, 비등유경수로), 중수로가 있다. 경수로에서는 감속재로 경수가 사용되고, 원료로는 농축 우라늄이 사용된다. 중수로에서는 감속재로 중수가 사용되며 원료로는 천연 우라늄 $_{92}U^{235}$가 사용된다. 경수로는 가압경수로와 비등유경수로로 구분된다.

① **가압경수로(PWR)** : 가압경수로는 세계 원전의 60[%]를 차지하고 있으며 냉각재와 감속재로는 경수를 사용하고 있다. 원료로는 천연 우라늄 $_{92}U^{235}$가 2~5[%]인 저농축 우라늄을 사용한다. 구조를 살펴보면 원자로와 증기발생기는 격납건물 안에 있다. 물은 1기압 100[℃]에서 끓으나 기압이 높으면 100[℃] 이상에서 끓는다. 이를 이용하여 냉각재에 고압(150 기압)을 가해 고온인 300[℃]에서 액체인 상태로 만들고 열교환기를 통해 물을 증기로 만들고 터빈을 돌려 발전한다. 터빈을 통과한 증기는 복수기를 거쳐 다시 증기발생기로 보내진다. 따라서 가압경수로(PWR)는 격납고 외부로 방사성 물질이 포함되지 않는 증기가 순환한다.

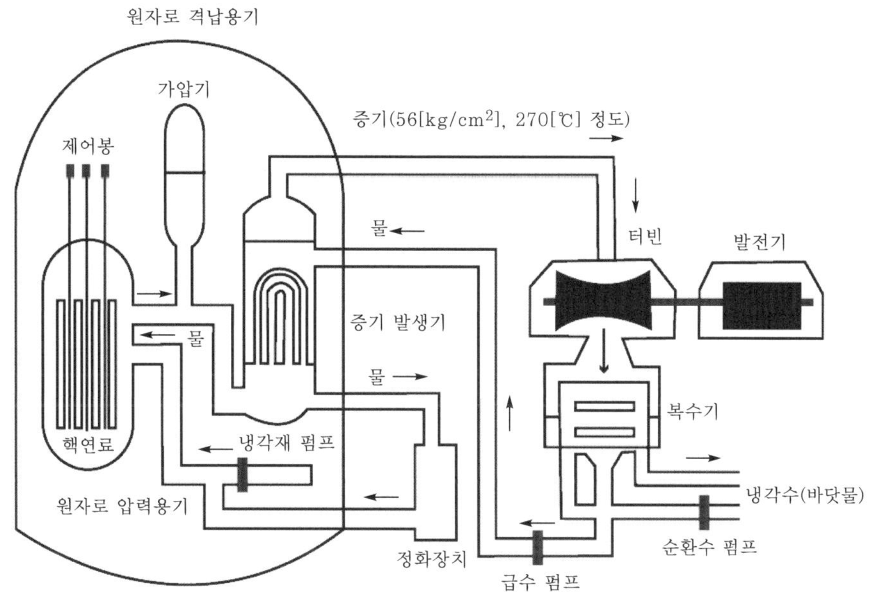

그림 4.9 가압경수로(PWR) 구조

② **비등유경수로(BWR)** : 비등유경수로는 일본 후쿠시마 원전에서 사용된 것으로 원료와 냉각재는 가압경수로와 같으며, 차이는 원자로에서 발생한 증기로 직접 터빈을 돌려 전기를 생산한다는 것이다. 즉 냉각재인 경수로 증기를 만들어 사용하며 높은 압력장치가 필요하지 않으나 방사성 문제가 발생할 수 있다.

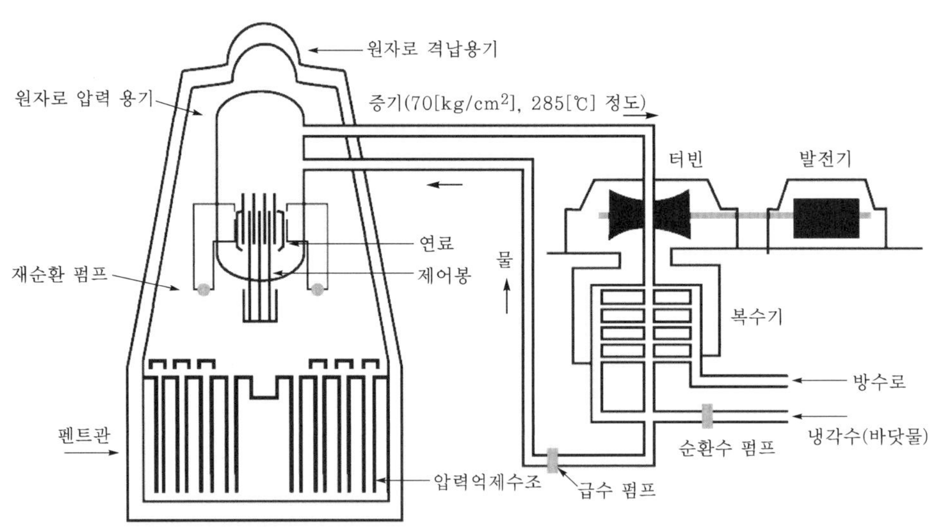

┃ 그림 4.10 비등유경수로(BWR) 구조 ┃

③ **가압중수로(CANDU)** : 가압중수로는 캐나다에서 개발한 것으로 냉각재와 감속재는 중수를 사용하며 중성자 흡수가 상당히 적어 원료로는 농축하지 않은 천연 우라늄을 사용한다. 현재 우리나라 월성 원자력발전소에 설치되어 운영되고 있다.

④ **고속증식로** : 천연 우라늄 안에 핵분열이 가능한 $_{92}U^{235}$은 대략 0.7[%]로 소량이다. 따라서 천연 우라늄의 대부분인 핵분열을 하지 않는 $_{92}U^{238}$을 핵분열을 하는 플루토늄 P^{239}으로 만들어 핵 원료로 사용하는 방식이다.

$_{92}U^{235}$가 핵분열하면 2~3개의 중성자와 $_{92}U^{238}$와 플루토늄 P^{239}가 생성된다. 이때 또 다른 고속의 중성자가 $_{92}U^{238}$와 충돌하면 중성자를 흡수하여 플루토늄 P^{239}이 생성된다. 이러한 핵분열로 다시 고속의 중성자가 $_{92}U^{238}$와 충돌하면 핵분열 하는 플루토늄 P^{239}가 다량으로 생성된다. 이러한 방법으로 동작하는 원자로가 고속증식로이다.

고속증식로에서는 고속 중성자를 사용해야하므로 감속재가 필요 없고 냉각재로는 빠른 열전달을 가진 액체인 나트륨을 사용하고 있다. 나트륨 액체는 비등점이 높고 열용량이 매우 커서 높은 기압이 필요치 않으며 우수한 열효율을 가진다. 또한 천연 우라늄을 그대로 활용할 수 있어 원료가 매우 풍부하다는 장점이 있다. 그러나 그 구조를 살펴보면 액체 나트륨의 열이 증발기, 과열기를 통해 증기를 만들어 터빈을 돌리는데 이 과정에서 나트륨은 방사성 물질을 포함하고 있으며, 또한 나트륨은 물과 매우 격렬히 반응하는 성질이 있어 외부에 노출될 경우 화재의 위험이 있다. 따라서 아직도 개선할 여지가 많다.

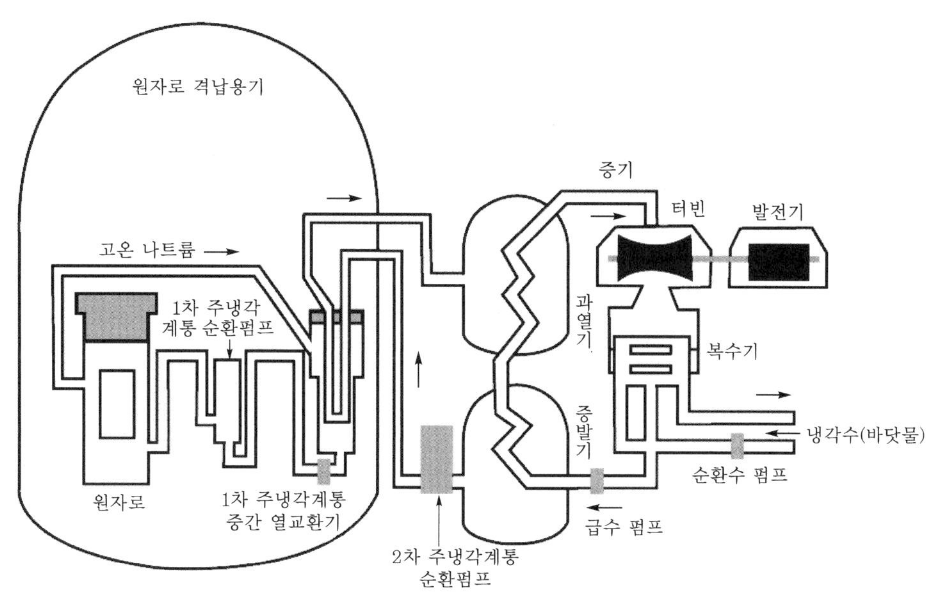

┃ 그림 4.11 고속증식로(FBR) 구조 ┃

우리나라 원자력발전소 현황을 살펴보면 표 4.2와 같다.

┃ 표 4.2 우리나라 원자력발전소 현황 ┃

(2019.12.)

명 칭	운영대수	종 류	발전량[MW]	기 타
고리	2-4호기	가압경수로	2,550	1호기 영구정지(2017.6.)
신고리	1-4호기	가압경수로	4,800	–
한빛	1-6호기	가압경수로	5,900	–
월성	2-4호기	가압중수로	2,100	1호기 영구정지(2019.12.)
한울	1-6호기	가압경수로	5,900	–
신월성	1-2호기	가압경수로	2,000	–
합계	–	–	23,200	–

(3) 원자로의 안전

원자폭탄은 100[%]의 농축 우라늄을 사용하여 급격한 연쇄반응을 일으켜 폭발 시 방사능 유출뿐 아니라 고온고압의 열폭풍으로 그 위험은 어마어마하다. 현재 우리나라는 원자력발전소 원료로 농축 우라늄(3~5[%])을 사용하고 있다. 원자폭탄에 비하여 저농축의 핵원료와 또한 감속재를 사용하여 반응속도를 조절하고 있어 폭발의 위험은 거의 없다. 또한 월성 원자로를 제외하고 모두 가압경수로발전으로 외부로 방사선 물질이 노출될 위험이 거의 없다. 그러나 방사선이나 핵 재처리는 철저히 관리해야 한다.

경수로의 경우 우라늄 $_{92}U^{235}$의 사용으로 농축 비율이 2[%] 이내로 줄어들면 연료로 사용할 수 없어 폐기된다. 이때 핵연료 폐기물에는 핵분열하는 $_{92}U^{235}$나 핵분열로 발생한 플루토늄 P^{239} 등이 포함되어 있어 방사능을 방출한다. 따라서 핵폐기물을 철저히 관리한다면 방사성 물질의 오염을 막을 수 있다.

가압경수로는 안전방호벽이 여러 겹으로 설치되어 있다. 제1방호벽은 핵연료 피복관인 펠릿으로 연료체를 지르콘 합금의 금속판에 넣어 밀봉한 방호벽이고, 제2방호벽은 높은 압력에 견딜 수 있는 강철판 압력용기로 된 방호벽이다. 제3방호벽은 방사선 누출을 방지하는 차폐 콘크리트 방호벽이고, 제4방호벽은 강철판으로 원자로 벽 내부에 설치된 방호벽이다. 제5방호벽은 원자로 건물을 둘러싼 1.2[m]의 철근 콘크리트 방호벽으로 되어 있다.

4 태양광발전

태양광발전은 태양에너지를 이용하여 전기를 생산하는 발전 방식이다. 석유, 가스, 석탄 등 지구의 화석에너지는 제한되어 있으며 화석에너지는 이산화탄소 배출로 지구온난화를 일으킨다. 지구에 도달하는 햇빛의 1시간 양은 전 세계에서 1년 동안 소비할 수 있는 양이며 태양에너지는 청정에너지로 무한정 사용할 수 있어 미래의 신소재 에너지로 각광받고 있으며 사용량이 늘어나고 있다.

태양에너지를 이용하는 방법은 크게 태양열발전과 태양광발전으로 나눌 수 있다.

(1) 태양열발전

이는 태양열을 집적하여 집적된 열로 물을 데워서 얻은 증기로 터빈을 돌려 전기를 일으키는 발전이다.

집열은 넓은 지역에 설치된 많은 집열기를 통해서 집열하는 방식과 반사경을 이용하여 오목거울 모양의 집열기를 통해서 빛을 한곳에 모아 집열하는 방식이 있다.

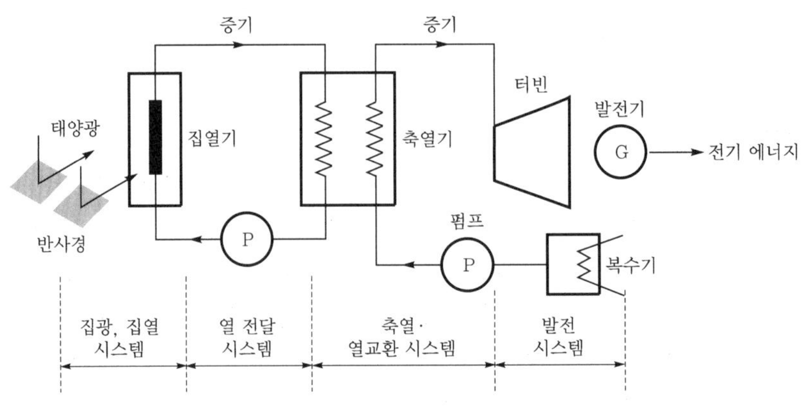

‖ 그림 4.12 태양열 발전 ‖

(2) 태양광발전

태양광발전은 빛이 PN 반도체에 조사할 때 전자와 정공을 생성하고, 생성된 전자와 정공에 의해서 전기를 일으키는 발전이다.

1905년 아인슈타인에 의해서 빛을 광자로 불리는 입자로 보았으며, 빛은 다음의 에너지를 가진다.

$$E = h\nu \quad \cdots\cdots\cdots\cdots\cdots\cdots\cdots\cdots\cdots\cdots\cdots\cdots\cdots\cdots\cdots\cdots\cdots\cdots\cdots\cdots\cdots\cdots\cdots\cdots\cdots\cdots \text{(4.3)}$$

여기서, h : Frank 상수(6.625×10^{-34}[J · sec])
ν : 진동수

P형 반도체의 다수캐리어는 정공이며 N형 반도체의 다수캐리어는 전자이다. PN 접합에는 전기장이 존재하며 광전자에 의해 PN 반도체의 공유결합을 깨뜨려 전자와 정공이 생성된다. 이때 공핍층의 전기장에 의해서 전자는 N형 반도체로 이동하고 정공은 P형 반도체 방향으로 이동하여 광전류는 PN 접합의 역방향으로 흐른다. 이와 같은 태양전지 하나를 솔라 셀(solar-cell)이라 하며 솔라 셀 하나는 0.5[V] 정도의 전압을 발생한다. 따라서 많은 전류를 얻기 위해서 넓은 지역에 많은 솔라 셀의 집적장치를 설치해야 한다.

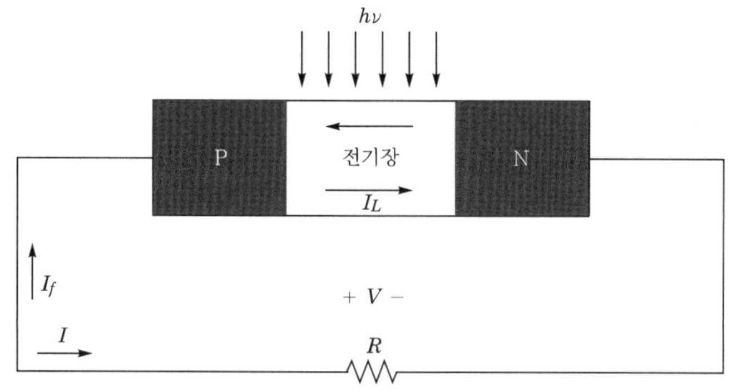

▎그림 4.13 PN 접합 태양전지 ▎

태양광에너지는 날씨에 의존하여 발전이 일정하지 않은 단점이 있다. 또한 전기를 저장하기 위한 축전지가 필요하며 직류를 교류로 전환하는 장치가 필요하다.

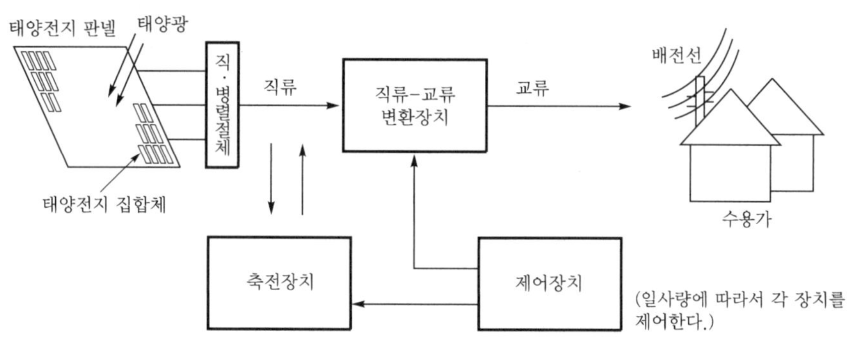

▎그림 4.14 태양광 발전 계통도 ▎

5 풍력발전

(1) 풍력발전의 개요

풍력발전은 바람에너지를 이용하여 날개인 프로펠러를 돌려 그 회전력으로 발전기를 돌려 전기를 발전하는 방식이다. 풍력발전도 태양발전과 같이 청정발전으로 대기오염이 없다.

주로 사용하는 프로펠러는 날개를 2~3개 사용하며 풍속은 6~7[m/sec] 이상이 되어야 한다. 따라서 프로펠러는 바람이 많은 지역인 높은 지역이나 해변가에 설치된다.

유체의 운동에너지는 다음과 같다.

$$P = \frac{1}{2} m V^2 [\mathrm{W}] \quad \text{(4.4)}$$

여기서, m : 공기의 질량, V : 풍속

이동하는 공기의 질량 m은 공기밀도×단면적×풍속으로 표시된다.

$$P = \frac{1}{2} m V^2 = \frac{1}{2} (\rho S V) V^2 = \frac{1}{2} \rho S V^3 [\mathrm{W}] \quad \text{(4.5)}$$

여기서, m : 질량[kg]　V : 풍속[m/sec]　ρ : 공기밀도($1.225[\mathrm{kg/m}^2]$)
S : 프로펠러가 회전할 때의 평면적[m^2]

풍력에너지는 프로펠러가 회전할 때의 평면적에 비례하며 풍속의 3제곱에 비례한다. 따라서 풍속이 세거나 프로펠러의 길이가 길 때 더 많은 전기를 발전한다.

(2) 풍차의 회전력

풍차의 회전력은 항공기가 부양되는 원리와 같다. 항공기의 에어포일(날개)이 수평으로 놓여 있을 때 날개 윗면은 곡선으로 되어 있어 공기의 이동속도가 아래면보다 크다. 따라서 유체운동에 대한 베르누이 법칙에 의해 날개 아랫면의 압력이 윗면보다 커서 공기 이동에 대한 날개 상대방향의 수직으로 양력이 발생한다. 풍차의 경우 프로펠러는 바람이 부는 방향에 대한 상대방향의 수직방향으로 양력이 발생하며 바람이 부는 방향으로 항력이 발생한다. 따라서 프로펠러의 회전력은 양력과 항력의 벡터의 합성방향으로 발생한다.

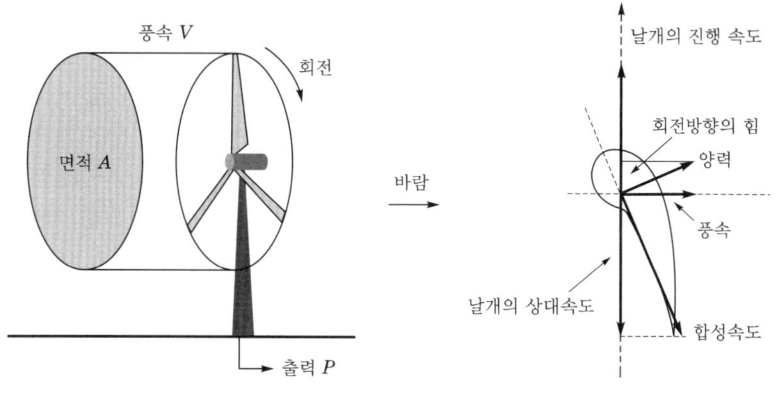

│ 그림 4.15 풍력에너지 │

02 송 전

수력발전소, 화력발전소 및 원자력발전소 등에서 발생한 전기는 승압되어 전송된다. 전송된 전기는 집속되어 다시 승압이나 강압을 하여 수용가로 또는 다른 곳으로 배분된다. 발전소에서 2차 변전소까지의 전력수송계통을 송전계통이라 하며 배전 변전소부터 수용가까지의 전력 전송을 위한 일련의 공정을 배전계통이라 한다. 송전계통과 배전계통을 모두 포함하는 공정을 전력계통이라 한다.

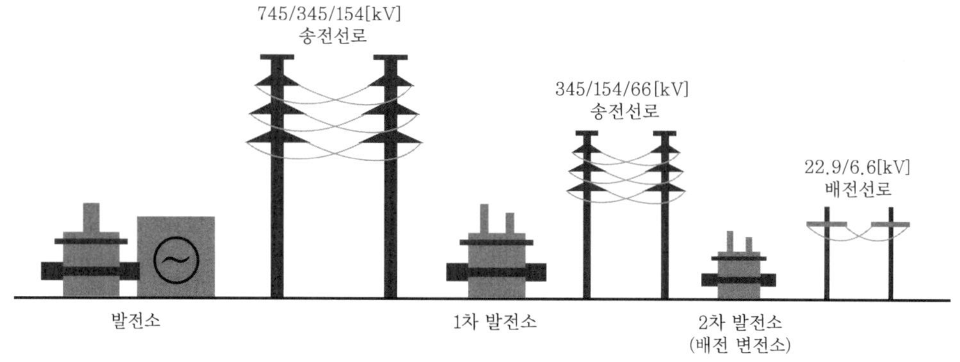

│ 그림 4.16 송전전력계통 │

1 변전소의 종류

송전 전기를 집속하고 승압과 강압 및 배분 그리고 송전계통의 전력설비를 보호하고 관리하는 곳을 변전소라 한다.

(1) 기간 계통 변전소

발전소로부터 발전된 전기를 765[kV], 345[kV], 154[kV]의 전압으로 승압하여 동일한 또는 다른 변전소로 송전하는 전력시설을 갖추고 있는 변전소를 말한다.

(2) 1차 변전소

기간 계통 변전소로부터 승압되어 보내진 765[kV], 345[kV], 154[kV]의 전기나 또는 다른 발전소에서 송전된 전기를 받아 345[kV], 154[kV], 66[kV]로 강압하거나 승압하여 배분하는 설비를 갖춘 변전소이다.

(3) 2차 변전소

1차 변전소에서 345[kV], 154[kV], 66[kV]로 보내진 전기 또는 다른 발전소에서 송전된 전기를 강압하여 배전용 전기인 22.9[kV]나 6.6[kV]로 낮추어 송전하는 전력설비를 갖추고 있는 변전소이다.

(4) 배전 변전소

2차 배전 변전소에서 보내진 전기를 직접 받거나 또는 다른 발전소에서 송전된 전력 (22.9[kV]나 6.6[kV])을 받아 수용가로 전력을 배분하는 최말단의 전력설비를 갖춘 곳이다.

(5) 가스절연 변전소

변전소의 가장 중요한 역할은 승압과 강압이다. 변전소에는 차단기가 있는데 만약 벼락이나 송전선로에 문제가 발생할 경우 송전선로를 차단시켜 주어야 한다. 송전선로는 수 천 암페어의 전류가 흐르고 있어 차단할 때 전기아크가 발생한다. 차단기의 종류는 절연물질에 따라 공기차단기(ABB), 진공차단기(VCB), 유입차단기(OCB), 자기차단기 (MBB) 등이 있으나 요즘은 전기아크를 제거하는 데 효과적인 SF_6 가스차단기를 사용하고 있다.

변전소에는 차단기 이외에 고압의 단로기, 피뢰기, 계기용 변성기 등이 있다. 고압의 단로기는 전기아크 제거기가 없어 무부하 상태에서만 차단기와 직렬로 사용하여 송전선로를 끊어주는 장치이며, 피뢰기는 선로나 전기기기를 이상 고전압으로부터 보호해 준다. 계기용 변성기는 고압의 전류와 전압을 측정하는 전력설비이다.

SF_6 가스절연 변전소는 SF_6로 변전소의 각 장비들을 충전부로 밀폐시킨 것으로 눈, 먼지, 비, 바람 등으로 절연물들이 손상을 입지 않고 안전하며 소음도 적고 기존 변전소 면적의 5~10[%] 정도여서 도심지에서도 사용하고 있는 변전소이다.

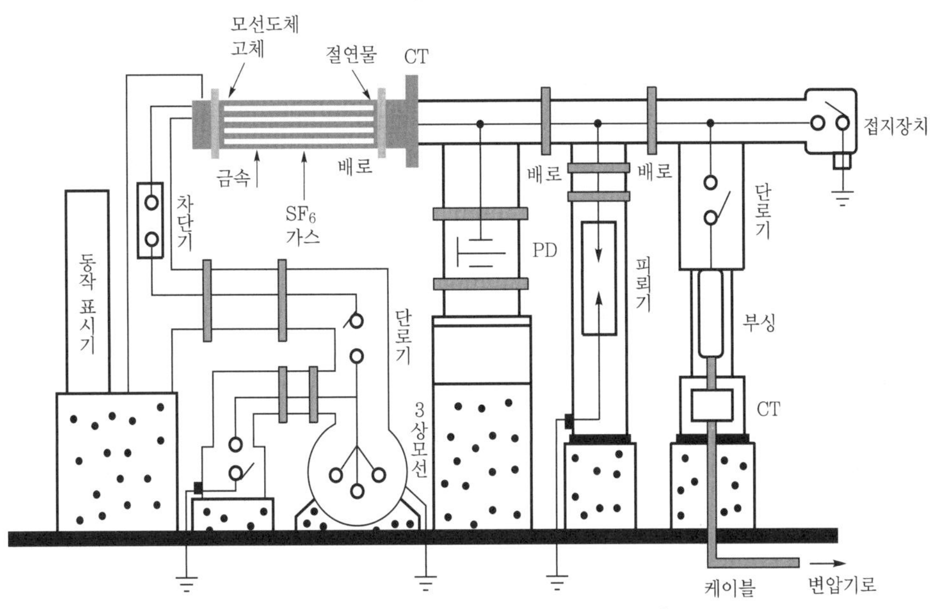

그림 4.17 가스절연 변전소 시스템

2 송전방식

송전방식은 전송 전류에 따라 직류송전방식과 교류송전방식으로 구분된다.

(1) 교류송전방식

송전전력이 커지고 발전소에서 생산하여 사용지까지의 전송거리가 멀어짐에 따라 송전 효율을 높이기 위해 고압으로 승압해서 전송해야 한다. 교류송전방식은 변압기에 의해서 쉽게 승압을 할 수 있다. 또한 교류발전기나 교류전동기는 직류전동기보다 구조가 간단하므로 교류송전방식이 유리하다.

교류송전방식으로 단상 2선식, 단상 3선식, 3상 3선식, 3상 4선식 등이 있다.

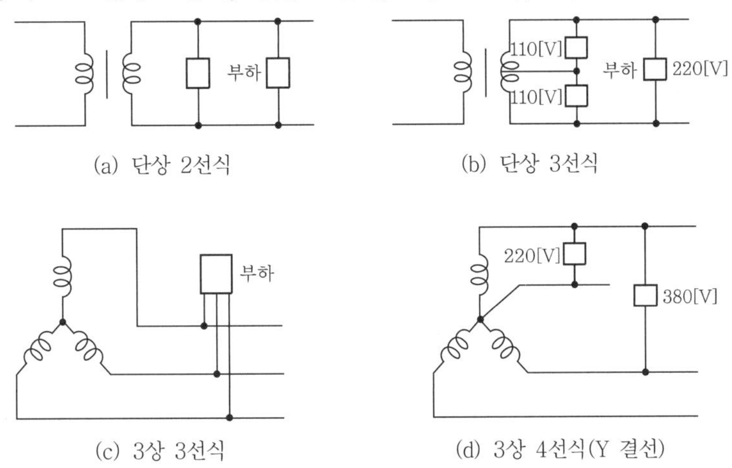

그림 4.18 교류송전방식

교류전기방식과 송전전력은 다음과 같다.

‖ 표 4.3 교류전기방식과 송전전력 ‖

전기방식	송전전력
단상 2선식	$VI\cos(\phi)$
단상 3선식	$VI\cos(\phi)$
3상 3선식	$\sqrt{3}\ VI\cos(\phi)$
3상 4선식	$\sqrt{3}\ VI\cos(\phi)$

(2) 직류송전방식

직류송전방식은 발전계통과 배전계통를 교류송전방식으로 전송하며 송전계통만 직류로 전송하는 방식이다. 따라서 송전단에서 직류로 변환하여 송전하고 수전단에서 역변환하여 교류로 전송해야 한다.

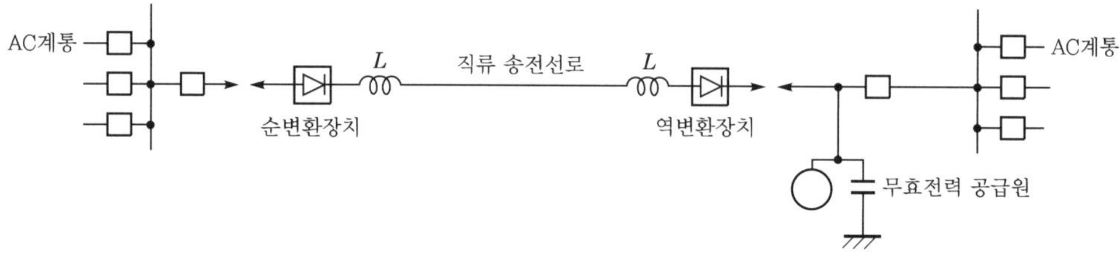

‖ 그림 4.19 직류송전방식 ‖

▣3 송전전압

송전전압은 발전소에서 먼 지역까지 송전을 해야하므로 가는 전선으로 고압으로 승압해 송전하여 전선 비용이 감소되나 고압으로 전송하기 위한 절연에 필요한 설비가 증가한다. 적합한 전송전압을 구하는 방식은 다음과 같다.

(1) A. Still에 의한 방식

$$V = 5.5\sqrt{0.6 \times L + \frac{P}{100}} \quad \cdots\cdots\cdots\cdots\cdots\cdots\cdots\cdots (4.6)$$

여기서, V : 선간전압[kV], L : 송전거리[km]. P : 송전전력[kW]

(2) 최대전력 전송방식

전송선로의 고유 임피던스 Z_o일 때 부하의 임피던스가 전송선로의 고유 임피던스와 같을 때 최대전력이 전송된다는 것이다.

$$P = \frac{V^2}{Z_0} \quad \cdots\cdots\cdots\cdots\cdots\cdots\cdots\cdots\cdots\cdots\cdots (4.7)$$

여기서, P : 송전전력[kW], V : 선간전압[kV], Z_0 : 전송선로 고유 임피던스[Ω]

우리나라는 다음의 규격 송전전압인 공칭전압을 사용하고 있다. 기준전압은 공칭전압/1.1배이며 최대전압은 기준전압×1.15배이다.

▌ 표 4.4 송전전압 규격 ▌

공칭전압[kV]	최대전압
3.5/5.7Y	3.5/6Y
6.6/11.4Y	6.9/11.9Y
13.2/22.9Y	13.8/23.9Y
22/38Y	23/40
66	69
154	161
345	361
762	800

4 전송선로의 구분

전송선로인 송전선로나 배전선로를 전선로라고 한다. 송전선로는 7000[V] 이상을 초과하는 전선로를 말하며 7000[V] 이하의 전선로를 배전선로라 한다. 전선로는 크게 가공선로와 지중선로로 나뉜다.

(1) 가공선로

철탑, 철주, 콘크리트 지지물에 지지하는 선로는 외부 자연환경과 전기전자적 변화에도 성능이 떨어지지 않아야 한다. 따라서 가공선로는 전기전도가 좋으며 전도율이 좋고 가볍고 내구성도 뛰어나야 한다. 또 공사나 보수할 때 유연성이 있어 편리하고 가격도 저렴해야 한다. 크게 단일연선, 합성연선, 중공연선으로 구분된다.

① **단일연선** : 단일연선은 수 많은 가는 선을 꼬아 만든 것으로 소선이라 하고 한 소선을 중심으로 여러 소선을 꼬아 만든 선을 말한다.

② **합성연선** : 전송용량의 증가로 합성연선인 ACSR(Aluminium Cable Steel Reinforced)을 사용한다. 합성연선은 인장강도가 큰 강선이나 강전선을 도전율이 높은 경알미늄선으로 주위를 꼬아 만든 선이다.

③ **중공연선** : 초고압 송전선의 경우 송전선 주변 외부 공기가 이온화 되어 전계가 강한 전선 부분이 파괴되는 현상을 코로나라 하는데 코로나 현상을 줄이기 위해 중심 부분이 비어 있고 그 외부에는 여러 소선으로 둘러싸여 있는 선이다.

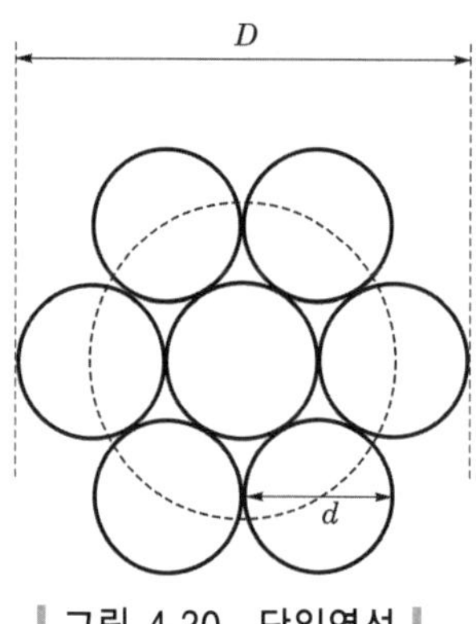

| 그림 4.20 단일연선 |

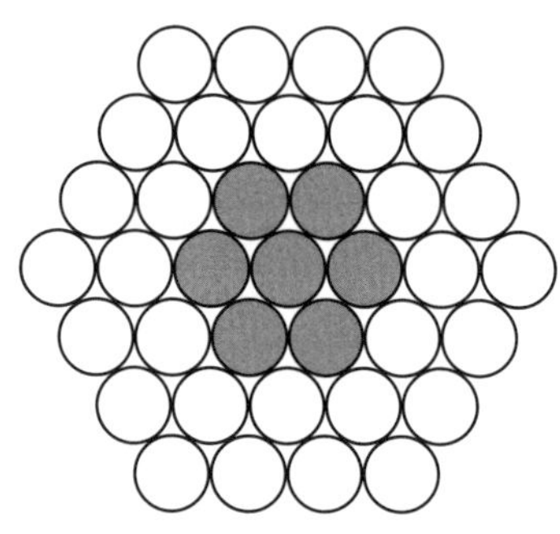

| 그림 4.21 합성연선(ACSR) |

(2) 지중선로

지중선로는 지하에 매설되어 도시의 미관을 해치지 않고 비, 바람 등의 기후로 인한 고장이 적다. 그러나 건설비가 많이 소요되며 고장 시 수리가 어렵다. 지중 송전선로는 지하공간이나 파이프 내에 넣어서 사용하므로 전선 간의 간격이 충분하지 않다. 또한 전계강도가 주위의 절연강도보다 커서 전선의 일부가 파괴되는 현상을 코로나 현상이라 하는데 코로나 현상에 의한 절연파괴가 일어나지 않도록 특수 절연재료를 사용한다. 종류로는 OF, POF, CV 케이블이 있다.

① OF(Oil Filled) 케이블 : 절연유 통로를 만들어 냉각시키고 절연유에 일정한 압력을 가해 유지하여 온도상승에 따른 경도를 높인다. 따라서 유지비와 설치가 복잡하다. 최대 압력은 $14[\mathrm{kg/m}^2]$이며 $154[\mathrm{kV}]$ 지중선로에 사용된다.

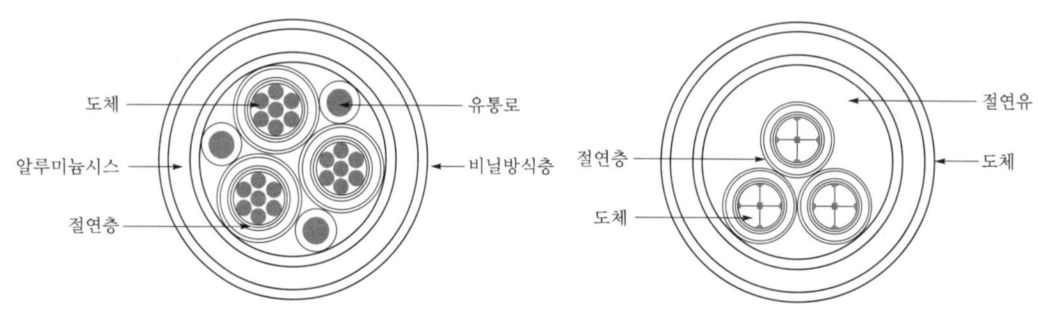

| 그림 4.22 OF 케이블 | | 그림 4.23 POF 케이블 |

② POF(Pipe type Oil Filled) 케이블 : 도체가 절연체로 쌓여 있으며 관내에 절연유가 $15[\mathrm{kg/m}^2]$ 압력으로 채워져 있고 절연유를 순환시켜 냉각시킨다. $154[\mathrm{kV}]$ 지중선로에 사용되며 중량이 가볍고 OF 케이블보다 접속이 용이하다.

③ CV 케이블 : 전기적이나 기계적 성질이 강한 가교폴리에틸렌(Crossed-Linked Polyethlene)으로 절연되어 있고 외피는 PVC로 되어 있다. 전계강도가 낮아 부피가 작고 절연유를 사용하지 않아 유지하는 데 간편하다.

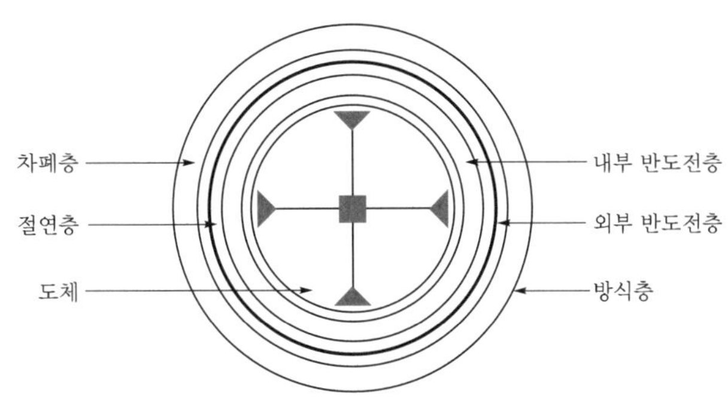

┃ 그림 4.24 CV 케이블 ┃

5 송전전선의 전류

전선의 굵기와 전류의 관계는 다음과 같다.

$$I = JS$$

$$A = \frac{I}{J} = \frac{I}{J} \times \frac{P}{\sqrt{3}\,V\cos(\phi)} \quad\cdots\cdots\cdots\cdots (4.8)$$

여기서, J : 전류밀도[A/mm^2], S : 송전전선의 단면적[mm^2], P : 송전전력[W],
V : 송전전압[V], $\cos(\phi)$: 역률

6 송전선로 구성

3상 3선은 3개선이 한 조로 1회선이라 한다. 또한 3상 송전선에는 3개의 위상이 있는데 1개 위상 당 1가닥의 선을 단도체라 하며 1개 위상 당 2개의 도체를 별도로 사용하는 도체를 복도체 또는 2도체라 한다. 345[kV] 송전선로는 ACSR 480[mm^2]의 복도체와 4구 도체를 사용하고 있다.

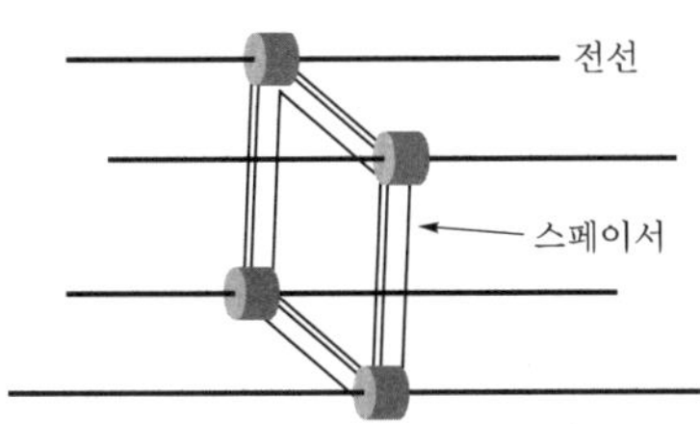

┃ 그림 4.25 송전선로 4구 도체 ┃

송전용량, 철탑의 높이, 사용전선에서 고려한 송전선로의 특성을 비교하면 다음과 같다.

┃ 표 4.5 송전선로의 특성 ┃

구 분	154[kV]	345[kV]	765[kV]
송전용량[MW]	150	900	4200
높이	35[m]	50[m]	90[m]
사용전선	ACSR $410[\text{mm}^2] \times 2$	ACSR $410[\text{mm}^2] \times 4$	ACSR $410[\text{mm}^2] \times 6$

7 애자

(1) 개요

애자는 철탑 끝에 연결하여 철탑과 절연시켜 송전전선을 지지시켜 준다. 애자는 지락이나 송전선로를 개폐할 때 발생하는 이상 전압에 대하여 절연되어야 한다. 또, 눈, 비, 바람 등 기상의 변화나 전선의 하중 등 외력에 충분한 강도를 가지며 누설전류가 작아야 한다.

고압용으로 현수애자를 사용하며 여러 개 또는 수십 개를 연결하여 송전전선을 유지시킨다. 현수애자는 원형의 절연체 상부와 하부에 연결 고리를 만들어 시멘트로 고정시켜서 여러 개를 연결하여 사용한다.

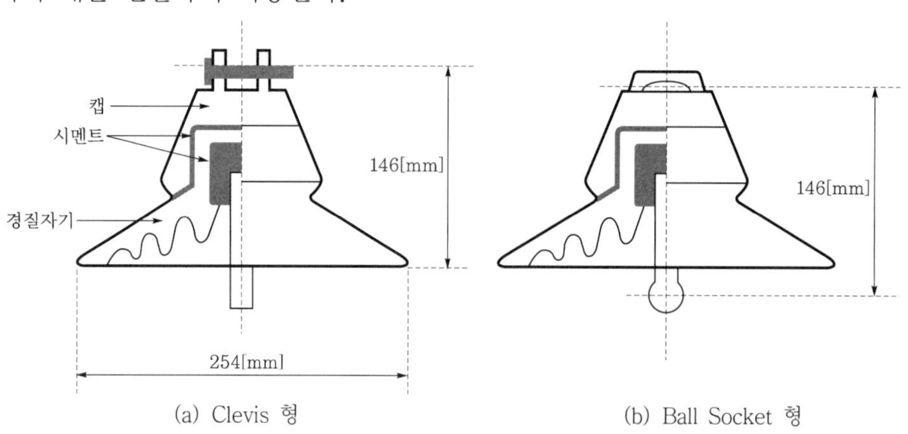

┃ 그림 4.26 표준 현수애자 ┃

예로 154[kV] 송전선로가 ACSR $410[\text{mm}^2]$를 사용할 때 현수개소에 25000파운드 애자를 사용해야 한다.

(2) 현수애자의 섬락

애자 양단에 일정 전압 이상을 걸어주면 공기를 통해 양극단 간에 지속적인 전기아크가 발생한다. 이때 애자가 섬락되었다고 하고 이때의 전압을 섬락전압이라 한다. 또한 섬락의 통로를 섬락거리라 한다.

① **건조 섬락전압** : 애자가 건조 중일 때 상용주파수에 의한 섬락전압의 실효치 전압을 나타낸다.

② **수주 섬락전압** : 일정 조건($10[\text{k}\Omega \cdot \text{cm}^2] \pm 15[\%]$ 고유저항을 가진 물의 수직성분 3[mm]) 하에서 물을 뿌린 상황에서 상용주파수의 전압을 인가하였을 때 발생한 섬락전압을 의미한다.

③ **개폐 충격전압** : 애자 양극부에 차단기 개폐와 같은 일정 전압을 충격하여 섬락이 발생할 때의 전압을 말한다. 이는 변전소의 차단기를 개폐할 때 절연내력으로 사용한다.

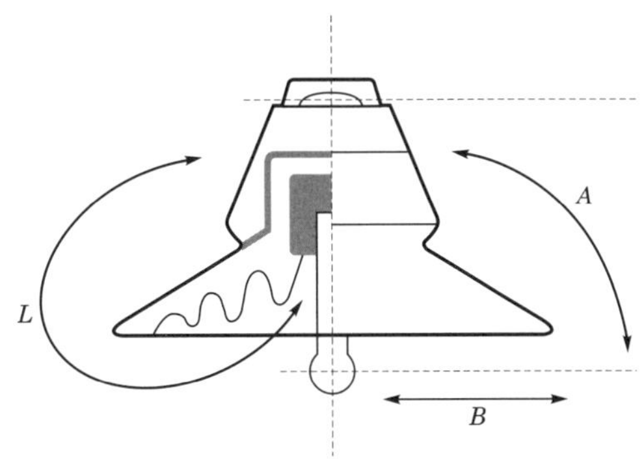

여기서, $A+B$: 건조섬락 거리 B : 주수섬락 거리 L : 연면 거리

그림 4.27 현수애자(섬락거리/연면거리)

03 배 전

송전계통의 말단인 배전 변전소에서 실제 전기 사용지까지의 전력계통을 말한다.

송전계통의 고압은 배전전압으로 나뉘어진 후 다시 여러 갈래의 배선선로로 나뉘어진다. 접속 상태에 따라 급전선, 간선, 분기선으로 구분된다. 급전선은 배전 변전소로부터 부하의 접속이 없는 전선로이며 간선은 여러 부하의 상황에 따라 급전선에서 전기 수용 밀집지까지, 예를 들면 수용지의 변압기, 배전반 또는 동력 제어반, 전등 분전반 등까지의 배선을 나타낸다. 분기선은 간선에서 주상변압기까지의 선로를 나타내며 주상변압기에서 적당한 저전압으로 낮추어진다.

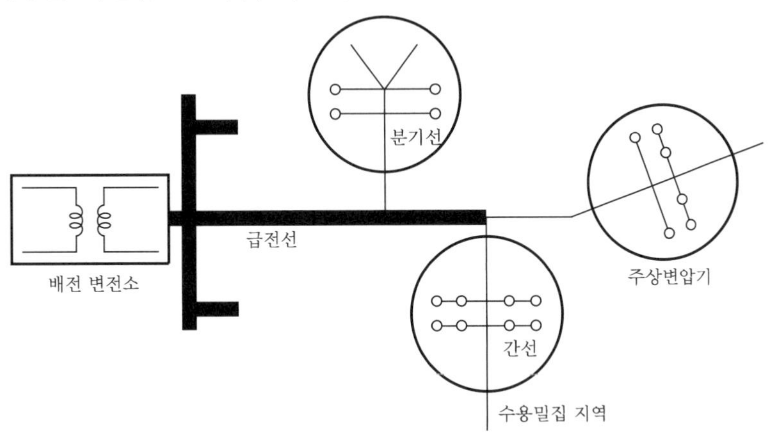

그림 4.28 배전계통

1 전기방식

배전계통의 고압전기방식은 현재 22.9[kV]로 사용되고 있으나 아직 일반 전기 수용지에서 고압으로 3.3[kV], 6.6[kV]도 사용되고 있다. 고압 배전계통은 3상 3선식과 3상 4선식이 사용된다. 3상 3선식은 지락이 발생할 경우 지락전류가 작으며 3상 4선식은 변전소 변압기 2차측을 Y 결선으로 구성한다.

저압 배전방식은 송전계통에서와 같이 단상 2선식, 단상 3선식, 3상 3선식, 3상 4선식으로 구분된다.

❘ 표 4.6 저전압 배전전기방식 ❘

표준전압[V]	단상 2선식[V]	단상 3선식[V]	3상 3선식[V]	3상 4선식[V]
110	110	110	—	—
220	—	220	220	220/380
380	—	—	380	—

예제 배전회로에서 선간전압을 $\frac{1}{2}$ 배로 강압해서 동일한 전력을 배전할 때 강압 후 배전거리는 어떻게 되는가? (단, 1, 2차 같은 도선을 사용하며 전력손실과 역률은 같다. 1차측 송전전력 P_1, 전압 V_1, 전류 I_1, 2차측 송전전력 P_2, 전압 V_2, 전류 I_2이다.)

풀이 | $P_1 = \sqrt{3}\, V_1 I_1 \cos(\phi)$, $P_2 = \sqrt{3}\, V_2 I_2 \cos(\phi)$

$P_1 = P_2$

$\sqrt{3}\, V_1 I_1 \cos(\phi) = \sqrt{3}\,(2V_2) I_1 \cos(\phi) = \sqrt{3}\, V_2 I_2 \cos(\phi)$

$2I_1 = I_2$

전력손실이 같다.

$3I_1^2 R_1 = 3I_2^2 R_2 = 3(2I_1)^2 R_2$

따라서 $4R_2 = R_1$

$R = \rho \dfrac{l}{A}$

(여기서, l : 길이, A : 도선의 면적, ρ : 저항률[$\Omega \cdot \text{m}$])

$R_1 = \rho \dfrac{l_1}{A} = 4R_2 = 4\rho \dfrac{l_2}{A}$

$\rho_1 = 4\rho_2$

배선길이는 $\dfrac{1}{4}$로 줄어든다.

2 배전선로의 특성

여러 밀집된 지역으로 분산된 전기 사용지까지 전기를 공급하기 때문에 대체로 소전력으로 짧은 거리의 배선이 대부분이며 배전계통에서 각 전기 사용지에 일정한 정격주파수, 정격전압을 유지해주어야 한다.

(1) 정격주파수

60[Hz]±0.1[Hz]의 일정한 정격주파수를 유지해야 한다. 이는 정격주파수 유지율로 표시된다.

$$정격주파수\ 유지율[\%] = \frac{유지범위\ 내\ 운전시간[초]}{운전시간\ 총합} \times 100 \quad \cdots\cdots\cdots (4.9)$$

유지 범위 내 운전시간은 1일을 4초단위로 구분한다.

(2) 정격전압

정격전압은 일정 정격전압 범위를 어느 정도 유지하였는가의 지표인 정격정압 유지율로 나타낸다.

┃ 표 4.7 정격전압 ┃

구 분	전압[V]	유지범위[V]
저압	110	110±6
	220	220±13
	380	380±38

$$규정전압\ 유지율[\%] = \frac{24시간\ 규정전압\ 유지\ 개소수}{총측정\ 개소수} \times 100 \quad \cdots\cdots\cdots (4.10)$$

여기서, 규정전압 유지 개소수 : 24시간을 30분으로 구분한 평균전압 유지 개소수

3 부하와 수용설비

전기는 산업시설의 동력, 옥외 가로등 그리고 사업 및 가정 등 수용지의 설비시설에서 사용된다. 그리고 각 전기 수용설비는 동시에 최고치로 사용되지 않는다. 따라서 배전용량은 각 전기 수용설비 용량의 총합과 같을 필요는 없다. 각 전기 수용설비를 부하라 하며 부하와 수용설비의 관계를 나타내는 지표로는 부하곡선, 최대 수용전력, 수용률, 부등률 등이 있다.

(1) 부하곡선

전기 수용설비인 부하의 시간적 변동량을 나타내는 부하곡선은 일일 부하곡선, 지역별 부하곡선 또는 여러 수용 종류별 부하곡선으로 구분된다.

(2) 최대 수용전력

일정 시간 내에 사용한 평균전력의 최대치를 최대 수용전력이라 한다. 주로 1시간 동안 사용한 평균전력을 사용한다.

(3) 수용률(demand factor)

수용지에서 부하설비가 동시에 사용되는 일은 거의 없다. 수용지의 부하설비의 총합은 수용지의 최대 사용전력보다 크다. 수용률은 부하설비 총합에 대한 최대수용전력의 비를 나타낸다.

$$수용률 = \frac{최대수용전력[\text{kW}]}{부하설비\ 총합[\text{kW}]} \quad\cdots\cdots\cdots\cdots\cdots\cdots\cdots\cdots\cdots\cdots (4.11)$$

(4) 부등률(diversity factor)

배전 변압기, 급전선 또는 수용지마다 각각의 부하의 최대수용전력은 시간마다 차이가 있다. 따라서 각각의 부하의 최대 수용전력의 총합은 일정 시간에 각각의 부하에서 사용하는 전력의 최대수용전력의 합보다 크다.

각 부하의 최대수용전력의 총합에 대한 일정 시간에 사용되는 각 부하의 최대수용전력의 비를 부등률이라 한다. 부등률은 1보다 크다.

$$부등률 = \frac{각\ 부하의\ 최대수용전력총합[\text{kW}]}{일정\ 시간에\ 사용하는\ 각\ 부하의\ 최대수용전력총합[\text{kW}]} \geq 1$$

$$\cdots\cdots\cdots\cdots\cdots\cdots\cdots\cdots\cdots\cdots\cdots\cdots\cdots\cdots\cdots (4.12)$$

부등률로 최대전력 발생시간의 분산 정도를 알 수 있다. 부등률은 상호 배전선 부등률, 상호 주상변압기 부등률, 수용지 부등률 등으로 구분된다.

예를 들어 배전용 변압기의 용량을 나타내는 일정 시간에 사용하는 각 부하의 최대 수용전력 총합인 T_P는 다음과 같다.

$$T_P = \frac{각부하의\ 최대수용전력총합}{부등률}$$

$$부하설비총합 = \frac{최대수용전력}{수용률}$$

$$배전용\ 변압기\ 용량 = \frac{수용률 \times 부하설비\ 총합}{부등률}$$

이때 배전용 변압기는 최대부하를 담당하고 있다.

이를 다시 표시하면 아래와 같이 나타낼 수 있다.

$$최대\ 부하 = \frac{수용률 \times 부하설비총합}{부등률}$$

(5) 부하율

전력의 사용은 시간, 월, 연도마다 차이가 있다. 일정 기간 내 부하변동률을 부하율이라 한다.

$$부하율 = \frac{평균수용전력[\mathrm{kW}]}{최대수용전력[\mathrm{kW}]} = \frac{평균부하[\mathrm{kW}]}{최대부하[\mathrm{kW}]}$$

부하율은 시간부하율, 일일부하율, 월부하율, 연부하율 등으로 구분한다. 일반적으로 일정 기간을 길게 정하면 부하율은 감소한다. 수용지의 수용률이 같다면 수용률과 부등률, 부하율의 관계에서 다음과 같이 나타낼 수 있다.

$$부하율 = \frac{부하평균전력}{최대수용전력}$$

최대수용전력은 최대부하를 나타낸다.

$$최대부하 = \frac{수용률 \times 부하설비총합}{부등률}$$

따라서 부하율은 다음과 같이 나타낼 수 있다.

$$부하율 = \frac{부하\ 평균전력}{최대\ 수용전력} = \frac{부하\ 평균전력 \times 부등률}{수용률 \times 부하설비\ 총합}$$

(6) 전압강하율

송전전압이 V_s일 때 수신측의 전압은 V_r이며 전류는 I이고 무부하의 전압은 V_0이다. 이때 수신측의 전압강하율 $\nu_d[\%]$는 다음과 같이 나타낸다.

$$전압강하율[\%] = \nu_d = \frac{V_s - V_r}{V_r} \times 100 = \frac{I(R + jX)}{V_r} \times 100 \quad \cdots\cdots\cdots\cdots (4.13)$$

전압강하는 배전선로의 특성에 따라 변화한다.
수신측의 부하에 따른 전압의 변화 정도를 나타내는 전압변동률 $\nu_e[\%]$은 다음과 같다.

$$전압변동률[\%] = \nu_e = \frac{V_0 - V_r}{V_r} \times 100 \quad \cdots\cdots\cdots\cdots\cdots\cdots (4.14)$$

> **예제** 3상 배전선로에 송전측 전압은 24000[V]이고 정격부하 때 수신측 전압은 23500[V]이며 무부하 때 23700[V]이다. 전압강하율과 전압변동률을 구하시오.
>
> **풀이 |** 전압강하율 $\nu_d = \dfrac{V_s - V_r}{V_r} \times 100 = \dfrac{24000 - 23500}{23500} \times 100 = 2.1[\%]$
>
> 전압변동률 $\nu_e = \dfrac{V_o - V_r}{V_r} \times 100 = \dfrac{23700 - 23500}{23500} \times 100 = 0.9[\%]$

■4 옥내배선

가정용 전기는 전주의 인입선을 통해 공급된다. 옥내배선은 인입선에 연결된 전력계 산기를 거쳐 옥내 분전반으로 들어간다.

한국전력에서는 각 가정마다 또는 커피점이나 음식점 등 영업소마다 예정 사용량을 계약하고 전기를 사용한다. 따라서 각 옥내배선마다 초과 전기를 감시하는 암페어 브레이크를 설치한다. 만일 암페어 브레이크가 설치되어 있지 않으면 한국전력에서 매월 사용량을 확인하여 계약된 전기량을 초과하면 수신자에게 통보하고 다음 달에도 계약 전기량을 초과 사용하면 누진세를 적용하여 전기세가 부과된다. 계약 전기량 이상을 사용하면 옥내배선에 초과 전류가 흘러 과열로 화재가 발생할 위험이 높아진다.

과거에는 퓨즈를 연결한 분기개폐기를 사용하여 과전류가 흘렀을 때 퓨즈를 끊어 배선회로를 차단해 주었는데 현재는 이를 대체해서 서킷브레이크를 사용한다.

누전에 의한 전기사고를 예방하기 위하여 서킷브레이크 전단에 누전차단기를 설치한다. 누전차단기는 접지사고 즉, 지락 시 지락전류를 감지하여 배선회로를 차단한다.

영상변류기(Zero-phase Current Transformer, ZCT)는 지락에 의한 영상전류를 검출하는 변류기이다. 누전차단기의 원리는 영상변류기를 이용한 것으로 그림 4.29에서와 같이 각 전선이 루프모양의 철심을 통과시킨다. 단상이면 한 극에 의한 전류가 다른 극으로 모두 돌아오지 않을 경우 전류의 차이가 생기며, 3상일 경우 3상의 전류 벡터의 합이 0이 되어야 하나 지락이 발생하면 그 합이 지락전류가 된다.

지락이 발생할 경우 철심 자속변화에 의해 철심 2차코일에 지락전류가 흐른다. 증폭된 누전신호는 트립코일(trip coil)에 연결되어 트립코일을 여자시켜 개폐기를 작동시킨다.

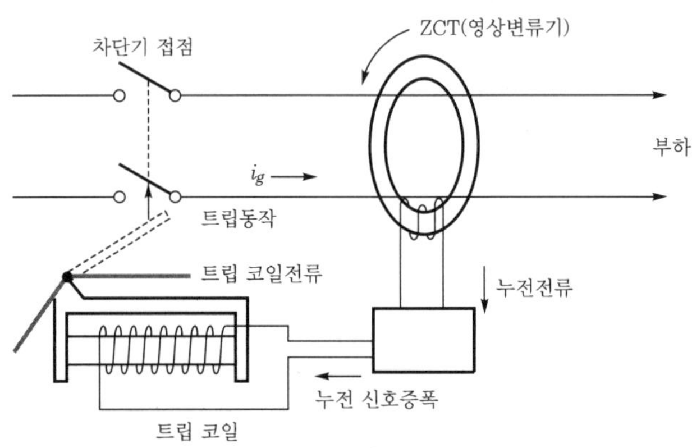

┃ 그림 4.29 누전차단기의 구조 ┃

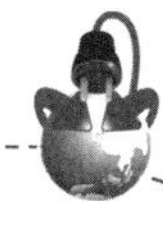

연습문제

01 우리나라 원자력발전의 종류에 대하여 설명하시오.

정답 앞의 본문 내용 참고

02 가압경수로, 비등유경수로, 가압중수로, 고속증식로 방식에 대하여 설명하시오.

정답 앞의 본문 내용 참고

03 원자로의 안정방법에 대하여 설명하시오.

정답 앞의 본문 내용 참고

04 열병합발전과 복합 가스터빈발전에 대하여 설명하시오.

정답 앞의 본문 내용 참고

05 풍차의 프로펠러 로터의 지름이 30[m], 풍속은 15[m/s]일 때 회전수 45[rpm]으로 700[kW] 사용출력을 내고 있다. 출력계수를 구하시오.

정답 $E = \dfrac{\rho s v^3}{2} = \dfrac{1}{2} \times 1.125 \times \left(\dfrac{30}{2}\right)^2 \pi (1.5)^3 = 1341926\,[\text{W}] = 1341.2\,[\text{kW}]$

$C_p = \dfrac{700}{1341} = 0.522$

06 A. Still 방식에 의한 송전전력이 300[MW]이며 송전거리는 100[km]일 경우, 경제적인 송전전압은 몇 [kV]인가?

정답 $V = 5.5 \sqrt{0.6 \times 100 + \dfrac{300 \times 1000}{100}} = 304.244\,[\text{kV}]$

07 가스절연 변전소에 대하여 설명하시오.

정답 앞의 본문 내용 참고

08 교류송전방식에는 어떠한 것이 있는지 설명하시오.

정답 앞의 본문 내용 참고

09 지중선로의 종류에 대하여 설명하시오.

정답 앞의 본문 내용 참고

10 섬락전압에 대하여 설명하시오.

정답 앞의 본문 내용 참고

11 수용지의 부하설비가 3200[kW]이다. 수용률이 70[%]이면 최대수용전력은 얼마인가?

정답 최대수용전력[kW]=수용률×부하설비 총량[kW]=0.7×3200=2240[kW]

12 다음 설비장소의 설비용량과 수용률은 다음과 같다. 각 설비소마다 최대수용전력을 구하고 부등률이 1.2일 때 각 설비소마다 일정 시간에 사용하는 최대수용전력의 총합은 얼마인가?

설비소	설비용량[kW]	수용률
A 설비소	1500	0.8
B 설비소	1200	0.7
· C 설비소	1000	0.6

정답 설비마다 일정시간에 사용하는 최대수용전력의 총합은

$$\frac{1500 \times 0.8 + 1200 \times 0.7 + 1000 \times 0.6}{1.2} = 2200$$

13 어느 공장의 월 평균 수용전력이 1200[kW]이고 부하율이 0.6일 때 월 최대 수용전력을 구하시오.

정답 $\dfrac{평균수용전력}{0.6} = \dfrac{1200}{0.6} = 2000\,[\text{kW}]$

MEMO

FUNDAMENTALS for ELECTRICAL
ELECTRONIC ENGINEERING

Chapter 05

전기 계측

전기 계측

전기전자 시스템은 저항, 커패시터, 인덕터 등의 수동소자와 트랜지스터, FET 등으로 이루어진 능동소자 및 메모리 등의 전자소자로 이루어졌다. 따라서 전류, 전압, 주파수 등을 고려한 입력 신호를 인가하였을 때 원하는 출력값을 가져야 한다. 출력값으로 나타나는 전류, 전압, 저항, 전력 및 주파수 등과 같은 물리적인 양이나 변수의 크기를 측정하기 위하여 사용된 장비를 계측장비라 한다. 계측장비의 측정은 실제값의 오차 범위 내에서 정확히 측정해야 한다. 정확한 측정을 위해서 측정 장비의 원리를 이해하고 측정 방법을 숙지하여야 하며 측정 장비의 측정 가능한 범위를 알고 있어야 한다. 또한 측정 오차가 있는 경우에는 오차를 줄이기 위한 방법을 강구해야 한다.

01 오 차

전기전자 관련 실험을 할 때 전류, 전압, 저항, 전력, 주파수 등의 물리적인 양이나 변수의 값들은 전기 계측장비를 사용하여 측정을 한다. 정확한 데이터 또는 실험치는 실험을 통해 사실을 규명하거나 공학적 증명 방법 또는 통계처리 방법을 통해 이론을 확인할 때 매우 중요한 역할을 한다. 측정값과 실제값의 차이를 오차라 하는데 오차가 클 때는 실험의 결과를 신뢰할 수 없고 주장하는 이론을 규명할 수도 없다. 따라서 실험과정에서 오차가 발생하는 요인을 제거하여야 한다. 오차는 장비 측정에서만 발생하는 것이 아니고 다양한 원인에 의해 발생한다. 오차는 발생한 원인에 따라 과실에 의한 오차, 계통적 오차, 우발적인 오차로 구분할 수 있다.

(1) 과실에 의한 오차

멀티미터와 같이 전류, 전압, 저항 등 여러 측정 변수가 있고 또 측정 변수마다 다양한 측정 범위가 있다. 이때 실수로 계기의 표시를 잘못 읽거나 측정값을 잘못 기록하거나 또는 측정 장비의 조정을 잘못해 발생하는 오차를 말한다.

(2) 계통적 오차

측정 장비를 오래 사용하다 보면 기기의 결함이나 오차가 발생한다. 이러한 이유로 발생한 오차를 기기적 오차라 한다. 또는 실험 주위의 온도, 습도, 자기적 영향에 의해 측

정의 오차가 발생할 수 있다. 이러한 이유로 발생한 오차를 계통적 오차라 한다. 이때는 측정 장비를 보정해 주어야 한다. 또, 사용하기 위해 요구되는 온도, 습도 등을 적절히 유지해 준다.

(3) 우발적 오차

측정할 때 주변의 변화와 측정자의 우발적인 요소에 의해서 발생한 오차로 인위적으로 제거할 수 없는 랜덤한 오차를 나타낸다.

측정값(M)과 참값(C)의 차이에 의한 참값(C)에 대한 변화를 오차율이라 한다.

$$\text{오차율 } \varepsilon = \frac{M-C}{C} \times 100\,[\%] \quad \cdots\cdots\cdots\cdots\cdots\cdots\cdots\cdots\cdots\cdots (5.1)$$

보정률은 참값(C)과 측정값(M)의 차이에 대한 측정값(M)의 변화를 나타낸다.

$$\text{보정률 } \nu = \frac{C-M}{M} \times 100\,[\%] \quad \cdots\cdots\cdots\cdots\cdots\cdots\cdots\cdots\cdots\cdots (5.2)$$

> **예제** 보정률이 10[%]일 때 오차율을 구하시오.
>
> 풀이 | $\dfrac{C-M}{M} \times 100 = 10$
> $(C-M) = 0.1M$
> $M = \dfrac{10}{11}C$
>
> 오차율 $\varepsilon = \dfrac{M-C}{C} \times 100 = \dfrac{\frac{10}{11}C - C}{C} \times 100 = 11\,[\%]$

02 표준기

전기 측정에 표준이 되는 양을 표준기라 하며 전지, 저항, 인덕턴스, 커패시턴스 등을 말한다. 표준기는 1차 표준기와 2차 표준기로 구분하는데, 절대측정에 의해 측정된 표준이 되는 전압과 저항을 1차 표준기라 하며, 1차 표준기를 통해서 측정되어 결정되는 물리적인 양을 2차 표준기라 한다. 표준기가 되기 위해서는 온도, 습도 등 외부의 영향을 받지 않고 영구적이어야 하며 다루기가 편리해야 한다.

전기 측정에서 가장 기본이 되는 전압을 나타내는 표준 전지의 요건은 온도의 영향이 작으며 시간적 가용에 의한 전압이 일정해야 하고 다시 동일한 값으로 충전되거나 재생이 가능해야 한다.

마찬가지로 표준 저항기의 요건은 주변 환경에 대하여 저항값이 안정되고 특히 온도

변화율이 작아야 하며 열에 의한 기전력이 작고 고유저항이 커야 하며 저항률이 높은 것이 요구된다. 표준 콘덴서의 요건으로는 유전체 손실이 작고 정전용량이 주파수 변화에 안정되며 주변 온도 변화에 일정해야 한다. 또한 내압이 높으며 손실방지를 위해 절연성이 양호해야 한다. 표준 인덕터의 조건은 인덕턴스가 흐르는 전류와 주파수 변화에 영향이 없으며 저항성이 아주 작고 큰 시정수 값이 요구된다.

03 단 위

물리적인 양은 동일한 크기의 기준 양에 의해서 결정되어야 한다. 물리적인 양의 단위는 국제 단위계 SI(System International d'unites ; International system of units)에 의한다.

국제 단위계는 SI 단위와 정수 승수배로 구분되며 SI 단위는 기본단위(7개), 보조단위(2개), 조립단위로 다시 구분된다.

1 SI 단위

(1) 기본단위, 보조단위

기본단위는 표 5.1, 보조단위는 표 5.2와 같다.

‖ 표 5.1 기본단위 ‖

양	단 위	기 호
길이	미터	m
질량	킬로그램	kg
시간	초	s
전류	암페어	A
열역학적 온도	켈빈	K
물질량	몰	mol
광도	칸델라	cd

‖ 표 5.2 보조단위 ‖

양	단 위	기 호
평면각(각도)	라디안	rad
입체각	스테라디안	sr

(2) 조립단위

조립단위는 고유명칭이 있는 단위(15개)로 MKS 단위계를 기본으로 하며 표 5.3과 같다.

▌ 표 5.3 조립단위 ▐

양	명 칭	기 호	내 용
주파수	헤르츠	Hz	τ^{-1}
힘	뉴턴	N	$kg \cdot m/s^2$
압력	파스칼	Pa	N/m^2
응력			
에너지	줄	J	$N \cdot m$
일률	와트	W	J/s
방사속			
전기량	쿨롬	C	$Amp \cdot sec$
전압	볼트	V	W/A
정전용량	패럿	F	C/V
전기저항	옴	Ω	V/A
컨덕턴스	지멘스	S	Ω^{-1}
자속	웨버	Wb	$V \cdot s$
자속밀도	테슬러	T	Wb/m^2
인덕턴스	헨리	H	Wb/A
광속	루멘	lm	$cd \cdot sr$
조도	럭스	lx	lm/m^2

▪2 정수 승수배

정수 승수배의 명칭과 기호는 표 5.4와 같다.

▌ 표 5.4 정수 승수배 ▐

배 수	명 칭	기 호
10^{18}	엑사	E
10^{15}	페타	P
10^{12}	테라	T
10^{9}	기가	G
10^{6}	메가	M
10^{3}	킬로	K
10^{2}	헥토	h
10	데카	da
10^{-1}	데시	d
10^{-2}	센티	c
10^{-3}	밀리	m
10^{-6}	마이크로	μ
10^{-9}	나노	n
10^{-12}	피코	p
10^{-15}	펨토	f
10^{-18}	아토	a

04 계측 장비

물리적인 양이나 크기를 결정하기 위하여 사용된 장비를 계측장비라 한다. 계측장비의 측정량을 표시하는 방법은 바늘의 지시기에 의한 아날로그방식과 디지털방식이 있다.

전지전자 관련 물리적인 양을 측정하는 데 가장 기본이 되는 계측장비는 저항과 전류, 전압을 측정할 수 있는 멀티미터, 파형의 모양과 크기, 주파수를 측정할 수 있는 오실로스코프가 있다.

1 아날로그 멀티미터

하나의 기기로 전류, 전압, 저항을 측정할 수 있는 계측장비이다. 밀리미터 단위의 전류와 전압, 저항을 측정한다는 의미에서 VOM(Volt-Ohm-Milliammeter)라고도 한다.

(1) 전류 · 전압 측정

아날로그 멀티미터는 직류전압, 직류전류, 저항을 측정한다. 전류와 전압을 측정하기 위하여 영구자석을 이용한 가동코일(PMMC : Permanent Magnet Moving Coil) 장치로 구성되어 있다. 또한 PMMC는 내부에 정류회로를 이용하여 교류전압과 교류전류를 측정한다.

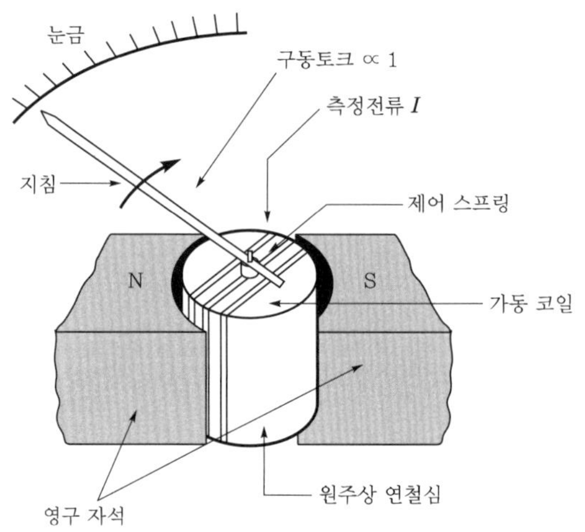

┃ 그림 5.1 가동코일의 구조 ┃

영구자석 N, S극 사이의 원통형 철심 가동코일에 전류 I가 흐르면 코일에 작용하는 토크가 발생한다.

$$T = Bil = kI \quad\cdots\cdots (5.3)$$

여기서, B : 자속밀도[Wb/m^2], i : 전류[A], l : 코일의 길이[m]
k : 토크계수, I : 가동코일에 흐르는 전류

원통형 철심 가동코일은 축의 아래쪽에는 제어 스프링으로 연결되어 있고, 위쪽은 지시기 바늘과 연결되어 있다. 전류에 의한 토크는 회전력에 비례한다. 흐르는 전류량에 따라 일정한 위치까지 원통형 철심이 회전하여 지시기 바늘이 가리킨 점에서 평형이 된다. 즉, 전류에 의한 토크는 회전력에 비례하게 된다.

(2) 분류기

계기측정범위 이상의 전류를 측정할 때는 분류기를 이용하여 측정한다.

분류기에서 가동코일의 전류 I_p, 저항이 R_p일 때 분류기 저항 R_1을 연결한다. R_1에 흐르는 전류가 I_1일 때 전체 전류 I는 다음과 같다.

$$I = I_p + I_1 = I_p + I_p \frac{R_p}{R_1} = I_p\left(1 + \frac{R_p}{R_1}\right) = m I_p \quad\cdots\cdots (5.4)$$

배율은 아래와 같으므로 m배의 전류까지 측정할 수 있다.

$$m = \left(1 + \frac{R_p}{R_1}\right) \quad\cdots\cdots (5.5)$$

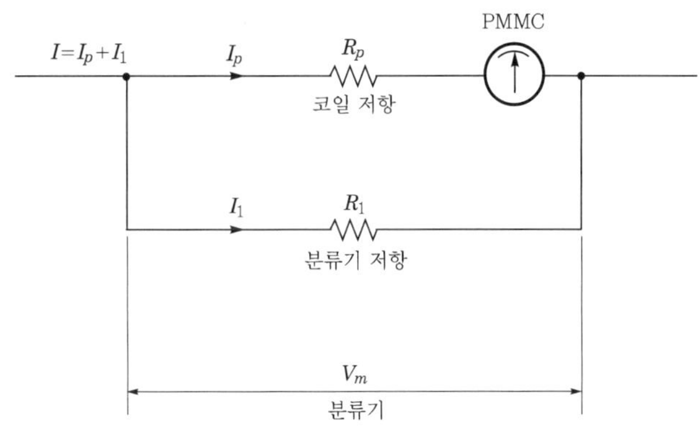

┃ 그림 5.2 분류기 ┃

(3) 분압기

가동코일이 회전하는 각도는 가동코일에 흐르는 전류에 비례한다. 가동코일과 직렬로 분압 저항을 연결하면 전압계가 측정하는 범위를 증가시킬 수 있다. 이때 직렬저항이 배율기가 된다.

$$V = V_p + \frac{V_p}{R_p} \times R_1 = V_p\left(1 + \frac{R_1}{R_p}\right) = m V_p \quad\cdots\cdots (5.6)$$

따라서 배율기는 $m = \left(1 + \frac{R_1}{R_p}\right)$이다.

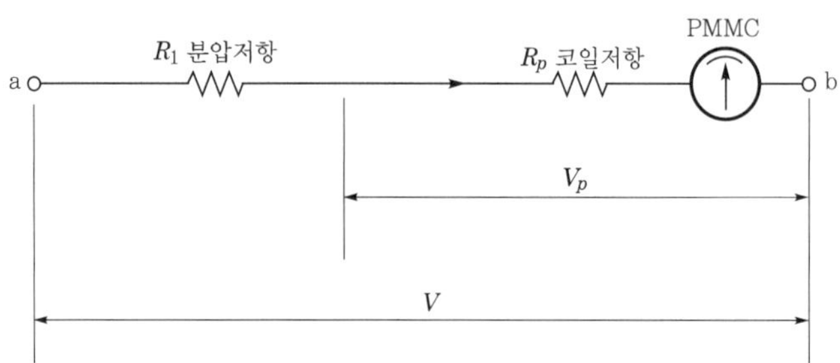

| 그림 5.3 분압기 |

(4) 저항측정

① 저항의 구분 : 저항은 저항에 4개의 띠의 색으로 값을 표시한다. 띠의 위치와 색
  에 따른 저항값은 표 5.5와 같다.

| 표 5.5 색에 따른 저항값 |

구 분	1번 띠 자리수	2번 띠 자리수	3번 띠 무게값	오 차
흑색(black)	0	0	—	—
갈색(brown)	1	1	10	—
적색(red)	2	2	100	—
등색(orange)	3	3	1000	—
황색(yellow)	4	4	10000	—
녹색(green)	5	5	100000	—
청자색(blue)	6	6	1000000	—
자주색(violet)	7	7	10000000	—
회색(gray)	8	8	100000000	—
백색(white)	9	9	—	—
금색(gold)	—	—	0.1	5[%]
은색(silver)	—	—	0.01	10[%]
무색(no color)	—	—	—	20[%]

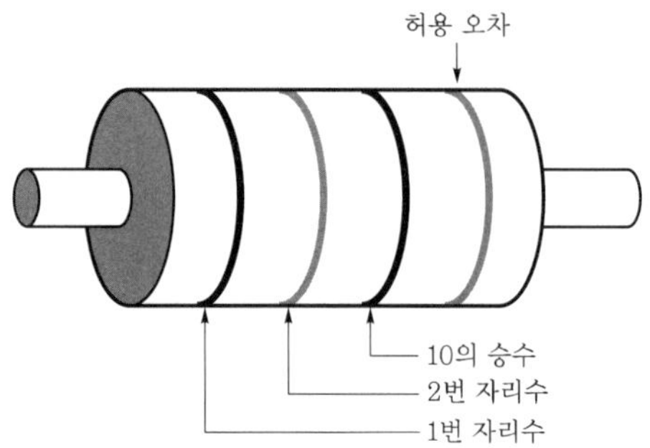

| 그림 5.4 저항 표시 |

> **예제** 저항의 첫 번째 띠부터 네 번째 띠가 다음과 같다. 저항의 값은 얼마인가?
>
> (a) 갈색 흑색 황색 은색
>
> (b) 적색 황색 자주색 금색
>
> (c) 등색 회색 금색 금색
>
> (d) 백색 녹색 청자색 은색
>
> (e) 등색 적색 은색 은색
>
> **풀이 |** (a) 갈색 흑색 황색 은색 : $10 \times 10^4 [\Omega] \pm 10 [\%]$
> (b) 적색 황색 자주색 금색 : $24 \times 10^7 [\Omega] \pm 5 [\%]$
> (c) 등색 회색 금색 금색 : $38 \times 10^{-1} [\Omega] \pm 5 [\%]$
> (d) 백색 녹색 청자색 은색 : $95 \times 10^6 [\Omega] \pm 10 [\%]$
> (e) 등색 적색 은색 은색 : $32 \times 10^{-2} [\Omega] \pm 10 [\%]$

② **휘스톤 브리지** : 저항은 1[Ω] 이하의 낮은 저항측정, 1[MΩ] 이상의 높은 저항측정과 중간의 저항측정방법이 있다. 아날로그 멀티미터로는 주로 중저항의 값을 측정하며 이 외에 회로가 끊어졌는가를 파악할 수 있다. 중저항의 측정은 휘스톤 브리지를 이용한다.

C점의 전압 V_C와 D점의 전압 V_D가 같으면 검류계 G에 전류가 흐르지 않는다.

$$V_C = \frac{R_3}{R_1 + R_3} V_D = \frac{R_4}{R_2 + R_4} V_D$$

관계에서 미지의 저항 R_4를 다음과 같이 구한다.

$$R_4 = \frac{R_2 \times R_3}{R_1} \quad\dots\dots\dots\dots\dots\dots\dots\dots\dots\dots\dots\dots\dots\dots\dots\dots (5.7)$$

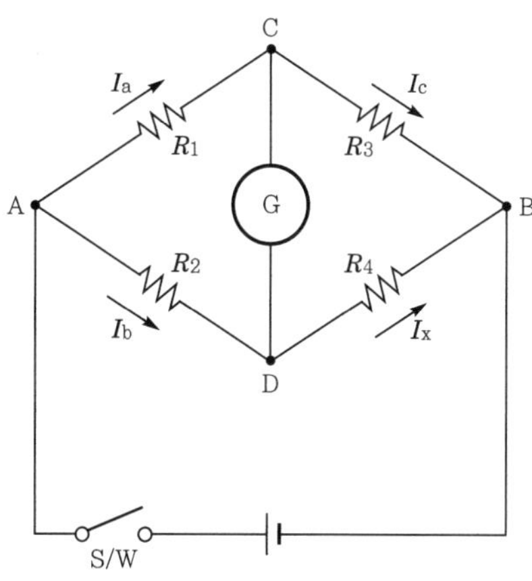

▍ 그림 5.5 휘스톤 브리지 ▍

2 디지털 멀티미터

디지털 멀티미터는 내부에 증폭기를 사용하여 아날로그 멀티미터보다 미세한 전류, 전압을 정확하게 측정할 수 있으며 외부회로에 영향을 주지 않는다. 일반 실험용으로 사용되는 디지털 멀티미터는 일정 숫자와 소숫점을 표시한다. 디지털의 수는 0과 1로 표현되기에 사용 범위는 전류를 예를 들면 2[mA], 20[mA], 200[mA], 2[A] 등의 측정 범위를 가진다. 또한 교류전압과 교류전류는 실효치로 나타낸다.

(1) 전압측정

전면에 'COM'으로 표시되는 단자에는 전류나 전압, 저항을 측정할 때 모두 공통으로 검정 리드선을 연결하고 전압과 저항측정 표시가 되어 있는 단자에 붉은색 리드선 즉 (+)를 연결한다. 교류전압측정에도 같은 방법으로 리드선을 연결한다. 다음에는 전면에 있는 교류나 직류전압 버튼을 눌러 교류전압 또는 직류전압을 측정한다. 또한 측정 범위에 따라 [V] 또는 [mV] 버튼을 눌러 선택한다.

전압을 측정하기 위에서는 전압계를 측정하고자 하는 단자와 그림 5.6과 같이 병렬로 연결하여 측정해야 한다.

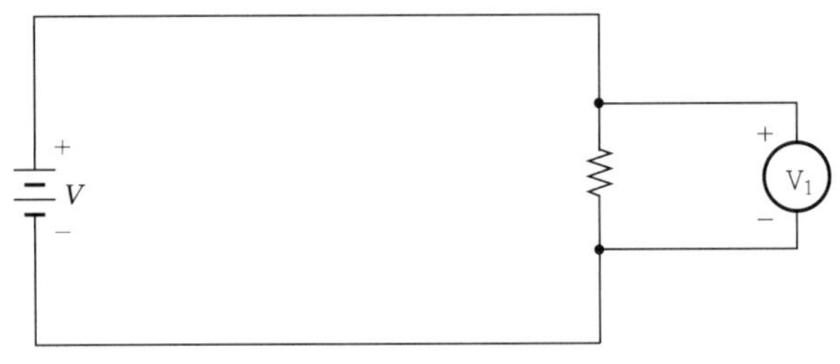

| 그림 5.6   전압측정방법 |

(2) 저항측정

전압측정방법과 같은 방법으로 리드선을 연결하고 전면에 있는 저항 버튼을 눌러 저항을 측정한다.

(3) 전류측정

전류측정은 [A], [mA], [μA]의 측정 범위에 따라 선택을 해 주어야 한다. 암페어 단위 전류측정에는 암페어로 표시된 단자에 붉은 리드선을 연결을 한다. [mA], [μA] 단위의 측정은 [mA], [μA] 측정 단자에 붉은 리드선을 연결한다. 다음은 전면에 있는 버튼을 사용하여 직류전류나 교류전류측정 모두 범위에 따라 [A], [mA], [μA] 중 하나의 버튼을 선택하여 전류를 측정한다. 전류를 측정할 때는 전류계를 측정하고자 하는 회로와 그림 5.7과 같이 직렬로 연결하여 측정해야 한다.

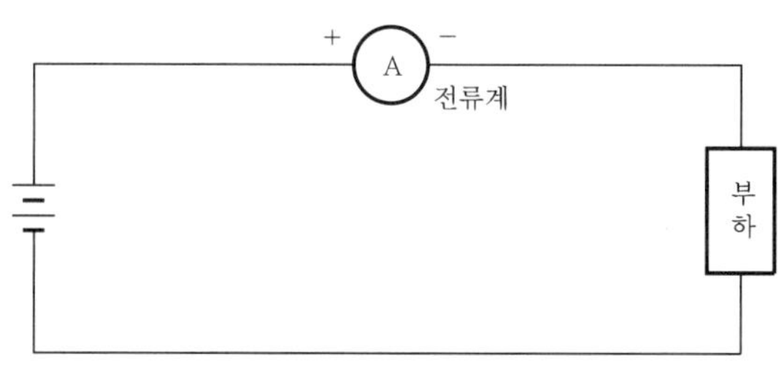

그림 5.7 전류측정 방법

■3 아날로그 오실로스코프

오실로스코프는 눈에 보이지 않는 전기신호의 파형을 볼 수 있는 장비이다. 특히 교류 신호에 대하여 회로나 시스템의 입·출력 파형 등을 관찰할 수 있다. 과거에는 음극관을 이용한 아날로그 오실로스코프가 사용되었으나 요즈음에는 디지털 오실로스코프를 주로 사용한다.

(1) 기본회로

아날로그 오실로스코프라 하면 신호를 표시하는 CRT의 면이 형광물질로 되어있다. 방사된 전자빔은 형광물질과 반응하여 빛을 방출하므로 원하는 신호를 보여준다. 오실로스코프의 기본회로는 그림 5.8과 같다.

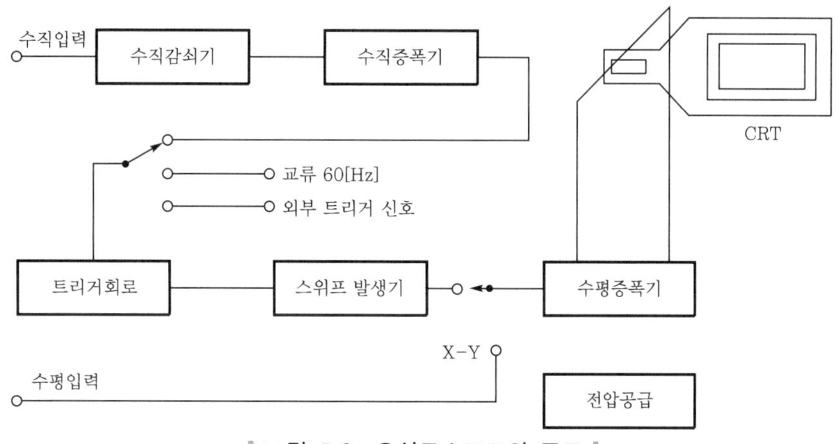

그림 5.8 오실로스코프의 구조

(2) 파형 측정

측정하고자 하는 파형은 수직 입력측에 인가한다. 입력 파형이 클 때는 적당한 크기로 조정되어 수직증폭기에서 증폭된다. 수직증폭기에서 증폭된 신호는 수직축에 비례적으로 CRT의 수직축에 편향되어 나타난다. 즉 입력 파형의 크기를 수직축으로 이동시켜 트레이싱이 된다.

정지된 신호를 표시하기 위해 트리거신호가 있다. 트리거를 걸어주는 방법은 수직증폭기 출력신호에 의한 내부신호(INT), 외부에서 트리거를 걸어주는 외부신호(EXT) 그리고 교류전원(60[Hz])에 의한 트리거신호를 사용한다. 보통은 내부신호(INT) 스위치에 맞춰 놓는다.

　트리거신호는 Sweep 발생기에 입력되어 삼각파의 Sweep를 발생시키고 Sweep의 속도는 Time/Div 회전형 스위치에 의해 조절된다. Sweep 발생기의 신호는 수평증폭기를 통해 수평 편향되어 수직입력측에 연결된 신호와 동기되어 CRT 화면에 나타난다.

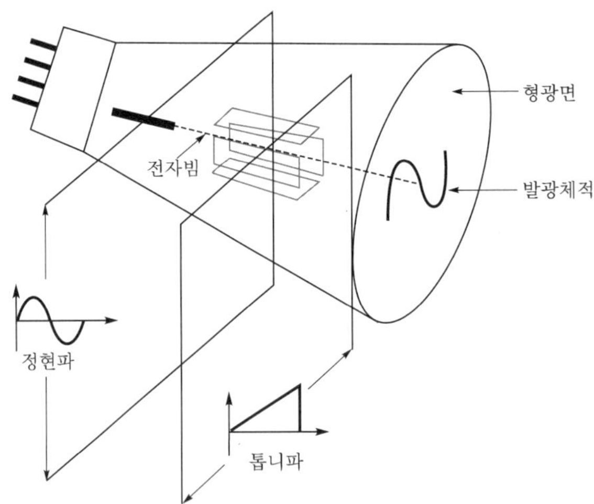

그림 5.9 오실로스코프 음극관

① **트리거** : 트리거 작동을 위한 선택은 소스(source), 커플링(coupling), 슬로프(slope), 레벨(level) 4개의 종류가 있다. 소스(source)는 동기를 위한 입력 신호의 종류로 INT, EXT, 교류전원신호 세 가지가 있으며 주로 내부신호인 INT 신호를 사용한다. 커플링(coupling)은 동기회로의 결합방식을 선택하는 것으로 AC, DC, 교류파 제거 HI Rej, TV 수직동기 TV-H, TV 수평동기 TV-H가 있으며 AC 결합방식을 주로 사용한다. 슬로프(slope)는 (+)는 정방향의 슬로프를 동기시키는 것이고, (−)는 부방향의 슬로프를 동기시키는 것이다. 레벨(level)은 동기신호의 크기 즉 level을 조정하는 것으로 Preset로 하면 트리거 레벨이 입력파형의 중간에서 조정된다.

② **프로브** : 수직축의 입력신호는 프로브를 통해서 신호가 입력된다. 입력신호 저항은 $1[\text{M}\Omega/\text{m}]$로 표준화 되어 있다. 프로브의 입력신호는 $1:1(\times1)$ 또는 $10:1$($\times10$)로 조정할 수 있으며 입력신호가 클 때는 $10:1$로 조정하여 사용한다.

③ **수직축 조절** : 오실로스코프의 수직축 감도는 오실로스코프마다 다소 차이가 있으나 한 눈금당 5[mV/div]부터 5[V/div]까지 나타낸다. 5[V/div]로 $10:1$ 프로브를 사용하였을 때 1눈금당 50[V]까지 측정할 수 있다.

④ **수평축 조절** : 수평축은 회전용 스위치를 사용하여 Sweep 시간을 조절할 수 있다. 오실로스코프마다 틀리지만 보통 Sweep 시간은 $0.1[\mu\text{sec/div}]$부터 $0.5[\text{sec/div}]$까지 Sweep할 수 있다. 만일 1[msec/div] Sweep 시간축에 조정하였다면 수평축 1눈금당 1[msec]로 1000[Hz] 정현파형은 1[msec] 1눈금 안에 1주기의 신호파형이 나타난다.

4 디지털 오실로스코프

디지털 오실로스코프는 신호를 표시해 주는 화면이 디지털 방식에 의해 픽셀의 위치가 제어되어 신호파형이 표시된다. 또한 디지털 오실로스코프를 이용하여 신호가 데이터 처리되어 저장할 수 있어 고정된 파형을 보거나 여러 가지 형태로 변형하여 나타낼 수 있다. 디지털 오실로스코프 구조는 그림 5.11과 같다. 여기서는 Tektronix TDS 2000B 시리즈의 디지털 오실로스코프(그림 5.10)를 활용한다.

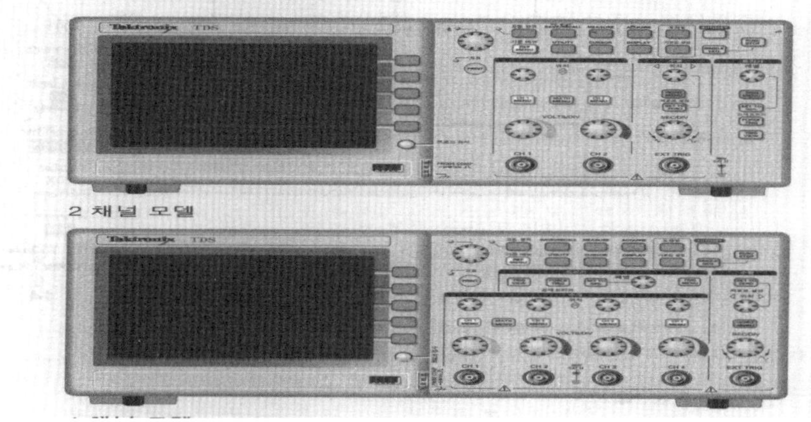

▌ 그림 5.10 디지털 오실로스코프 ▌

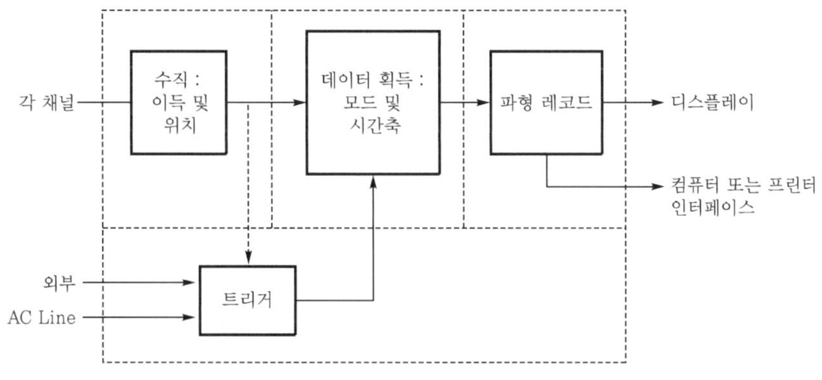

▌ 그림 5.11 디지털 오실로스코프 구조 ▌

(1) 파형측정

디지털 오실로스코프를 이용하여 다음의 실험회로 그림 5.12에서 신호의 진폭과 주파수 등의 값을 측정하는 절차를 나타내면 다음과 같다.

① 트랜지스터 파형 측정 : 주파수, 주기, 첨두치를 측정한다.

② 자동설정 사용

㉠ CH1 메뉴 버튼을 누른다.

ⓛ 프로브를 1 : 1로 조정한다.

ⓒ 채널1 프로브 팁을 그림과 같이 연결한다.

ⓡ AUTOSET 버튼을 누른다. 측정파형이 화면에 나타난다.

ⓜ MEASURE 버튼을 누른다.

ⓑ 상단 옵션 버튼을 눌러 메뉴 종류에서 주파수를 누른다.

ⓢ 뒤로 옵션 버튼을 누르고 상단에서 다시 옵션 버튼을 눌러 종류에서 주기를 누른다.

ⓞ 뒤로 옵션 버튼을 누르고 상단에서 다시 옵션 버튼을 눌러 종류에서 첨두치를 누른다.

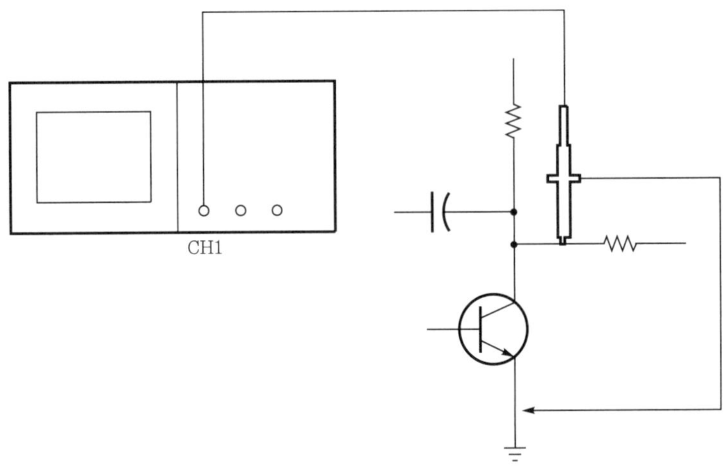

┃ 그림 5.12 신호 진폭과 주파수 측정회로 ┃

(2) 파형 측정

① 입력과 출력 파형의 동시 측정 : 그림 5.13 같은 회로를 구성하여 입·출력 파형의 첨두치를 측정한다.

② 자동설정 사용

ⓖ 프로브를 1 : 1로 조정한다.

ⓛ 채널1과 채널2 프로브 팁을 그림과 같이 연결한다.

ⓒ CH1 버튼을 눌러 GND로 맞추어 화면에 파형을 나타낼 위치를 상하 라인 회전 다이얼로 조정한다. 그리고 AC 위치에 맞추어 놓는다.

ⓡ CH2 버튼을 눌러 GND로 맞추어 화면에 파형을 나타낼 위치를 상하 라인 회전 다이얼로 조정한다. 그리고 AC 위치에 맞추어 놓는다.

ⓜ AUTOSET 버튼을 누른다. 측정파형이 화면에 나타난다.

ⓑ MEASURE 버튼을 누른다.

ⓢ 신호원 CH1을 누른다.

ⓞ 상단 옵션 버튼을 눌러 메뉴 종류에서 첨두치를 누른다.

ⓩ 신호원 CH2을 누른다.

ⓒ 상단 옵션 버튼을 눌러 메뉴 종류에서 첨두치를 누른다.

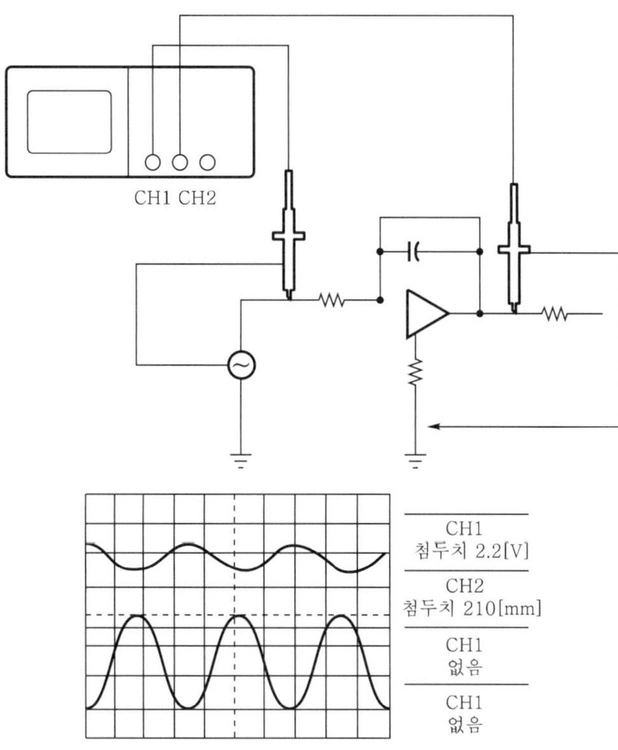

┃ 그림 5.13 입 · 출력 파형 동시측정회로 ┃

연습문제

01 보정율 5[%]일 때 오차율은 얼마인가?

정답 $\dfrac{C-M}{M}\times100=55$, $C=1.05M$, $M=\dfrac{C}{1.05}$

$$\varepsilon=\dfrac{\dfrac{C}{1.05}-C}{C}\times100=-0.048,\ \text{따라서 오차율은 } 4.8[\%]$$

02 다음 멀티미터의 저항값을 구하시오.

(a) 적색, 흑색, 갈색, 금색
(b) 녹색, 청색, 자주색, 은색
(c) 갈색, 적색, 황색, 무색
(d) 녹색, 청색, 금색, 은색

정답 (a) $20\times10^{1}[\Omega]\pm5[\%]$
(b) $56\times10^{7}[\Omega]\pm10[\%]$
(c) $12\times10^{4}[\Omega]\pm20[\%]$
(d) $56\times10^{-1}[\Omega]\pm10[\%]$

03 전압기의 최대 측정 범위가 50[V]이다. 그 이상의 전압을 측정하기 위해서 분압기를 이용하고자 한다. 전압기 내부의 코일 저항과 분압 저항이 각각 100[Ω], 1[kΩ]이다.

(a) 배율기는 얼마인가?
(b) 몇 [V]까지 측정할 수 있는가?

정답 (a) $m=\left(1+\dfrac{R_1}{R_p}\right)=1+\dfrac{1000}{100}=11$
(b) $50\times11=550[V]$

04 그림 5.5와 같은 휘스톤 브리지를 이용하여 저항을 측정하고자 한다. 저항값이 $R_1=1K$, $R_2=22K$, $R_3=10K$일 때 R_4 저항값을 구하시오.

정답 $R_1R_4=R_2R_3$, $1R_4=22\times10$, $R_4=220K$

05 전류기의 최대 측정값이 2[A]이다. 전류기의 코일저항이 3[Ω]일 때 10[A]의 전류를 측정하고자 한다. 분류기의 최대 저항값은 얼마인가?

정답 $m=\left(1+\dfrac{3}{R_1}\right)=\dfrac{10}{2}$, $R_1=0.75[\Omega]$

06 일반회로에서 전압기와 전류기를 이용하여 전압과 전류를 측정하고자 한다. 전압기와 전류기를 연결하는 방법을 설명하시오.

> **정답** 전압기는 측정하고자 하는 소자와 병렬로 연결하고 전류기는 측정하고자 하는 소자의 회로를 끊고 직렬로 연결한다.

07 오실로스코프에 $V_{\max}\sin(2\pi ft)$ 파형이 나타나 있다. 크기를 조절하는 로터리 스위치 눈금이 1[V]를 가리키고 있으며 Time division 로터리는 0.001의 값을 가리키고 있다. $V_{\max}\sin(2\pi ft)$ 파형의 최대치가 큰 격자 한 칸에 걸쳐 있고 시간축으로 1주기 파형이 2개의 격자에 걸쳐 있다. 프로브는 10 : 1로 조정되어 있다. 실제 최대 전압의 크기($V_{\max}$)와 주파수(f)는 얼마인가?

> **정답** $V_{\max} = 1 \times 10 = 10[\mathrm{V}]$, $f = \dfrac{1}{0.002} = 500[\mathrm{Hz}]$

Chapter 06

조 명

01 조명의 기초와 용어

1 조명의 기초

조명장치는 우리가 살아가는 데 없어서는 안 될 매우 중요한 필수생활도구로서 이미 오래전부터 사용되어 왔다. 인류의 선조들은 어두운 주위를 밝히기 위해 횃불을 이용하여 주위를 환하게 밝혀 생활에 도움을 주고자 하였다. 그 후 미국의 벨 연구소에서 전기가 발명되고 문명사회로 진화하면서 조명은 새로운 전환기를 맞이하게 되었다. 유리관 안에서 금속 필라멘트를 가열시켜 백열등을 발명하였고 이후 형광등, 수은등 등 보다 밝으면서 소비전력이 작은, 용도에 맞는 조명장치(기구)를 개발하고 발전시켜 왔다. 최근에는 반도체 재료를 이용한 발광다이오드(Light Emitting Diode, LED)를 활용해 조명등(광원)으로 개발하여 전력소모가 매우 적고, 수명이 아주 길면서도 효율이 높은 조명등을 개발하였으며 그 응용범위를 더욱 확대해 가고 있는 추세이다. 조명등에 사용하기 위해서는 광원으로서 휘도(단위 면적당 빛의 강도), 전력효율(인가된 전력에 대한 빛의 세기)과 자연색에 가까운 빛의 질(광원 색상의 순수성과 연색성)에 대해서 반드시 고려해야 한다.

표 6.1은 각종 백색 광원에 대한 효율[lm/W]과 평균 연색 평가지수 Ra(CRI : Color Rendering Index)값을 보여주고 있다.

| 표 6.1 각종 조명용 소자(램프)의 광원효율과 연색성 지수[1] |

조명소자(램프)	최대 광효율[lm/W]	평균 연색성 지수(Ra)
백색 LED	150	96
백열 전구	15	100
할로겐 전구	27	100
형광등	110	99
고압 수은등	51	40
고압 나트륨등	125	85

＊광효율과 연색성은 사용되는 소자(램프)의 사양에 따라 다르게 나타날 수 있음.

---

1) 「Light Emitting Diodes, 白色 LED 照明技術의 모든 것」, Daguchi Tsunemasa, 工業調査會(2009. 4).

같은 종류의 램프에서도 사양(색온도, 형광체, 램프 내 봉입재료 등)에 따라 값이 다르게 나타난다. Ra는 조명이 닿게 될 때 물체의 색이 어느 정도 현실감 있게 보이는가를 나타내는 지표이며 광원의 스펙트럼에 의해 값이 결정된다. 스펙트럼이 같은 색온도의 기준광원에 가까울수록 Ra값은 높게 나타난다.

일반적으로 높은 연색성일수록 광효율이 저하하는 경향을 보여주고 있으나 지금까지 많이 사용되고 있는 형광등은 광효율과 연색성에 있어 균형을 이룬 우수한 램프로 볼 수 있다.

2 용어[2]

(1) 광속과 광량

단위시간에 어떤 면을 통과하는 방사에너지를 방사속이라 하며, 방사속 중에서 광원으로부터 방출되어 눈에 감지되는 총 광출력량을 광속이라 한다. 단위는 루멘(Lumen, lm)을 사용한다. 또한 광량은 광속의 시간 적분이며 단위는 루멘-시간(lumen-hour)으로 나타낸다. 즉, 광량[lm · h]=광속[lm]×시간[h]의 식으로 표현이 가능하다.

(2) 시감도

파장이 다른 빛이 입사되면 인간의 눈에 느끼는 빛의 색상 또한 다르게 된다. 합성된 빛은 각각의 파장과 강도에 따른 여러 가지 빛의 색상(광색)을 느끼게 한다. 또한, 우리의 눈은 파장에 따라 느끼는 밝기를 달리한다. 이와 같이 빛에 대한 눈의 감각 정도를 시감도라 한다.

시감도는 황록색의 파장인 550[nm]에서 683[lm/W]값을 나타낸다. 이 값을 K_m이라 가정 할 때 임의의 파장 λ에 대한 시감도를 K_λ라 하면 K_m에 대한 K_λ의 비로 표시되는 $K_r = \dfrac{K_\lambda}{K_m}$를 비시감도라 표현한다.

(3) 광도

일반적으로 광원은 광속을 여러 방향, 서로 다른 강도로 방사한다. 이때 특정 방향에서 가시광선의 측정된 빛의 강도를 광도라고 한다.

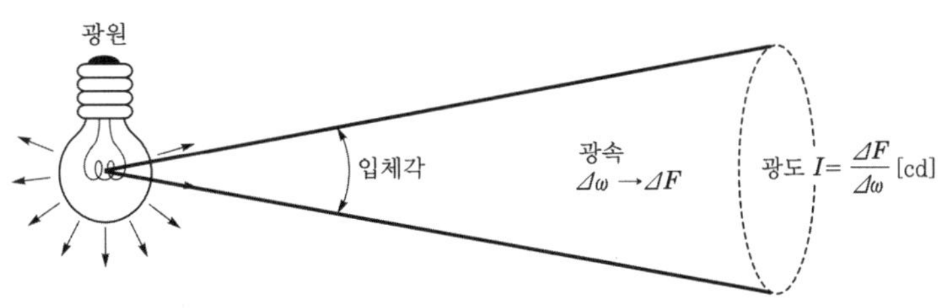

┃ 그림 6.1 점광원에서의 광도 ┃

2) 「알기 쉬운 전기공학 개론」, 강성화 외, 도서출판 동화기술(2011.3)

그림 6.1과 같이 광원을 하나의 점으로 간주하는 경우에는 이를 점광원이라 부른다. 점광원에서 어떤 특정 방향에 대한 광도는 그 방향의 단위 입체각당의 광속으로 나타내며 보통 I로 표시하고 단위로는 칸델라(Candela, cd)를 사용한다. 점광원에서 나오는 전 광속 F는 다음과 같다.

$$F = 4\pi I \,[\mathrm{lm}]$$

또한 입체각 ω 내에서 광속 $F\,[\mathrm{lm}]$가 고르게 발산한다면 광도 I는 다음 식 (6.1)과 같이 나타낼 수 있다.

$$I = \frac{\Delta F}{\Delta \omega} \,[\mathrm{cd}] \quad\cdots\cdots\cdots\cdots\cdots\cdots\cdots\cdots\cdots\cdots\cdots\cdots\cdots\cdots \tag{6.1}$$

(4) 휘도

광원의 밝기 즉, 비춰진 면적의 밝기는 빛이 눈에 주는 자극에 따라 밝기에 대한 측정 기준이 주어진다. 빛이 비춰진 면적의 광도를 눈에 보여진 기준 면적으로 나눈 값을 휘도라 한다. 단위는 $[\mathrm{cd/m^2}]$가 사용된다. 즉, 어느 면의 휘도 B는 그 방향에서의 광도 I를 그 면의 겉보기 면적 A로 나눈 값으로 식 (6.2)와 같이 표현된다.

$$B = \frac{I}{A} \,[\mathrm{cd/m^2}] \quad\cdots\cdots\cdots\cdots\cdots\cdots\cdots\cdots\cdots\cdots\cdots\cdots\cdots \tag{6.2}$$

(5) 조도

조도는 일정한 평면에서 광선에 의해 밝게 비추어지고 있을 때, 조명되는 면적과 광속의 비율로 결정된다. 조도의 단위로는 럭스(Lux, lx)를 사용한다.

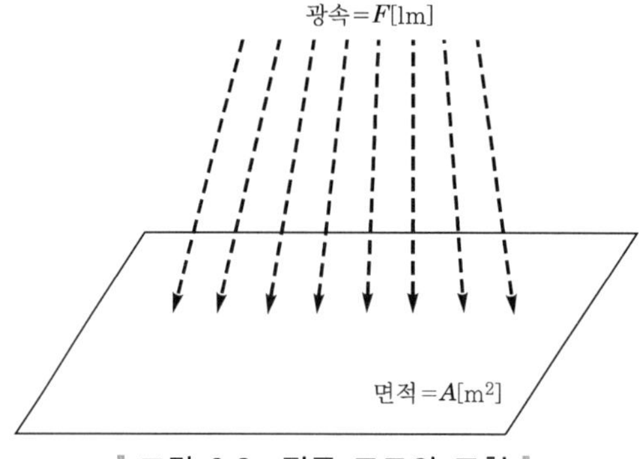

‖ 그림 6.2 평균 조도의 표현 ‖

만약, 그림 6.2와 같이 면적 $A\,[\mathrm{m^2}]$에 균일하게 광속 $F\,[\mathrm{lm}]$가 투사되면, 그 면의 평균 조도 E는 식 (6.3)에서와 같이 표현할 수 있다.

$$E = \frac{F}{A}\,[\text{lm/m}^2] \quad\cdots\cdots\cdots\cdots\cdots\cdots\cdots\cdots\cdots\cdots\cdots\cdots\cdots\cdots\cdots\cdots\cdots\cdots\cdots\cdots\cdots\cdots \quad (6.3)$$

1럭스[lx]는 1루멘[lm] 광속이 1[m^2]의 면적에 균일하게 투사될 때를 의미한다.

(6) 연색성

자연광이 아닌 인공광은 가급적 자연색에 가깝게 색을 그대로 재연해 주어야 바람직하다. 이때 투사되고 있는 빛이 자연색에 어느 정도 가까운가를 나타내는 척도가 광원의 연색성이다. 연색성은 지수로서 Ra로 표현하며 연색 지수 Ra가 100인 광원은 모든 색을 표준광원 아래에서 최대한 자연색으로 재연해 줄 수 있다. 연색지수의 Ra 수치가 낮을수록 색상의 재연도는 떨어지며 자연색으로부터 더욱 멀어지게 된다.

(7) 광효율

광효율을 정의하기 위해서는 각 소자의 특성에 따라 조금 다르게 표현될 수 있다. 일반적으로 광효율은 광원으로부터 완전한 확산이 이루어진 면광원이라 가정할 때 이 광원으로부터 방출된 전체 광속(또는 광량)을 인가된 전력(P_i)으로 나눈 값으로 정의할 수 있다. 이를 전력효율이라 표현하며, 단위는 [lm/W]로 정의한다. 즉, 식 (6.4)와 같이 표현한다.

$$\eta_e\,[\text{lm/W}] = \pi \times \frac{L\,[\text{cd/m}^2]}{P_i\,[\text{W/m}^2]} \quad\cdots\cdots\cdots\cdots\cdots\cdots\cdots\cdots\cdots\cdots\cdots\cdots\cdots\cdots \quad (6.4)$$

광효율의 또 다른 표현방법은 단위 전류당 휘도크기를 나타내는 전류 효율 $\eta_c\,[\text{cd/A}]$로서 전체 광량을 전류밀도로 나눈 값으로 표현 할 수 있으며, 식 (6.5)와 같다.

$$\eta_c\,[\text{cd/A}] = \frac{L\,[\text{cd/m}^2]}{A\,[\text{A/m}^2]} \quad\cdots\cdots\cdots\cdots\cdots\cdots\cdots\cdots\cdots\cdots\cdots\cdots\cdots\cdots\cdots\cdots \quad (6.5)$$

한편 광원에서 빛에 의한 최대 발광효율(maximum luminous efficiency, $\eta_{\text{lumi max}}$)은 단위 방사속당 광속[lm/W]으로부터 구해질 수 있으며, 스펙트럼의 분광 방사속 $S[\lambda]$와 CIE의 비시감도 곡선 $V[\lambda]$를 이용한 다음 식 (6.6)으로 표현된다.

$$\eta_{\text{lumi max}} = \frac{K_m \int_{380}^{780} V(\lambda) \times S(\lambda)\, d\lambda}{\int S(\lambda)\, d\lambda} \quad\cdots\cdots\cdots\cdots\cdots\cdots\cdots \quad (6.6)$$

여기서, 적분범위는 흑체 복사 스펙트럼의 가시광 영역이 된다. 또한 K_m는 비시감도가 최대가 되는 파장 555[nm]에서 발광효율로 683[lm/W]이다.

(8) 여기 스펙트럼

일반적으로 조명기구에서 발산되는 빛의 파장에 따라 고유의 스펙트럼 피크가 나타난다. 백색 LED 조명용 형광체에 요구되는 여기 스펙트럼은 우선 사용되는 GaN계 LED의 발광파장 영역에서 여기 강도가 커야 한다. 형광체의 여기 강도를 크게 하기 위해서는 여기광이 형광체에 의해 흡수효율이 크게 되도록 하여야 하며, 형광체에 첨가되는 부활제의 농도와 형광체의 입경이 중요한 제어요소가 된다.

02 조명방식

조명방식은 지금까지 주로 많이 사용되어 오고 있는 형광등(fluorescent lamp)과 백색 LED 반도체 소자를 활용한 조명방식으로 크게 나눌 수 있다.

1 형광등을 이용한 조명방식

형광등은 유리관 내부에 방전가스인 Ar＋Hg 가스를 고전압으로 방전할 때 발생되는 자외선(254[nm]의 파장)을 발생한다. 즉, 형광등의 음극에 장착된 필라멘트를 전압으로 가열하면 열전자가 방출되어 이들 열전자의 운동에너지가 가스를 방전하여 자외선이 발생한다. 이 자외선의 전자파 에너지가 형광등 유리관 표면에 발려진 백색 형광물질에 에너지를 가해 백색 빛을 발하게 된다. 그림 6.3은 형광등의 내부 구조를 모식적으로 보여준다.

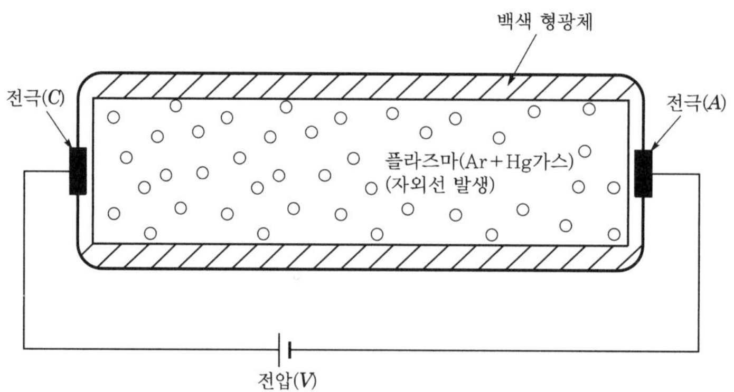

┃ 그림 6.3 형광등의 내부 단면모식도 ┃

2 LED 발광다이오드를 이용한 조명방식

발광다이오드(Light Emitting Diode, LED)는 화합물 반도체 재료를 이용하여 자외선에서부터 적외선에 이르기까지 다양한 전자기파를 발생하는 능동소자이다.

그림 6.4에는 에피텍시 PN접합구조를 가지는 LED 소자의 발광원리(a)와 단면구조(b)를 보여주고 있다. 그림 (a)에서와 같이 양극(+)과 음극(−)에 순방향 전압(P형에 (+)전압, N형에 (−)전압을 인가하면 N형의 다수 캐리어인 전자는 P형 영역으로, P형의 다수 캐리어인 정공은 N형 영역으로 상호 확산하여 PN 경계영역에 형성된 활성층에서 전자와 정공이 결합하여 이 결합에너지가 반도체 물질의 에너지 밴드 갭에 해당하는 고유한 빛(색상)을 발하게 된다.

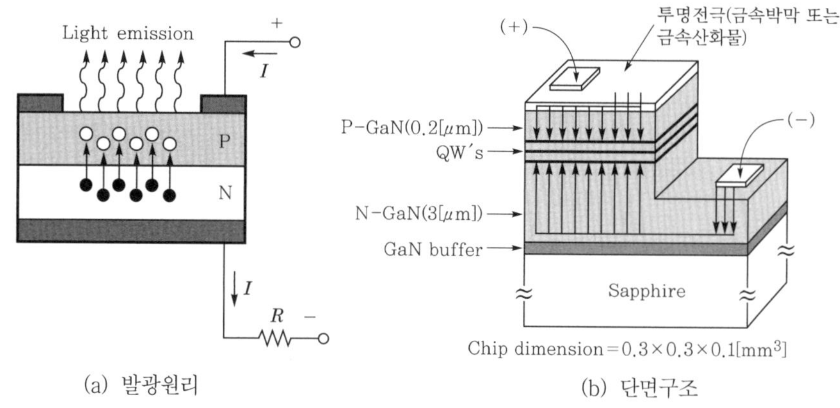

그림 6.4 에피텍시 PN 접합 구조의 LED 소자의 발광원리와 단면모식도

LED를 제작하기 위한 가장 간단한 구조로는 그림에서 보여주는 단일 헤테로구조 에피텍셜 박막을 갖는 P−N 접합구조이다. 그러나 대부분의 경우 소자의 효율을 높이기 위해 그림 6.4 (b)에서 보여주듯이 활성층에서 전류와 빛이 집중되는 양자우물(Quantum Well, QW)구조가 중간에 삽입된 구조로 만들게 된다. 이를 위해 이중헤테로(Double Hetero structure, DH) 접합 또는 다중양자우물(Multiple Quantum Well, MQW)구조를 사용한다. 접합부 또는 활성층에서 효율이 큰 발광을 가져오게 하기 위해서는 P형층을 상부 표면층으로 하고 전자를 쉽게 주입되도록 한다. 동시에 재흡수를 억제할 필요가 있다.

표 6.2에는 화합물 반도체 재료에 따라 상업적으로 생산되고 있는 대표적인 LED 소자의 특성을 정리하였다. GaN 화합물 반도체는 청색과 청록색을 주로 발광하며, GaP 반도체 LED칩은 녹색 발광을 한다. 그리고 GaAsP와 GaAlAs는 주로 적색 계통의 발광을 하는 LED 소자이다.

각종 화합물 반도체의 금지대폭(energy gap, E_g)과 발광파장(wavelength, λ)의 관계는 다음과 같다.

$$\lambda[\text{nm}] = 1240/E_g[\text{eV}] \quad\quad\quad (6.7)$$

반도체 소자 재료의 금지대폭에 반비례하여 발광 파장이 얻어진다.

표 6.2 상업적으로 이용되는 대표적인 LED 발광 소자의 특성 예		
반도체 재료	발광색	발광파장[nm]
GaN, InGaN	청색, 청록색	450~465
GaP	녹색	555~565
GaAsP	적색 계통	610~630
GaAlAs	적색	650

그림 6.5는 대표적인 LED칩의 단면구조를 보여주고 있다.

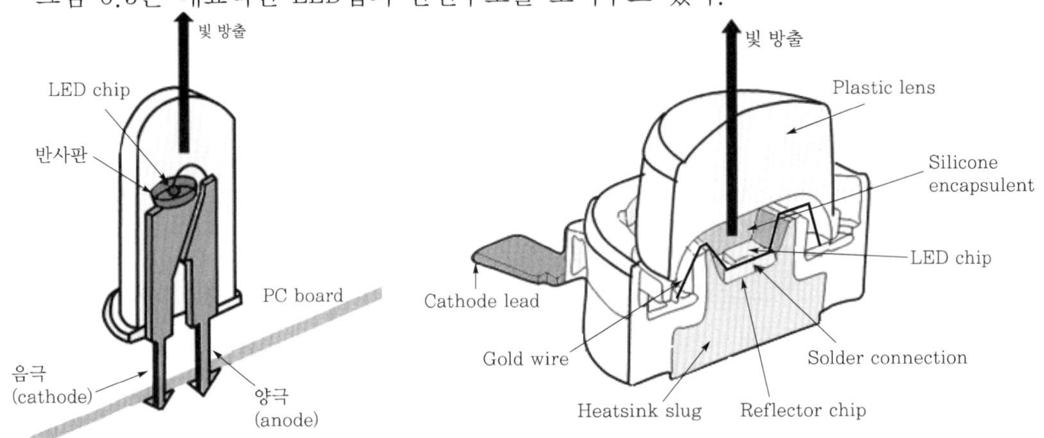

그림 6.5 대표적인 LED칩의 단면구조

백색 LED는 고체조명 소자로서 최근에 에너지 절감을 위한 그린 소자로 크게 각광을 받고 있으며 광원으로서 여러 분야에 응용되고 있다.

백색 LED의 응용은 크게 일반조명장치, 휴대폰은 물론 TFT-LCD 디스플레이(Thin Film Transistor-Liquid Crystal Display)의 후면광원(back light unit)으로도 널리 사용되고 있다.

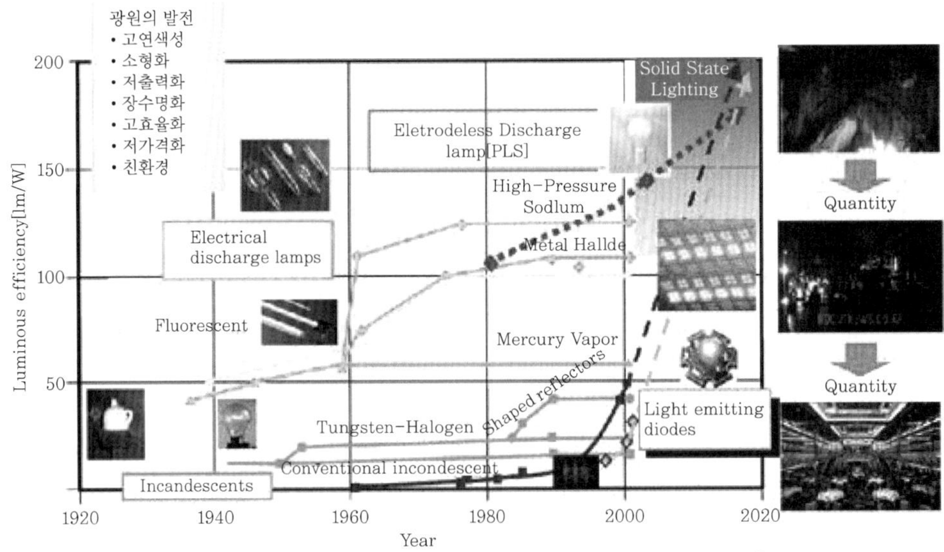

그림 6.6 여러 조명소자의 연도별 광효율 발전 추이

그림 6.6은 연도별 조명소자의 발광효율을 나타내는 계획표를 보여주고 있다. 과거 1920년대부터 대부분의 가정에서는 백열등을 사용해 왔으며 백열등의 효율은 약 10[lm/W] 이하로 매우 낮아 전력소모 또한 컷다. 1980년대 들어 고압나트륨 조명등을 사용하면서 조명효율을 크게 증가시켰으나 나트륨 조명등은 방전유리관을 사용하여 수명과 유지비 측면에서 불리한 점을 가지고 있었다. 이에 2000년도에 이르러 반도체 재료를 이용한 LED 조명등을 개발하여 약 100[lm/W] 이상의 고효율과 저전력 소모 그리고 장수명을 가지는 우수한 조명시스템이 개발되어 현재도 다양한 분야에 활용하고 있다.

조명용으로 이용하기 위해서는 백색 발광다이오드를 제조하여야 한다. 백색 발광다이오드를 제조하는 방법에 대해 크게 3가지로 설명하기로 한다. 첫째는 청색 LED칩 위에 황색 형광체를 입혀서 백색광을 구현하는 방법이다. 이 방법은 발광효율은 매우 크지만 순수한 백색광을 얻는 데 불리하다. 두 번째 방법은 멀티 칩 형태로서 적색, 녹색, 청색을 발하는 3개의 LED칩을 사용하여 백색을 구현하는 방법으로 조명광원으로는 아직 발광효율 및 색 순도 등을 개선할 필요가 있으며 가격적인 측면에서 불리하다. 세 번째는 근자외선 LED칩 위에 적색(R), 녹색(G), 청색(B)의 형광체를 입혀서 백색광을 얻는 방법이다. 이 경우 높은 연색성을 나타내며 80[lm/W] 이상의 발광효율을 가지는 순수한 백색광을 얻을 수 있는 조명용 소자로서 가장 우수한 특성을 나타내는 것으로 알려져 있다. 그림 6.7에는 R, G, B 빛을 내는 LED 소자와 형광체를 이용하여 백색 LED 램프를 구현하는 4가지 방법을 그림으로 보여주고 있다.

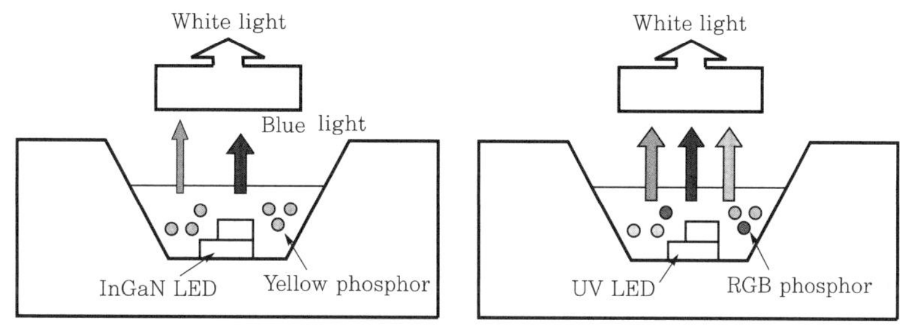

(a) 청색 LED+황색 형광체   (b) UV LED+적·녹·청색 형광체

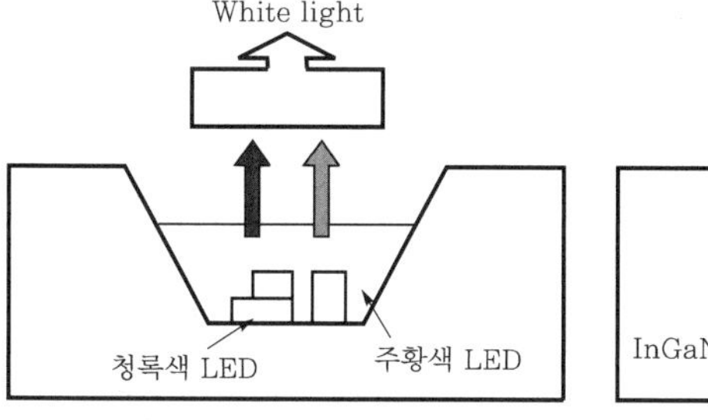

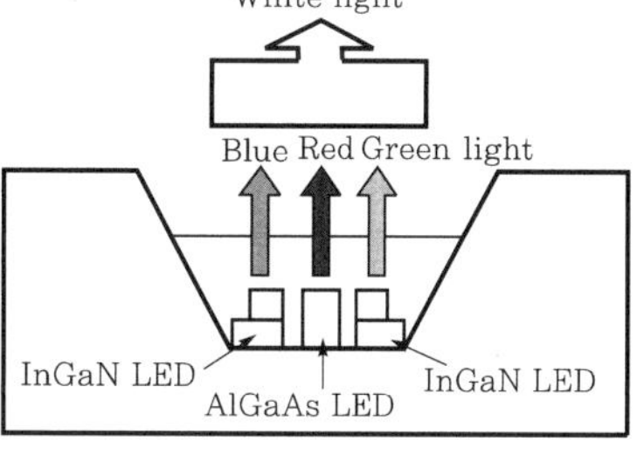

(c) 보색관계를 갖는 2개 LED 조합   (d) 적색, 녹색, 청색 LED 조합

그림 6.7 백색 조명을 위한 LED 단면구조에서 발광다이오드의 조합

앞서 설명한 바와 같이 백색 LED의 구조는 기본적으로 방열기판, 발광용 반도체 침, 형광체와 투명한 보호 수지재료 그리고 봉지재 및 광학렌즈 재료 등으로 구성되어 있다. 일반적으로 형광체 변환에 의한 백색 LED의 효율은 다음 식으로 표현할 수 있다.

$$\eta[\mathrm{lm/W}] = (\eta_v \cdot \eta_i \cdot \eta_{ext}) \times (\varepsilon_i \cdot \varepsilon_e \cdot \varepsilon_{ext}) \times \varepsilon_{PKG} \quad\text{.................................} \quad (6.8)$$

여기서, η_v : LED의 전압효율, η_i : 내부 양자효율, η_{ext} : 외부 광추출효율

ε_i : 형광체의 내부 양자효율, ε_e : 발광 빛의 흡수효율

ε_{ext} : 형광의 외부추출효율, ε_{PKG} : 패키징 효율

즉, 형광체를 사용한 백색 LED 효율은 LED칩의 효율과 형광체의 광효율 그리고 패키징에 의한 광 추출효율에 영향을 받는 것을 알 수 있다.

LED칩에서 발광하는 색상(color chromaticity)은 우리들의 눈에 익숙한 자연색(natural color)에 얼마나 가까운지를 나타내는 척도라 할 수 있다. 1931년에 국제표준으로 정하여 놓은 색 좌표(CIE : 국제적으로 발광색 분류를 나타내는 color coordinate)를 사용하여 그 정도를 표시할 수 있다. 소자의 색을 표현하기 위해서는 세기가 서로 다른 삼색광이 동일한 시간에 동일한 위치에서 동시에 중첩되어지고 또한 이렇게 빛이 섞여진 상태로 우리들의 눈에 인지되어야 한다. 그림 6.8에는 국제표준으로 사용되는 삼색광의 색상 다이어그램(color chromaticity diagram)이 x, y 좌표로서 표시되어 있으며, 이와 같은 색 삼각형(color triangle)의 면적은 소자가 나타내는 색의 구현범위를 말해준다. 또한 백색 LED 소자의 색상은 빛의 삼색광에 해당하는 적색(R), 녹색(G) 및 청색(B)의 세 가지 광색의 혼합으로 2차원 직각좌표의 가운데에 위치하며 보통 색좌표로서 x, $y = 0.33$, 0.33 부근의 좌표가 가장 순수한 백색광이라 할 수 있다.

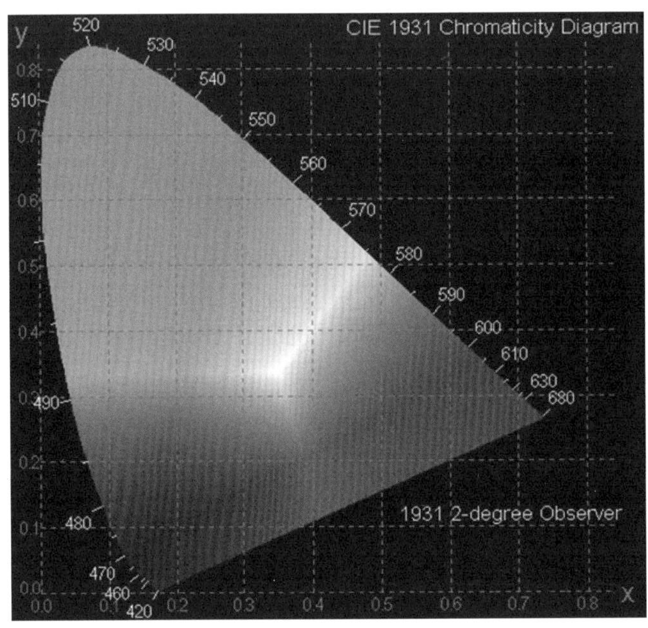

▌ 그림 6.8 CIE 색좌표 ▌

3 LCD용 후면광(LCD back light)

TFT-LCD(Thin Film Transistor-Liquid Crystal Display)는 얇고 가벼우면서 선명한 동화상과 자연스러운 천연 색상을 구현하여 가격 대비 우수한 디스플레이 품질로 수요자들로부터 많은 인기를 끌고 있다. TFT-LCD는 비발광형 전자 디스플레이 소자로서 별도의 뛰어난 특성을 갖는 광원을 필요로 하며, LCD의 광원 역할을 하는 것을 후면광(back light)라고 한다. 액정 모듈의 후면에서 빛을 조사시키기 위하여 광원 자체를 포함하여 광원의 구동을 위한 전원회로 및 균일한 평면광을 이루도록 해주는 일체의 부속물을 이루는 복합체를 백라이트 유닛(back light unit, BLU)이라고 한다. BLU는 빛의 조사 방식에 따라 직하형(direct type) BLU와 코너형(edge type) BLU의 두 가지 형태로 분류되며, 최근에는 면광원을 채용하는 평판 BLU도 다양하게 연구되고 있다.

그림 6.9에는 빛의 조사방식에 따른 백라이트용 CCFL(Cold Cathode Fluorescent Lamp) 형광램프를 채용한 직하형 및 코너형 BLU의 기본 구조를 (a)와 (b)에 각각 나타내었다. 이러한 형태는 LED 등 다른 형태의 광원을 채용하는 경우에도 적용된다.

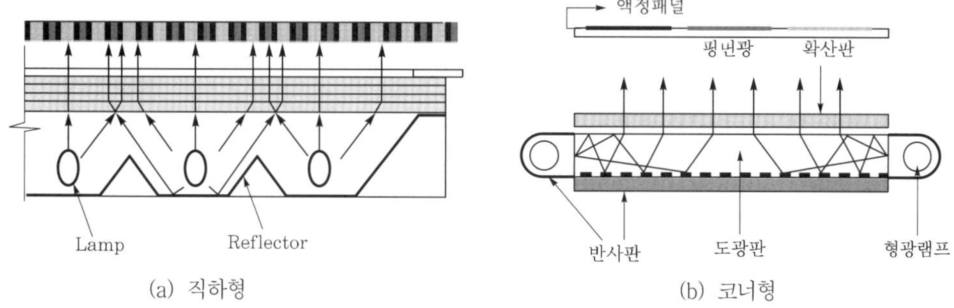

그림 6.9 빛의 조사방식에 따른 직하형 및 코너형 후면광 유닛[3](back light unit, BLU)

일반적으로 BLU는 후면광용 램프를 포함하여, 램프에 구동 전원을 공급하는 인버터(inverter), 광원의 평면화와 휘도의 균일한 분포를 얻기 위한 프리즘 시트(prism sheet), 확산판(diffuser), 도광판(light guide plate), 반사판(reflector) 등으로 이루어져 있다. 비자발광형 디스플레이는 후면광에 의한 광원에서 나오는 빛을 이용하여 전압에 의한 액정의 배향 방위를 변화시켜 컬러 필터를 통해 풀 컬러(full color)를 구현하는 디스플레이 장치이다. 따라서 TFT-LCD는 후면광의 역할이 매우 중요하며 후면광의 설계 및 전력효율 등 성능향상이 디스플레이의 품질을 좌우하는 하나의 요소가 될 수 있다.

그림 6.10은 TFT-LCD의 후면광에서 나온 빛이 디스플레이의 여러 부품을 거쳐 가는 경로를 보여주고 있다. 광원에서 나온 빛은 여러 부품을 거치면서 약 90[%] 정도 흡수·소멸되는 현상을 보여주고 있다.

TFT-LCD에서 소모되는 전력의 60~70[%] 정도가 BLU에서 소모되고 있다. 따라서

---

3)「정보디스플레이 공학」, 강정원 외, 청문각(2005.9)

소비전력을 감소시키기 위해서는 광원의 광도를 높이는 연구가 필요하고, 입력 전력 대비 휘도의 효율을 높이고 램프를 구동하도록 구동 주파수의 최적화가 필요하다. 또한 휘도를 향상시킬 수 있는 인버터(inverter)의 개발과 흡수가 작은 확산판(diffuser)의 개발로 높고 균일한 특성의 BLU가 만들어져야 한다.

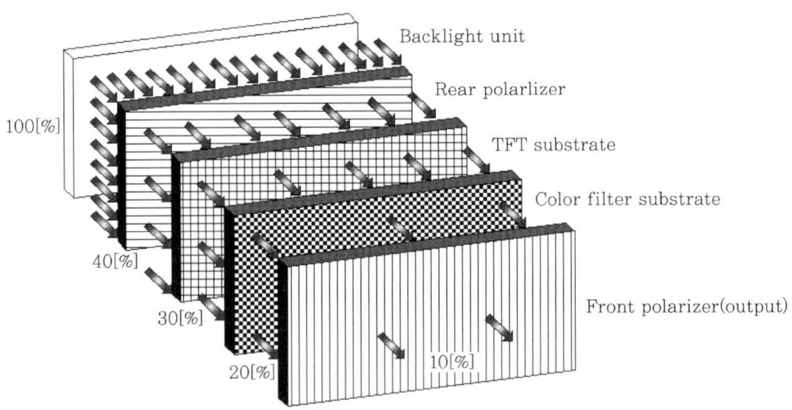

｜ 그림 6.10   TFT-LCD에서 후면광에서 나온 빛의 통과 경로 및 투과도[4] ｜

가정용 형광등에는 금속 필라멘트(filament)가 내부에 있어 형광등을 켜기 위해 필라멘트에 전압을 인가하면 필라멘트가 가열하여 열전자가 방출된다. 이를 열음극관(Hot Cathode Fluorescent Lamp, HCFL)이라고 한다. 이에 비하여 냉음극관(Cold Cathode Fluorescent Lamp, CCFL)은 진공관 내부에 금속전극이 있고, 전극양단에 고전압을 인가하면 내부에서 발생한 전자가 가속되고 유리관 내의 방전가스($Hg + Ar$)를 이온화시켜 자외선을 발생시킨다. 이 자외선(파장 254[nm])이 유리관 벽면에 발라진 백색 형광체에 에너지가 주어져서 백색의 빛을 발생한다. 이때 인버터를 이용하여 고주파의 AC 고전압(약 1000[V])을 필요로 한다.

직하형 BLU의 가장 큰 구조상의 특징은 액정패널에 빛을 조사하는 광원의 위치가 패널의 후면에서 직접 빛을 조사하는 것이다. 따라서 빛의 손실이 적으며 높은 휘도를 유지할 수 있는 장점이 있다. 그러나 구조상 램프의 후면에 위치하여 램프와 확산판의 일정한 거리를 유지해야 균일한 휘도의 분포를 얻을 수 있고 어느 정도의 두께가 필요하여 박형화에는 어려움이 있다. 또한 램프의 개수가 증가하는 만큼 램프를 구동하기위한 구동회로인 인버터가 증가하고 소비전력이 상승하게 된다. TV 및 데스크탑(desk top)용 모니터 장치 등에 응용되고 있다.

코너형(edge type) BLU는 광원의 위치가 LCD 모듈의 측면에 위치하여 있으며, 광원으로부터 나오는 빛을 도광판을 이용하여 평면광을 형성하는 형태이다. 이러한 형태의 Back light는 전반적인 휘도의 저하를 피하기가 어렵다. 균일한 휘도의 분포를 얻기 위해서는 보다 효율적인 빛의 유도시스템이 요구되며, 광원으로부터 비교적 먼 거리까지

---

4)「정보디스플레이 공학」, 강정원 외, 청문각(2005.9)

의 빛의 전달 과정에서 손실을 최소화하기 위한 고도의 광학 기술이 필요하다. 비교적 박형의 BLU를 제작하기가 용이하므로 노트북 PC · PDA등 비교적 가볍고 박형이며 저 소비전력을 요구하는 대부분의 휴대용 디스플레이 장치에 채용되고 있다.

디스플레이 패널(panel)상에서 높은 발광 휘도를 나타내고 간단한 구조로 만들 수 있는 방안으로 평면형 BLU에 대한 관심이 높다. 즉, CCFL를 이용한 면 발광형 형광램프의 형태 등을 이용하거나, 또는 최근 실용화 되고 있는 유기발광다이오드(Organic Light Emitting Diodes, OLED)를 광원으로 이용한 새로운 개념의 BLU, 또는 플라즈마 디스플레이 패널(Plasma Display Panel, PDP)의 원리를 이용한 평면 발광 램프 등으로 대체하는 방안을 들 수 있다. 그림 6.11은 독일의 OSRAM사에서 개발하여 생산하고 있는 무수은 면발광 램프인 Planon의 제품 모양을 보여주고 있다.

그림 6.11 평면 발광을 위한 광원의 예(독일 OSRAM Planon Lamp)[5]

5) 「액정디스플레이 백라이트」, 임성규, 단국대학교 출판부(2006.2)

연습문제

01 광효율과 연색성에 대해 설명하여라.

정답 ① 광효율 : 광원으로부터 완전한 확산이 이루어진 면광원이라 가정할 때 이 광원으로부터 방출된 전체 광속(또는 광량)을 인가된 전력으로 나눈 값으로 정의할 수 있다. 전력효율의 경우 단위는 [lm/W]로 표현하며, 단위 전류당 휘도 크기를 나타내는 전류효율로서 전체 광량을 전류밀도로 나눈 값으로 표현할 수 있다.
② 연색성 : 투사되고 있는 빛이 자연색에 어느 정도 가까운가를 나타내는 척도가 광원의 연색성이라 표현한다. 표준 광원에서 최대한 자연색으로 재연한 경우 100의 수치를 사용하며 연색 지수의 수치가 낮을수록 색상은 자연색으로부터 더욱 멀어지게 된다.

02 형광등의 발광원리를 설명하여라.

정답 유리관 내부에 채워진 방전가스에 고전압을 인가하여 플라즈마를 발생시켜 이때 생성되는 자외선이 흰색의 형광물질을 여기하여 빛을 발생시킨다.

03 발광다이오드 소자의 기본구조도를 그리고 발광원리를 설명하여라.

정답 그림 6.4를 활용하며, P형과 N형 반도체에 순방향 전압을 인가하면 N형 반도체의 전자와 P형 반도체의 정공이 상호확산하여 재결합할 경우 반도체 물질의 에너지 밴드 갭에 해당하는 빛을 발생시킨다.

04 LED 칩을 이용하여 백색 조명을 만들 수 있는 방법들에 대해 설명하여라.

정답 주로 4가지 방법으로 사용된다.
① 청색 LED에 황색 형광체를 코팅
② UV LED에 적, 녹, 청색 형광체를 혼합하여 코팅
③ 보색관계를 가지는 2개 LED를 조합하여 발광
④ 적, 녹, 청색 LED 3개를 조합하여 발광하는 방식

05 LED 발광 재료는 재료의 에너지 갭에 따라 발광색이 달라진다. 만약 어떤 재료의 에너지 갭이 2.4[eV]일 때 방출되는 발광 파장을 계산하여라.

정답 $\lambda[\mathrm{nm}] = \dfrac{1240}{E_g}[\mathrm{eV}] = \dfrac{1240}{2.4} = 516[\mathrm{mm}]$

06 CIE 색좌표에 대해 설명하고 백색 발광을 나타내기 위한 이상적인 CIE 색좌표 값을 표시하여라.

정답 CIE는 Commission International de I'Eclairage의 약자로서 국제적인 공통 규정에 의해 2차원적 (x, y) 좌표로 컬러 색상을 표현하는 방법이다. 순수한 흰색의 경우 좌표 $(x, y) = (0.33, 0.33)$에 해당한다.

<u>07</u> 후면광의 광원으로서 냉음극관형 램프에 대해 설명하여라.

정답 냉음극관은 진공 램프 내에 전압 인가 시 금속 음극으로부터 전자 방출가가 방출되고 운동하는 전자에 의해 가스를 방전시켜 전자기파(자외선)를 발생시키는 원리이다.

<u>08</u> TFT-LCD 후면광(back light unit, BLU)의 직하형, 코너형, 면발광형 BLU에 대해 특징을 비교 · 설명하여라.

정답 ① 직하형 : 빛의 손실이 적고 높은 휘도를 유지할 수 있으나 두께가 커질 수 있는 단점과 균일한 휘도 분포를 위해 램프의 수가 증가할 경우 소비전력 증가를 가져올 수 있다.
② 코너형 : 비교적 얇은 구조로 제조 가능하나 전반적인 휘도의 저하를 가져올 수 있다.
③ 면발광형 : 전면 발광 형태로 균일하고 높은 휘도를 유지할 수 있는 장점이 있다.

Chapter 07

전자소자

전자소자

01 전자소자란?

전자소자(electron device)는 "전하입자로서 전자(electron)가 나타내는 여러 전자전기적 현상을 이용하는 목적으로 용도에 맞게 제작된 특정한 구조와 기능을 갖는 물체"라고 정의할 수 있다. 전자소자에 이용하고 있는 여러 현상들 중에서 전기적 현상과 전자적 현상 그리고 전기·광학적 현상을 바탕으로 소자가 기능을 하게 된다. 다시 말해 전자적 현상은 적은 수의 전자집단을 정보매체(신호)로서 이용하는 것으로 전자고유의 특성인 전하, 질량, 스핀에 기초한 성질 중에서 고유한 기능을 이용한다. 또한 전기적 현상이라 함은 많은 수의 전자집단이 나타내는 거시적인 성질로서 측정이 비교적 용이한 전류, 전압, 저항, 정전용량 등에 관한 현상을 들 수 있다.

특히 전자소자 중에서 반도체 소자는 반도체(semiconductor) 물질을 사용하여 반도체 물질이 가지는 여러 가지 독특한 성질을 이용하여 특정한 기능을 갖추도록 고안된 구성물이다. 반도체 소자는 이용하는 "반도체 재료"와 고유한 "반도체 기능"의 차이에 따라 여러 종류의 소자로 분류된다.

표 7.1 대표적인 반도체 재료의 종류

일반 분류	기 호	명 칭
원소반도체	Si	Silicon
	Ge	Germanium
화합물 반도체	SiC	Silicon Carbide
	AlP	Aluminum Phosphide
	GaN	Gallium Nitride
	GaP	Gallium Phosphide
	GaAs	Gallium Arsenide
	InSb	Indium Antimonide
	ZnO	Zinc Oxide
	ZnS	Zinc Sulfide
	CdS	Cadmium Sulfide
합금 반도체	AlxGa1-xAs	Aluminum Gallium Arsenide
	GaAs1-xPx	Gallium Arsenide phosphide
유기 반도체	Pentacen	
	P3HT	Poly(3-hexylthiophene)

표 7.1은 여러 종류의 반도체 소자에 이용되는 대표적인 반도체 재료를 분류한 표이다. 반도체 재료로서는 단일 성분으로 된 "원소 반도체", 2종류 이상의 원소로 이루어진 "화합물 반도체", 또한 금속산화물로 이루어진 "금속산화물 반도체", 최근 특수한 용도(유기발광다이오드와 유기태양전지 등)로 이용되고 있는 "유기 반도체" 등이 있다. 이들 반도체 재료에는 여러 독특한 성질을 나타내는데, 전류와 전압을 제한하거나 전류를 크게 흐르게 하거나 또는 전류 흐름을 차단하는 스위칭(switching) 기능이 있다. 또한 전하축적 등의 전기적 특성, 즉 커패시터(capacitor) 기능과 전계와 자장에 따라 전기적 신호를 발생하는 홀(Hall)효과, 빛과 열에 의해 재료 자체에서 전하(전자)를 발생시켜 전기를 생산하는 등의 고유한 특성들을 나타낸다.

표 7.2에는 반도체 소자의 기본적인 기능과 이를 이용한 소자의 예를 보여준다.

표 7.2 반도체 소자의 기본기능 분류 및 소자 예

전자소자 명칭	기 능	종 류
반도체 소자	개별 소자	• 저항기 • 커패시터 • 트랜지스터 • 다이오드
	집적회로	• 메모리 칩 • 마이크로 프로세서 • 로직 시스템 • 시스템 LSI
광전자 소자	발광 소자	• LED(Light Emitting Diode) • OLED(Organic Light Emotting Diode)
	수광 소자	• 태양전지 • 포토다이오드, 포토트랜지스터 • 포토커플러
센서	물리량 변환	• 적외선 센서 • 온도센서 • 자기센서 • 압력센서 • 가속도 센서

또한 표 7.1의 반도체 재료로서 대표적인 실리콘(silicon, Si)을 사용하여 전기적 성질을 이용한 소자를 중심으로 설명한다. 기본 반도체 소자는 우선 저항과 정전용량과 같이 수동적 기능만을 가지는 "수동소자(passive device)"와 다이오드, 트랜지스터와 같이 전기적 신호의 정류, 증폭, 스위칭 등의 기능을 가지는 "능동소자(active device)"로 크게 분류할 수 있다. 이 장에서는 능동소자로서 다이오드와 트랜지스터의 구조 및 동작원리 등에 대해서 설명하고 있다.

02 반도체란 무엇인가?

전기적 특성으로 물질을 분류할 때 도체, 절연체, 반도체로 크게 분류할 수 있다. 도체는 전기가 매우 잘 통하는 물질로서 주로 금속(구리, 백금, 알루미늄 등)이며 절연체는 전기가 전혀 통하지 않는 물질(고무, 유리, 도자기, 석영 등)을 들 수 있다. 여기서 도체와 절연체 사이의 중간적인 저항률을 나타내는 물질을 반도체(semiconductor)라고 한다. 다시 말해 반도체는 어떤 조건하에서는 도체에 가까운 성질을, 다른 어떤 조건하에서는 절연체에 가까운 성질을 나타내는 물질이라고 볼 수 있다.

반도체를 나름대로 특성을 살려 정의를 내려 보면 다음과 같다. 반도체의 저항률 범위는 도체 및 절연체의 중간 정도의 범위에 속한다(약 $10^{-1}[\Omega \cdot cm]$에서 $10^{6}[\Omega \cdot cm]$ 정도). 이것이 우선 반도체의 첫 번째 정의다. 그러나 '이러한 저항률 범위를 갖는 모든 물질이 반도체이다'라고 반드시 말할 수는 없으며 여기서 반도체에 관한 추가적인 정의가 필요하게 된다. 두 번째로 반도체에서 전기저항의 온도계수는 음(−)으로 나타난다. 온도계수가 음이라는 사실은 온도가 증가하게 되면 전기저항이 감소하는 특성을 말하며 일반적으로 금속에서의 온도계수는 양(+)인 경우가 대부분이다. 세 번째로 반도체 물질 내에 소량의 제3의 원소(불순물)를 첨가할 경우 전기저항이 크게 변화된다. 마지막으로 반도체는 광전효과(photoelectric effect), 홀효과(Hall effect), 정류작용(rectifying) 등 특수한 현상을 나타낸다. 이와 같은 네 가지 정의 모두를 만족하는 물질은 틀림없이 반도체이며, 경우에 따라서는 일부의 정의만을 만족하는 반도체도 존재할 수 있다. 지금부터 자세히 알아보겠지만 원소반도체인 Si(실리콘), Ge(게르마늄)은 이러한 네 가지 정의를 모두 만족하고 있다.

그림 7.1에서는 앞에서 언급한 네 가지 반도체의 정의를 그림으로 표현하였다.

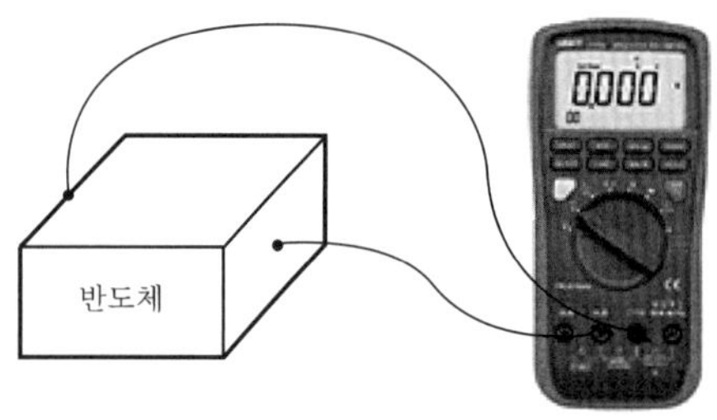

(a) 도체와 절연체 사이의 중간 전도도

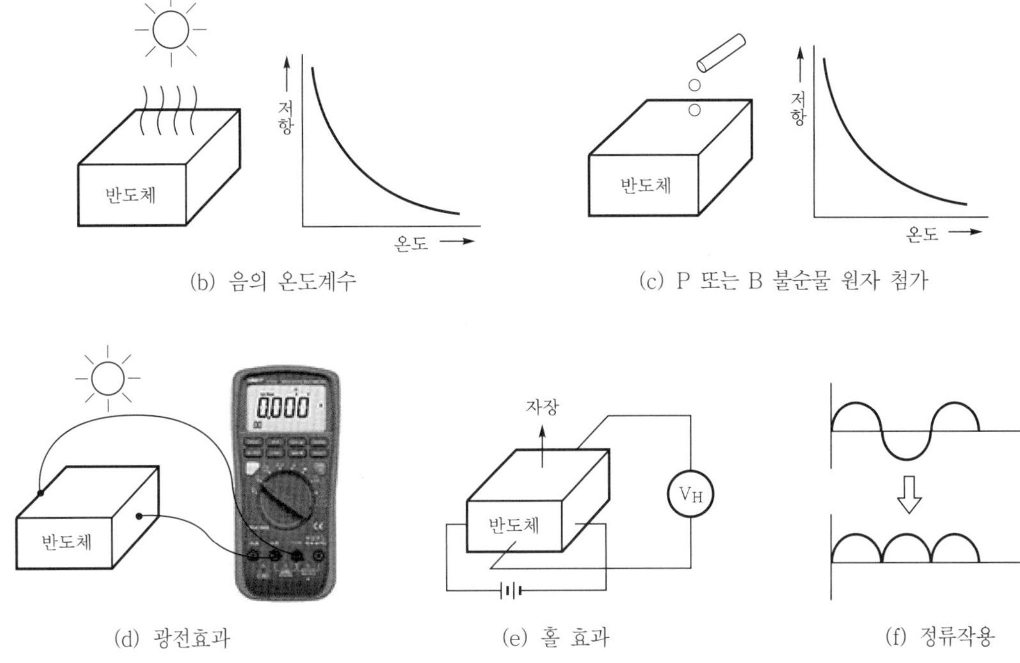

(b) 음의 온도계수

(c) P 또는 B 불순물 원자 첨가

(d) 광전효과

(e) 홀 효과

(f) 정류작용

그림 7.1 반도체의 정의

이제 우리는 반도체 물질이 오늘날 가장 중요한 전자재료로 활용되는 근원을 살펴보기로 한다. 반도체는 외부로부터의 자극이나 불순물 주입에 의해 전기저항이 크게 변화된다. 더욱이 그 내부에는 전자(electron)와 정공(hole)이라는 두 종류의 이동 가능한 입자가 존재하며 PN 접합 등을 통한 전위장벽의 조절로 전기가 흐르는 방향(정류기능)과 크기(증폭, 스위칭 기능)를 변화시킬 수 있다.

03 순수반도체와 불순물(P형, N형) 반도체

대부분의 전자 소자들은 반도체 재료로서 초고순도의 단결정 실리콘을 사용한다. 단결정이란 실리콘 원자들이 3차원적으로 규칙적으로 배열된 구조이며 그 배열의 기본 단위를 "결정격자(crystal lattice)"라 일컫는다. 실리콘 결정격자는 "다이아몬드 구조"를 나타내며 단위격자 내에는 8개의 Si 원자가 존재한다. 순수 반도체로서 Si 단결정에는 각각의 실리콘 원자가 주변의 4개의 Si 원자와 4개의 결합가지로 전자를 서로 공유하여 결합(공유결합)하고 있어서 매우 안정된 구조를 가지고 있다.

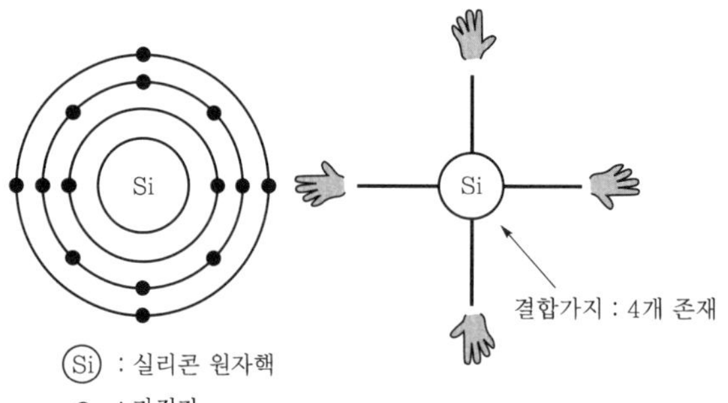

(a) Si 원자구조와 결합가지

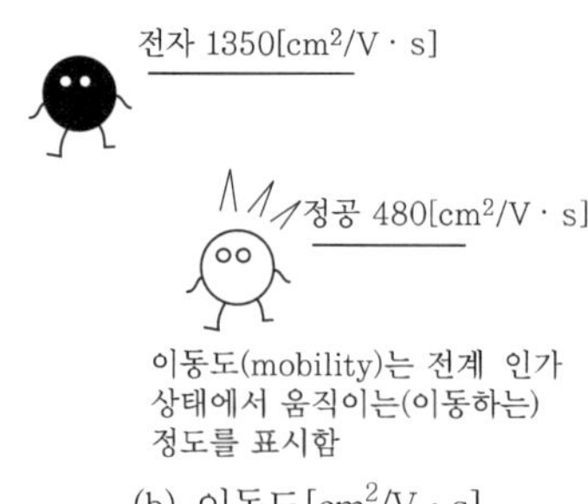

(b) 이동도[cm^2/V·s]

│ 그림 7.2 Si 원자의 구조와 결합가지 │

그림 7.2에는 Si 원자의 간단한 원자궤도구조와 결합가지 및 캐리어의 농도를 보여준다. 또한 표 7.3은 Si, Ge 원소 등 반도체 재료를 나타내는 원소의 주기율표 일부를 나타내었다.

│ 표 7.3 원소의 주기율표 │

원 소							
I	II	III	IV	V	VI	VII	O
^{1}H							^{2}He
^{3}Li	^{4}Be	^{5}B	^{6}C	^{7}N	^{8}O	^{9}F	^{10}Ne
^{11}Na	^{12}Mg	^{13}Al	^{14}Si	^{15}P	^{16}S	^{17}Cl	^{18}Ar
^{19}K	^{20}Ca	^{21}Sc ^{31}Ga	^{22}Ti	^{23}V ^{33}As	^{24}Cr	^{25}Mn	^{26}Fe ^{27}Co ^{28}Ni
Si는 4족 원소로서 원자번호는 14번임.							

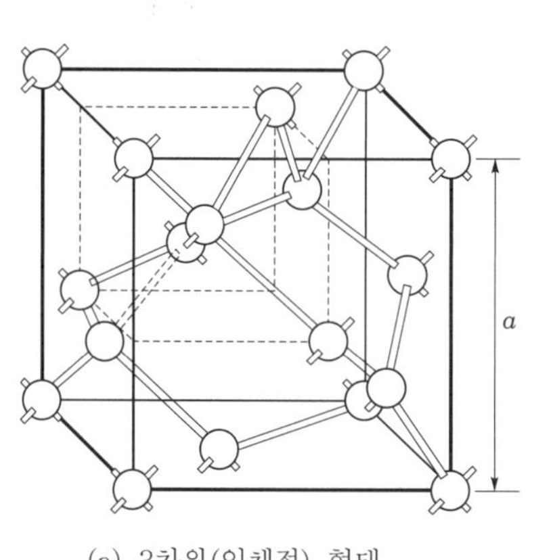
(a) 3차원(입체적) 형태

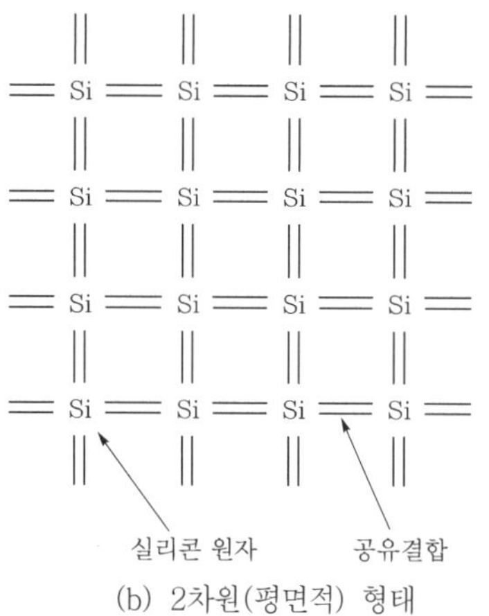

(b) 2차원(평면적) 형태

┃ 그림 7.3 Si 결정격자의 원자구조(3차원 및 2차원 형태) ┃

그림 7.3에는 Si 반도체의 3차원 단위 격자구조와 Si 원자들의 2차원적 배열 상태를 보여주고 있다. 단위세포라고 불리는 3차원 격자의 원자 배치로부터 단위세포 내부에 4개의 실리콘 원자가 존재하며 그리고 모서리와 면에 원자들이 배치하여 단위세포 내에 총 8개의 Si 원사가 점유하는 형태가 된다.

한편 불순물 반도체는 이러한 순수한 Si 원자에 주기율표에서 3족 원소[일반적으로 보론 (B)]을 첨가하게 되면 일부 Si 자리에 3족 원소(3개의 결합가지를 가짐)가 치환하여 주위 원자와 결합하지 못하는 곳에 추가적으로 정공(hole)이 형성된다. 이를 P형 반도체라 부른다. 한편 순수한 Si 원자에 5족 원소인 인(P), 비소(As)를 첨가하면 일부 Si 자리에 5족 원소가 치환되어(5개의 결합가지를 가짐) 결합하지 못하는 여분의 전자가 존재하게 되어 추가적인 전자(electron)가 형성된다. 이를 N형 반도체라 부른다. 이러한 전자와 정공은 캐리어(carrier)로서 매우 빠른 이동도(전자이동도 : $1350[\text{cm}^2/\text{V}\cdot\text{sec}]$, 정공이동도 : $480[\text{cm}^2/\text{V}\cdot\text{sec}]$)를 나타내며 반도체 소자 내에서 전류를 형성하여 정류, 증폭, 스위칭 작용을 나타내는 주체가 된다.

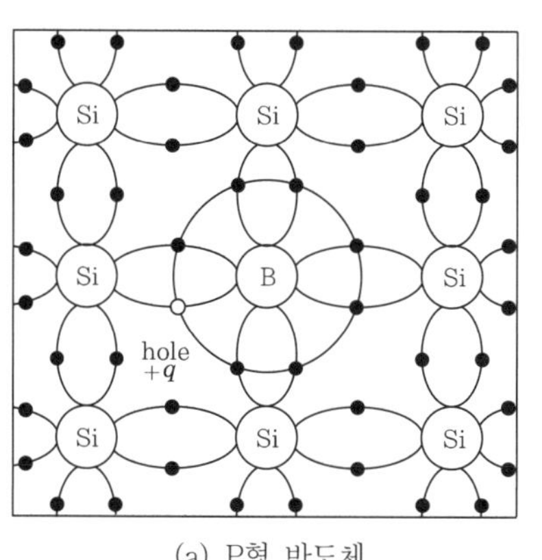

(a) P형 반도체

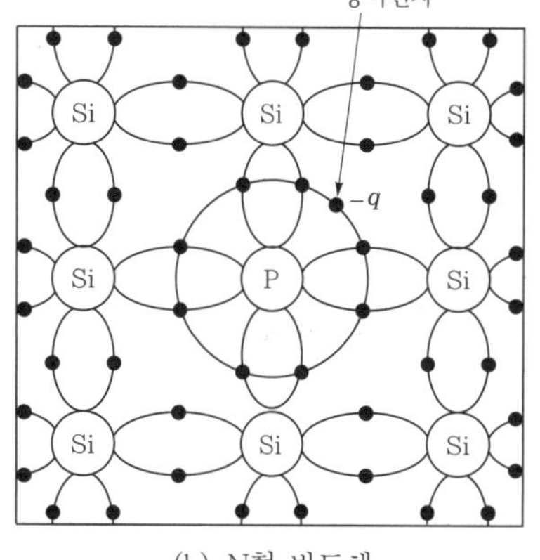

(b) N형 반도체

┃ 그림 7.4 P형과 N형 불순물 반도체의 원자배열구조 ┃

그림 7.4에는 P형과 N형 불순물 반도체의 2차원적인 원자배열 형태를 보여준다. 한편 이와 같은 불순물 반도체에 대해 에너지밴드 구조로 나타내면 그림 7.5과 같이 표현이 가능하다.

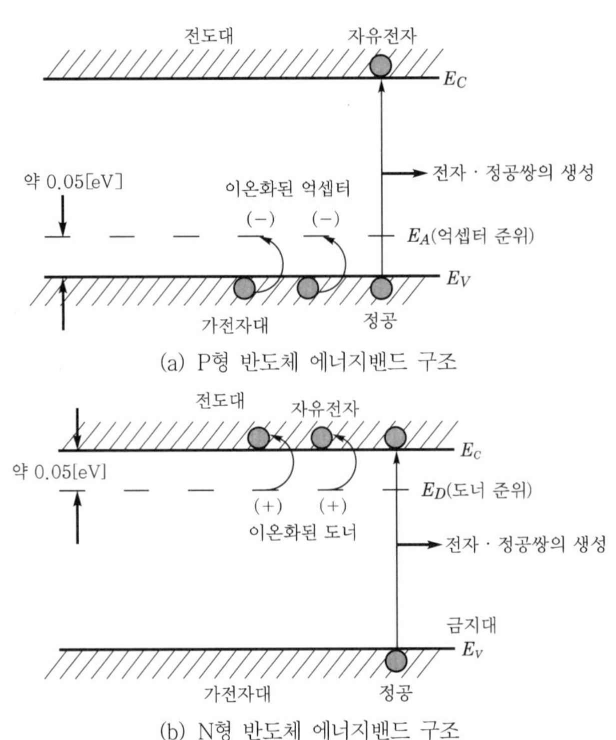

│ 그림 7.5 P형과 N형 불순물 반도체의 에너지밴드 구조도 │

즉, 가전자대(valance band, E_V)는 Si 원자의 최외각 전자들로 가득 채워진 에너지 상태를 나타내며, 전도대(conduction band, E_C)에는 전자들이 없는 비어있는 에너지 상태를 나타낸다. 이와 같이 전도대와 가전자대 사이에는 에너지 갭(Energy Gap, E_G)에 해당하는 비어있는 상태가 존재한다. 그러나 이 비어있는 에너지 상태에는 불순물이 첨가된 경우 이 에너지 갭 내의 에너지 준위가 형성되어 P형에서 엑셉터(acceptor) 에너지 준위(E_A) 및 N형에서 도너(donor)에너지 준위(E_D)를 형성하여 가전자대에 여분의 정공과 전도대에 추가적인 전자를 만들게 된다.

04 다이오드(diode)

다이오드(diode)는 2단자 소자를 의미하는 것으로 정류작용을 가지는 2극 진공관에서 유래하였다고 볼 수 있다. 다이오드에는 다양한 기능과 형태를 갖춘 것들이 있지만 여기서는 대표적인 "PN 접합 다이오드"에 대해 주로 설명하기로 한다.

　PN 접합 다이오드(PN junction diode)는 실리콘 반도체의 P형 영역과 N형 영역을 접촉시켜 각각의 영역에서 양극(anode)과 음극(cathode)의 2단자를 형성시켜 만든 소자이다. 그림 7.6에는 PN접합 다이오드 (a)의 단면구조와 (b) 회로기호를 보여주고 있다.

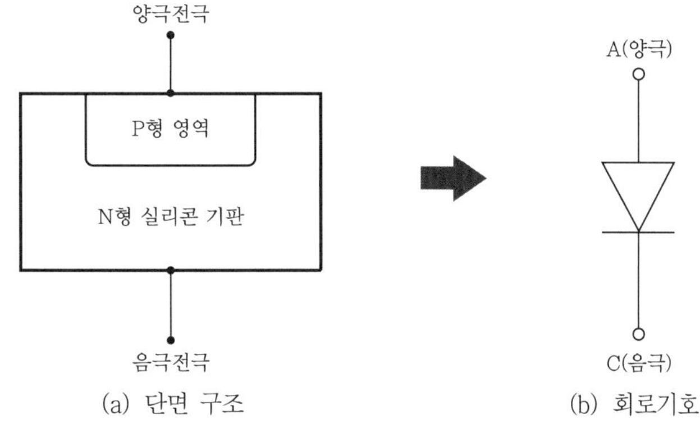

┃ 그림 7.6 PN 접합다이오드 단면 구조와 회로기호 ┃

　그림 7.7에는 이 PN 접합 다이오드의 2단자 사이에 인가된 전압의 크기에 따라 소자에 흐르는 전류의 관계를 보여수는 그림이다. 즉, PN 접합다이오드의 "전류(current, I)-전압(voltage, V)"특성을 나타낸다. 그림으로부터 알 수 있듯이 인가된 전압이 P형 영역을 (+)로 N형 영역을 (−)로 접속한 경우를 보면 순방향 바이어스(forward bias)인 경우 2단자 사이에는 순방향 전류(IF)가 크게 흐르게 된다. 반대로 P형 영역을 (−)로, N형 영역을 (+) 전압으로 인가한 경우 즉, 역방향 바이어스(reverse bias)로 한 경우 2단자 사이에 역방향 전류(IR)는 거의 흐르지 않게 된다. 특히 역방향 바이어스를 더욱 크게 인가하여 일정 전압에 도달하면 P형과 N형 사이의 공핍층(depletion layer)에 항복현상 (breakdown)이 발생하게 되어 급격하게 매우 큰 전류가 흐르기 시작한다. 다시 말하면 항복전압(breakdown voltage, V_{br})에 도달한 경우 역방향 전류(reverse current)가 한꺼번에 급격히 흐르기 시작한다. 이와 같은 현상을 항복(breakdown)이라 표현한다.

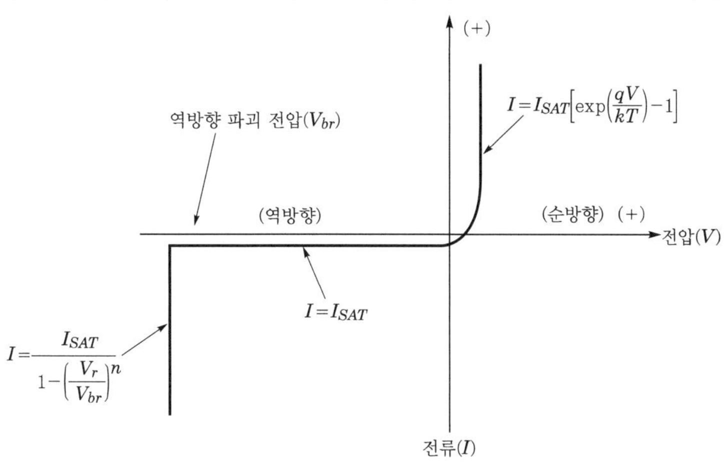

┃ 그림 7.7 PN 접합 다이오드의 전류−전압 특성 곡선 ┃

이와 같이 PN접합 다이오드는 전압의 극성에 따라 "전류가 흐르기도 하고 거의 흐르지도 않게"됨을 알 수 있다. 이와 같은 성질을 정류작용이라고 하며, 이를 이용한 소자를 정류소자 또는 스위칭 소자라고 말한다. 또한 다이오드는 항복 전압을 이용한 정전압회로, 정전기에 대한 보호회로 등에 이용된다. 일반적으로 PN 접합의 비파괴적이며 가역적인 항복현상을 이용하여 정전압화에 사용되는 다이오드를 정전압 다이오드라 말한다. 일반적으로 항복전압은 실리콘 기판의 불순물 농도에 따라 결정된다. 불순물 농도를 증가시켜 항복전압을 낮게 설정하여 만든 다이오드를 제너 다이오드(Zener diode)라 한다. 제너 다이오드는 작은 전원용량의 정전압회로, 기준전압 발생회로 또는 외부 펄스 잡음을 정전압화하여 내부회로 보호 등 여러 방면에 이용되고 있다.

05 트랜지스터(transistor)

1 쌍극성 트랜지스터(bipolar transistor)

쌍극성 트랜지스터(bipolar transistor)는 양(+)과 음(−) 두 개의 극성을 갖는 캐리어를 이용하는 트랜지스터라는 의미이다. 쌍극성 트랜지스터의 동작에는 2종류의 캐리어 즉, (−)전하를 띤 전자와 (+)전하를 띤 정공 모두가 소자 동작에 기여한다. 쌍극성 트랜지스터는 크게 NPN형과 PNP형이 있으며 여기서는 주로 NPN형 쌍극성 트랜지스터에 대해 설명하기로 한다.

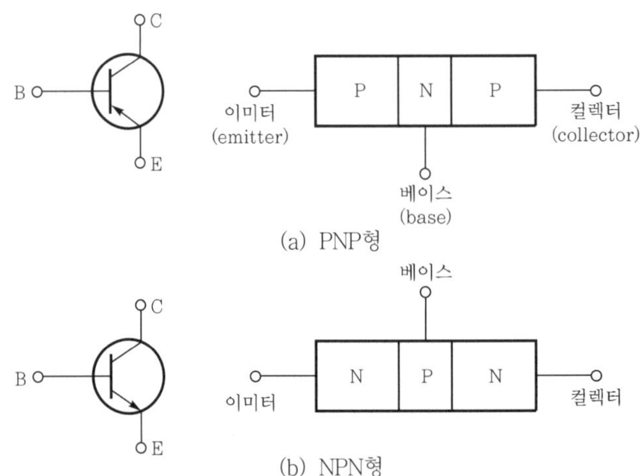

그림 7.8 PNP형과 NPN 쌍극성 트랜지스터의 회로기호와 모식도

그림 7.8 (a)는 PNP형 쌍극성 트랜지스터, (b)는 NPN 쌍극성 트랜지스터의 회로기호와 모식도를 보여준다. 즉, PNP형 트랜지스터의 경우는 Si의 N형 영역을 P형 영역으로 양쪽으로 샌드위치 한 구조이고 NPN형인 경우는 P형 영역을 N형 영역으로 샌드위치 한 접합구조로 되어 있다. NPN형의 경우 P형 영역은 베이스(base, B), N형 영역의 한쪽은

이미터(emitter, E) 다른 한쪽은 컬렉터(collector, C)로 이루어진 3단자 능동소자이다. 한편 회로기호에서는 화살표 방향인 베이스로부터 이미터로 전류가 흐르게 됨을 의미한다. 쌍극성 트랜지스터는 신호전류 증폭 또는 스위칭 등 트랜지스터로서 기본 기능을 가지고 있다. 이미터를 접지한 경우 NPN 트랜지스터의 기본 회로를 그림 7.9에 나타내었다.

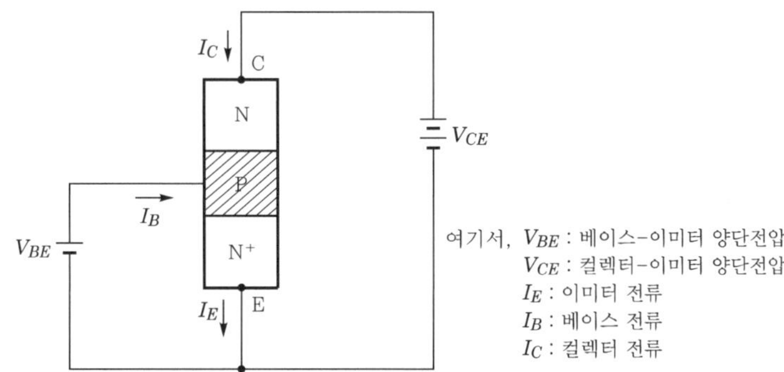

┃ 그림 7.9 NPN 쌍극성 트랜지스터의 기본회로(이미터가 접지된 소자) ┃

그림 7.9에서와 같이 베이스와 이미터 사이와 컬렉터와 이미터 사이에 인가되는 전압을 각각 V_{BE}와 V_{CE}로 표시하고, 이미터, 베이스, 컬렉터에 흐르는 전류를 각각 I_E 이미터 전류(I_E), 베이스 전류(I_B), 컬렉터 선류(I_C)로 표현한다. 이때 I_C에 내한 I_B의(I_B에 내한 I_C의) 비율을 전류이득 또는 전류증폭률(h_{FE})이라 하고 다음 식과 같이 표현할 수 있다.

$$h_{FE} = \frac{I_C}{I_B}(>1), \quad I_E = I_B + I_C \text{ 경우를 만족해야 한다.}$$

그림 7.10은 Si 기판상에 만들어진 NPN 쌍극성 트랜지스터의 전류-전압(I_C-V_{CE}) 특성곡선의 모양을 보여주고 있다.

쌍극성 트랜지스터는 전류로 구동하는 전류구동형 소자로서 일반적으로 고속동작, 노이즈 저감 등 우수한 구동성능을 갖추고 있다. 그러나 소비전력이 크고 구조가 복잡하여 미세화 및 고집적화가 어려운 단점도 보이고 있다. 일반적으로 초미세화에 의한 고속화 초고집적화가 가능한 MOS(다음 절에서 설명함) 트랜지스터가 로직(logic) 소자 및 메모리(memory) 소자 등에 널리 이용되고 있으나 초고속 디지털회로, 리니어회로, 소신호 아날로그회로 등에는 특성상 쌍극성 트랜지스터도 이용되고 있다.

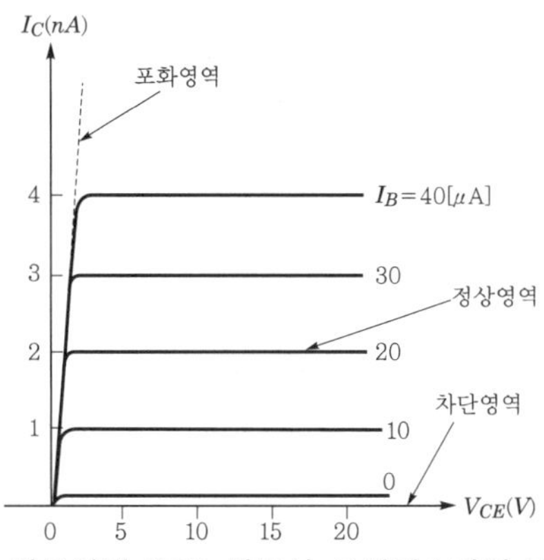

┃ 그림 7.10 Si 기판상에 만들어진 NPN 쌍극성 트랜지스터의 전류-전압(I_C-V_{CE})특성 ┃

2 전계효과 트랜지스터(field effect transistor)

트랜지스터로서 이용도가 매우 큰 것이 바로 "전계효과 트랜지스터"라고 할 수 있다. 전계효과 트랜지스터는 "MOS(Metal-Oxide-Semiconductor) 트랜지스터" 또는 "MOS FET(Field Effect Transistor)"라고도 불리고 있다. MOS 트랜지스터는 단극성(uni-polar) 형태의 트랜지스터로 전자 또는 정공 중 하나의 캐리어에 의해 동작하게 된다. 전자를 이용하여 전류를 형성하는 형식을 "N 채널(channel)", 정공을 이용하여 전류를 발생시키는 형식을 "P 채널(channel)" MOS 트랜지스터로 구분하고 있다. 따라서 소자로서 정식 명칭은 "N 채널 MOS 전계효과 트랜지스터" 또는 NMOS, NMOS FET 등으로 간략하게 불리기도 한다.

N채널 MOS 트랜지스터의 기본 구조는 그림 7.11에서와 같이 P형 Si 기판의 표면 근방에 N형의 소스(source) 영역과 드레인(drain) 영역을 만들고, 양쪽 영역 사이의 기판 표면위에 게이트 산화막(gate oxide)과 그 위에 게이트 전극으로 구성되어 있다. 따라서 N채널 MOS 트랜지스터는 소스 전극(S), 드레인 전극(D), 게이트 전극(G) 기판(substrate)전극의 4단자 소자라 할 수 있다.

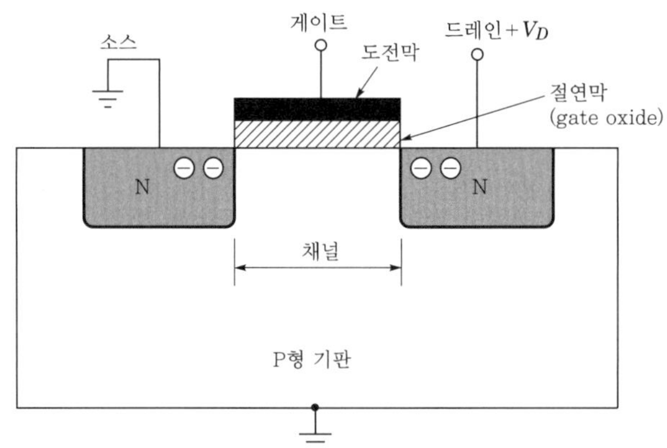

(a) N채널 MOS 트랜지스터의 기본구조

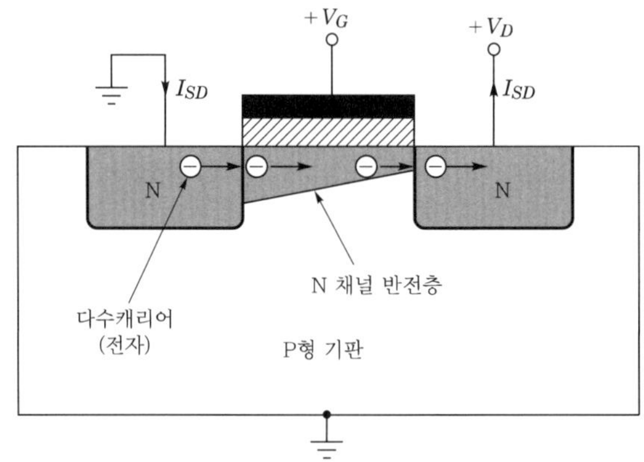

(b) N채널 MOS 트랜지스터의 동작상태

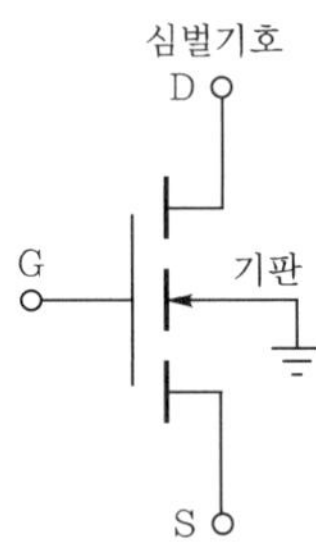

(c) N채널 MOS 트랜지스터의 회로기호

┃ 그림 7.11   N채널 MOS 트랜지스터의 기본구조와 동작상태 구조, 회로기호 ┃

그림 (a)는 게이트전압이 인가되지 않은 경우 소스와 드레인 사이에 채널 형성이 되지 않으며 이때 드레인 출력전류는 거의 흐르지 않은 Off 상태가 된다. 한편 (b)에서와 같이 게이트 전극에 일정 크기 이상의 (+)전압 그리고 드레인 전극에 전압을 인가하게 되면 게이트 산화물 아래에 활성 채널 층에 형성되고 전자가 소스에서 드레인 쪽으로 흘러서 드레인 출력 전류를 발생하게 된다. 즉, 트랜지스터 On 동작 상태가 됨을 의미한다. 그림 7.11 (c)는 전계효과 트랜지스터의 회로기호도이며 드레인 쪽으로 전류가 흐르는 형상을 가지게 된다.

그림 7.12에는 N채널 MOS 트랜지스터의 전기적 특성(전류–전압 특성)을 보여주고 있다. MOS 트랜지스터는 소스와 기판을 접지하고 양 (+)의 게이트전압(V_G)을 인가하여 크기를 변화하였을 때 소스와 드레인 사이에 전자가 흐름으로서 발생하는 출력 전류(I_D)가 드레인 전압(V_D)에 따라 변화되는 전기적 특성을 나타내고 있다.

한편 P채널 MOS 트랜지스터는 각각의 전도 영역을 N MOS와 반대로 구성한 것으로 N형 Si 기판에 P형의 소스 영역과 드레인 영역으로 구성되고 음(–) 전압으로 동작하게 된다. MOS 트랜지스터의 동작은 게이트 전압을 인가하지 않은 상태($V_G = 0$)에서 드레인 전류가 흐르지 않은 Normally Off와 흐르게 되는 Normally On이 있으며 전자는 증가형(enhancement) 트랜지스터, 후자는 공핍형(depletion) MOS라고 부른다. 증가형 MOS에서 드레인 전류가 흐르기 시작하는 전압을 임계전압(threshold voltage, V_{TH})이라 부른다.

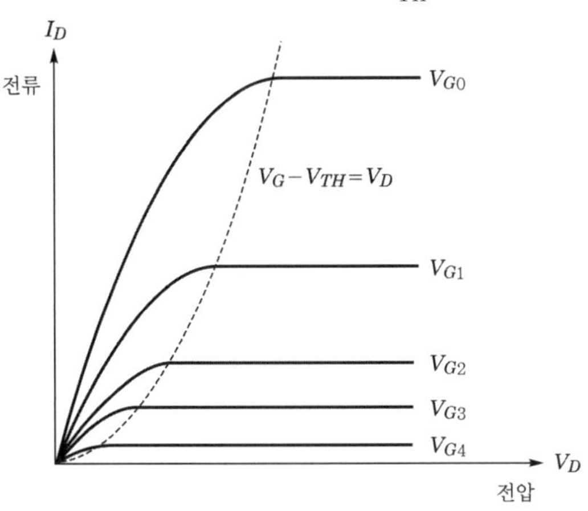

┃ 그림 7.12   N채널 MOS 트랜지스터의 전류–전압($I-V$) 특성 곡선 ┃

　　MOS 트랜지스터의 드레인 전류, I_D의 크기는 V_G와 V_D 전압뿐만 아니라 소자의 구조적인 형태, 즉 채널 길이(L)와 폭 (W), 그리고 캐리어의 이동도(μ)와 게이트 절연막의 정전용량에 따라 달라진다. 즉, V_G를 임계전압 이상으로 인가할 경우 V_D전압이 작은 영역에서는 I_D는 V_D 크기에 따라 선형적으로 증가한다(선형영역이라 불림.) 그러나 V_D 크기가 채널의 핀치 오프(pinch off)를 형성하는 이상이 되면 I_D는 더 이상 증가하지 못하고 전류가 포화된다(포화영역이라 불림). 소자는 보통 포화 영역에서 동작하게 되며 선형영역과 포화영역에서의 드레인 전류 I_D 관계식을 식 (7.1)과 (7.2)에 각각 표시하였다.

① 선형영역에서 드레인 전류

$$I_D = WC_i\mu\dfrac{\left(V_G - V_{TH} - \dfrac{V_D}{2}\right)V_D}{L} \qquad \cdots\cdots\cdots\cdots\cdots\cdots\cdots\cdots\cdots (7.1)$$

② 포화영역에서 드레인 전류

$$I_D = WC_i\mu\dfrac{(V_G - V_{TH})^2}{2L} \qquad \cdots\cdots\cdots\cdots\cdots\cdots\cdots\cdots\cdots\cdots\cdots (7.2)$$

　　그림 7.13 (a)는 앞에서 기술한 NMOS 트랜지스터의 단면 모형도를 나타내었다. 즉 게이트 전극(V_G)과 소스전극(V_S), 드레인 전극(V_D)의 전극단자와 채널길이, 채널 폭(W) 등을 입체적으로 나타낸 그림이다. 또한 그림 7.13 (b)는 NMOS 트랜지스터를 댐의 수로 형태의 모형으로 비교한 그림을 보여주고 있다. 즉 수원(소스, source)에서부터 배수구(드레인, drain)에 설치한 펌프로 물을 퍼 올릴 경우 수문(게이트, gate)은 물의 양을 조절하는 역할을 하게 될 것이다. 다시 말해 물 대신 전자를 공급하는 소스, 드레인은 전압을 인가하여 전자를 끌어서 외부로 배출하게 된다(수로의 펌프 역할에 해당). 게이트는 인가된 전압의 크기에 따라 채널에서의 전자의 흐르는 양을 조절하는 수문에 해당할 것이다.

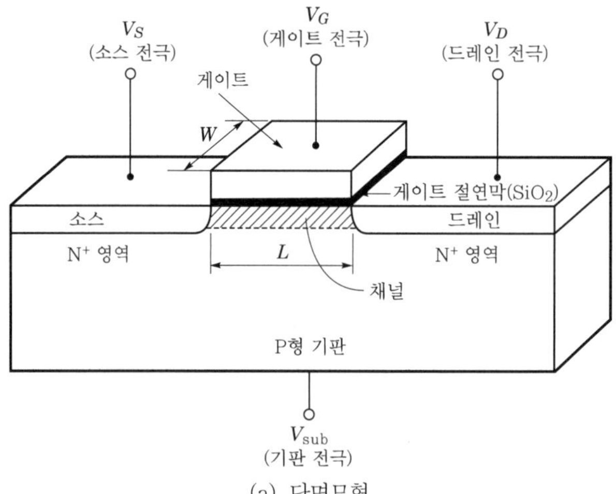

(a) 단면모형

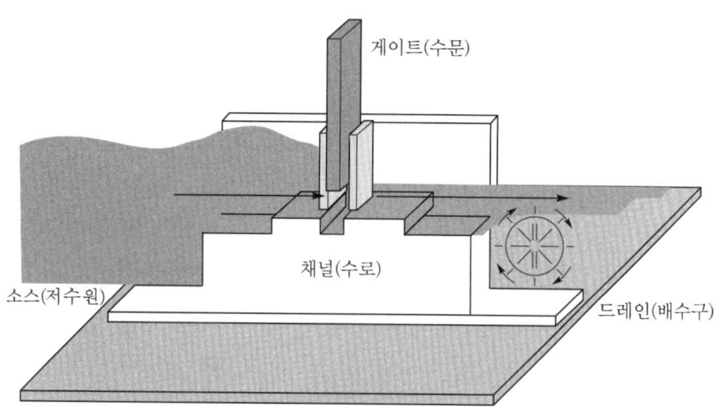

(b) MOS 트랜지스터 수문 원리

그림 7.13 MOS 트랜지스터의 3차원 단면 구조와 댐의 수로에 해당하는 MOS 트랜지스터의 수문 원리

> **예제** n채널 MOSFET에서 게이트 전압이 5[V]일 때, 다음과 같은 물리정수를 가질 경우에 포화전류 I_D를 계산하여라. 단, 채널길이 $L=2[\mu m]$, 폭 $W=20[\mu m]$, 전자의 이동도 $\mu_n=650[cm^2/V\cdot sec]$ 임계전압 $V_{TH}=0.6[V]$, 산화물 정전용량 $C_i=6.5\times10^{-8}[F/cm^2]$이다.
>
> **풀이 |** 식 (7.2)를 이용하여 각각의 물리정수를 대입하여 구하면 $I_D=4.2[mA]$

06 사이리스터(thyristor)[1]

사이리스터는 P형, N형 반도체를 PNPN 형태로 적층한 구조로 "On", "Off" 양쪽에서 안정한 상태로 스위칭 동작을 일으키는 능동형(active type) 반도체 소자이다. 일반적으로 가전제품의 인버터(inverter), 전차의 모터(motor) 회전제어 및 각종 산업용 전기 기기의 전력제어(power control) 및 전력변환(power transmission) 등에 널리 이용되고 있다.

가장 기본적인 사이리스터로서 SCR(Silicon Controlled Rectifier, 실리콘 제어 정류기) 모식도와 회로도를 그림 7.14에서 보여주고 있다. 그림에서 보여주듯이 Si 반도체의 P형 영역과 N형 영역이 PNPN의 순서로 적층된 4층 구조를 이루고 있다. 소자 양단의 P층 단면에는 양극(anode) 전극이 N층 단면에는 음극(cathode) 전극이 만들어진 구조이다. 또한 양극으로부터 차례로 P층은 이미터, N층과 다음 P층은 베이스, 마지막 N층은 이미터로 불려진다. 전형적인 SCR 소자에는 P층의 베이스에 제어용 게이트 전극을 구성하고 있다. 이 소자의 구조로부터 PNP 쌍극성 트랜지스터와 NPN 쌍극성 트랜지스

---

1) 「전자 디바이스」, Kikuchi Masanori, Gakeyama Takao, 日本實業出版社(2005.12)

터 2개를 한쪽은 PNP 트랜지스터의 베이스와 컬렉터를, 다른 한쪽은 NPN 트랜지스터의 컬렉터와 베이스를 접속한 회로와 등가적으로 보여진다.

그림 7.15는 PNP와 NPN 쌍극성 트랜지스터를 조합한 SCR 기본 모형도와 등가회로를 나타내었다.

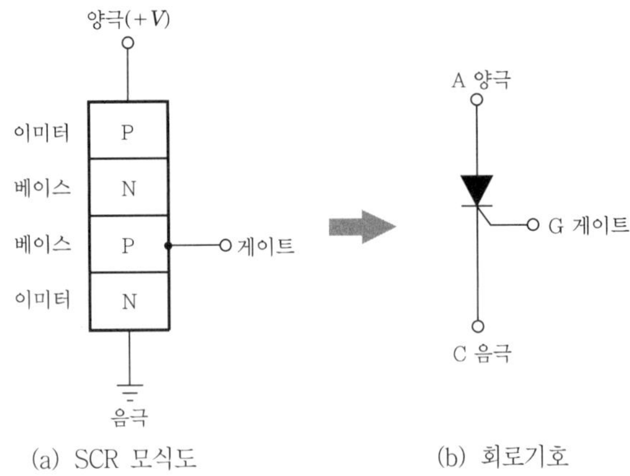

(a) SCR 모식도   (b) 회로기호

그림 7.14 사이리스터의 기본 SCR 모식도와 회로기호

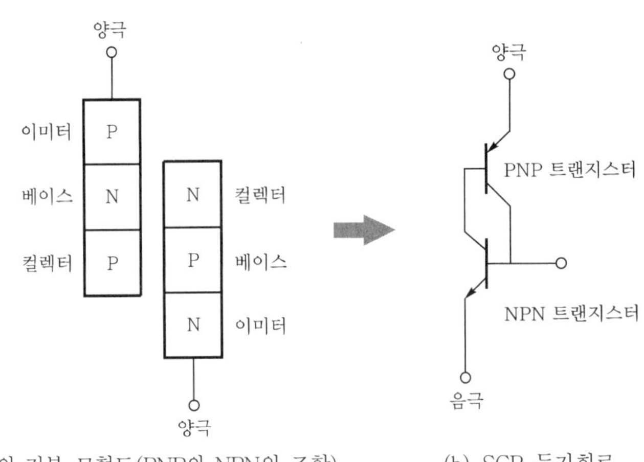

(a) SCR의 기본 모형도(PNP와 NPN의 조합)   (b) SCR 등가회로

그림 7.15 PNP와 NPN 쌍극성 트랜지스터를 조합한 SCR 기본 모형도와 등가회로

한편 SCR 사이리스터 소자의 전압 인가에 따른 전류의 발생을 설명하면 다음과 같다. 우선, 양극 전압(V)를 순방향 저지전압(Forward Breakover Voltage, V_{fb})보다 크게 하거나 또는 게이트 전극으로부터 베이스층에 게이트 전류를 흘릴 경우 전류 증폭률을 증가시켜 SCR 소자를 Turn On 상태로 만들게 된다. 반대로 양극 전류를 유지전류(holding current) 이하로 하거나 또는 양극에 역방향 전압을 인가하면 SCR 소자는 Turn Off 상태로 된다. 이와 같이 SCR 사이리스터는 On-Off의 2개의 안정상태 중에서 하나를 선택하여 유지할 수 있는 레치 업(latch up) 개폐기능을 가지고 있다. 한편,

SCR 소자의 전류-전압(Current-Voltage, $I-V$) 특성에서 (+) 전압영역에서 2개의 안정상태를 가지고 있으나 2개의 SCR 사이리스터를 서로 역방향으로 병렬접속할 경우에는 (+) 전압과 (-) 전압영역에도 2개의 On-Off 안정상태를 가지는 교류 스위칭 소자로 제작이 가능하다.

그림 7.16에는 (a) SCR 사이리스터와 (b) 2개의 SCR 소자를 병렬연결한 소자의 전류-전압($I-V$) 특성곡선을 보여주고 있다.

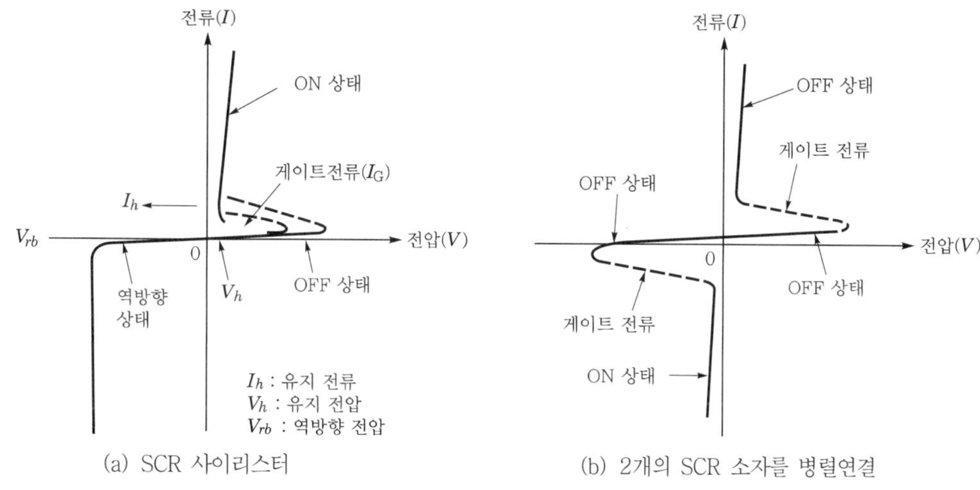

┃ 그림 7.16 SCR 사이리스터와 2개의 SCR 소자를 병렬연결한 소자의 전류-전압($I-V$) 특성곡선 ┃

01 전자소자를 기능별로 분류하고 대표적인 소자의 종류를 2가지 이상 쓰시오.

정답 전자소자를 기능별로 크게 분류하면 반도체 소자, 광전 소자, 센서 소자 등으로 분류할 수 있다. 반도체 소자는 트랜지스터, 다이오드, 광전 소자는 LED, 포토다이오드 그리고 센서로는 적외선 센서, 온도 센서 등을 대표적으로 들 수 있다.

02 반도체란 무엇인지 정의를 내리고, 대표적인 물질을 3개 이상 쓰시오.

정답 전기전도도가 도체와 절연체의 중간 정도의 값을 나타낸다. 음의 온도계수로 온도가 증가하면 저항값은 작아지는 경향을 나타낸다. 불순물(B, P 등)의 도핑으로 전기전도도가 증가한다. 정류작용, 광전효과, 증폭효과, 홀효과 등 소자로 제작 시 특수한 현상이 나타난다.

03 Si 반도체에서 의도적인 불순물을 도핑한 N형과 P형 반도체에 대해 설명하시오.

정답 P형 반도체는 순수한 Si 원자에 3족 원소(3개의 가전자 존재) 인(B)을 첨가하게 되면 Si 원자와 결합하지 못한 자리에 정공(hole)이 형성된다. N형 반도체는 Si 원자에 5족 원소(5개의 가전자가 존재) 인(P)를 첨가하면 Si 자리에 결합하지 못하는 여분의 전자가 존재하게 되어 추가적인 전자(electron)가 형성된다.

04 Si 반도체의 격자상수(lattice constant, a)는 5.43[Å]이다. 이때 Si의 (1) 단위체적당 원자 수(원자수/cm³)와 (2) 밀도[g/cm³]를 각각 구하여라. (단, Si의 원자질량(atomic mass)=28.1[g/mol], 아보가드로수(Avogadro Number)=$6.02×10^{23}$/mole이다.)

정답 (1) 단위체적당 원자 수 : 다이아몬드 구조로서 $\dfrac{8개원자(코너)×1}{8}=1$개 원자,

$\dfrac{6개\ 원자(면)×1}{2}=3$개 원자, 4개 원자(입방체 내부)=4개 원자로 구성되어 모두 8개

원자가 단위 세포 내에 존재한다. 따라서 $\dfrac{8개\ 원자}{(5.43×10^{-8}cm)^3}=5.2×10^{22}/cm^3$

(2) 밀도$=\dfrac{n_{at}m_{at}}{Na}=\dfrac{(5.2×10^{22}/cm^3)(28.1g/mole)}{(6.02×10^{23}/mole)}=24.2[g/cm^3]$

05 PN 접합 다이오드의 구조도를 그리고, 회로기호로 표시하여라.

정답 그림 7.6을 활용하여 작성

06 PN 접합다이오드의 순방향, 역방향 전압 인가 시 전류–전압 특성곡선을 그리고 관계식으로 나타내어라. 또한 정류특성에 대해 설명하여라.

정답 그림 7.7을 활용하여 작성한다. 정류특성이란 PN 접합 다이오드에 순방향 전압 인가 시 다량의 전하가 흘러 커다란 전류밀도를 발생시키며, 반대로 역방향 인가 시에는 소수 캐리어에 의한 포화 전류만 아주 작게 흐르게 되어 한 방향으로만 전류가 흐르게 하는 전기적 특성을 말한다.

07 NPN 쌍극성 트랜지스터(bipolar transistor)의 (1) 평형상태에서 에너지밴드 구조를 그리고, (2) 바이어스 방식에 따른 동작모드를 설명하여라.

정답 (1)

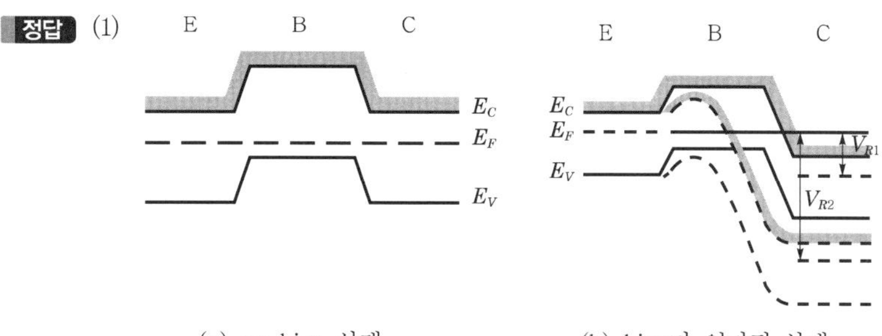

      (a) no bias 상태　　　　　　　(b) bias가 인가된 상태

(2) NPN 양극성 트랜지스터는 P형 영역은 베이스(B), N형 영역의 한쪽은 이미터(E)와 다른 한쪽은 컬렉터(C)로 이루어진 3단자 능동소자이다. 베이스와 이미터 사이에 순방향 전압이, 컬렉터 단자에 역방향 전압이 인가된 경우 베이스로부터 이미터로 전류가 흐르게 되며 신호전류 증폭 또는 스위칭 등 트랜지스터로서 기본 기능을 가지고 있다.

08 MOS 드렌지스터의 구조도를 그리고, 회로기호를 표시하여라.

정답 그림 7.11을 활용하여 작성

09 MOS 트랜지스터의 전류–전압 특성곡선을 그리고 동작원리를 설명하여라.

정답 특성곡선은 그림 7.12를 활용하여 작성
동작원리는 게이트 전압이 인가되지 않은 경우 소스와 드레인 사이에 채널 형성이 되지 않고 드레인 출력 전류는 거의 흐르지 않는 Off 상태가 된다. 게이트 전극에 일정 크기 이상의 전압과 드레인 전극에 전압을 인가하면 게이트 산화물 아래에 활성 반전 채널층이 형성되고 소스에서 드레인 쪽으로 출력 전류를 발생하여 On 동작 상태가 된다.

10 사이리스터 소자의 구조도를 그리고 회로기호를 표시하여라.

정답 그림 7.14를 활용하여 작성

11 2개의 SCR 소자를 병렬연결한 소자의 전류–전압($I-V$) 특성곡선을 그리고 특징을 설명하여라.

정답 특성곡선은 그림 7.16을 활용하여 작성
특징으로는 실리콘 3단자 형식의 반도체 제어 정류소자로서 전압조정 능력과 빠른 응답속도 미소한 제어 입력으로 대용량의 제어가 가능하고 긴 수명 등의 특징을 가지고 인버터 등에 주로 사용된다.

FUNDAMENTALS for ELECTRICAL
ELECTRONIC ENGINEERING

찾아보기

239

BM (주)도서출판 성안당　04032 서울시 마포구 양화로 127 첨단빌딩 3층(출판기획 R&D센터)　TEL_02.3142.0036
10881 경기도 파주시 문발로 112 파주 출판 문화도시(제작 및 물류)　TEL_도서:031.950.6300 I 동영상:031.950.6332

기초전기전자공학

2014. 8. 22. 초 판 1쇄 발행
2023. 4. 5. 초 판 4쇄 발행

지은이 | 장지근, 구창설, 장호정
펴낸이 | 이종춘
펴낸곳 | **BM** (주)도서출판 **성안당**

주소 | 04032 서울시 마포구 양화로 127 첨단빌딩 3층(출판기획 R&D 센터)
10881 경기도 파주시 문발로 112 파주 출판 문화도시(제작 및 물류)

전화 | 02) 3142-0036
031) 950-6300
팩스 | 031) 955-0510
등록 | 1973. 2. 1. 제406-2005-000046호
출판사 홈페이지 | www.cyber.co.kr
ISBN | 978-89-315-2429-1 (13560)
정가 | 23,000원

이 책을 만든 사람들
책임 | 최옥현
진행 | 박경희
교정 · 교열 | 김혜린
전산편집 | 이지연
표지 디자인 | 박원석
홍보 | 김계향, 유미나, 이준영, 정단비
국제부 | 이선민, 조혜란
마케팅 | 구본철, 차정욱, 오영일, 나진호, 강호묵
마케팅 지원 | 장상범
제작 | 김유석

※ 잘못된 책은 바꾸어 드립니다.

본 교재는 2013년도 단국대학교 에너지인력양성사업의 지원으로 출판되었습니다.